中国海洋大学 专业著作
海州湾渔业生态系统教育部野外科学观测研究站

海州湾
渔业资源评估与管理

张崇良 ◎主编

中国农业出版社
北京

《海州湾渔业资源评估与管理》

编写人员名单

主　　编　张崇良

副 主 编　徐宾铎　薛　莹　纪毓鹏　任一平

参编人员　李韵洲　孙　铭　牟秀霞　张云雷　栾　静
　　　　　王　琨　沃　佳　尹　洁　陈　宁　刘逸文

前言

FOREWORD

　　海州湾位于山东省与江苏省交界处，毗邻黄海，海岸线长 86.81 km，面积约 876.39 km²。湾内水质肥沃，饵料生物丰富，曾是我国著名的渔场之一，也是众多渔业生物的产卵场、育幼场和索饵场。近年来，受到过度捕捞、气候变化及环境污染等多重因素的影响，海州湾许多重要的经济鱼类种群出现资源衰退、个体小型化等现象，生态系统的结构和功能也发生了较大变化。研究该海域生物资源的动态变化与驱动因素，对于渔业的科学管理以及生物资源的保护与修复具有重要参考意义。

　　自 2011 年起，中国海洋大学渔业生态系统监测与评估实验室（FEMA）在海州湾开展了连续的渔业资源与环境综合调查，收集了丰富的数据资料。在这些数据资料的基础上，实验室开展了渔业资源评估与管理的理论与技术研究，运用海洋学、生物学、生态学、数理统计、计算机模拟等多学科研究方法，解析渔业生态系统结构、功能与演替规律，深入探究渔业资源养护与管理策略，在渔业资源监测技术、评估方法、养护管理策略等方面取得了一系列创新性成果，为制定基于生态系统的渔业管理体系提供了科学依据和技术支撑。2019 年 8 月，"海州湾渔业生态系统教育部野外科学观测研究站"获得教育部认定，为海州湾长期监测与评估研究提供了重要平台。

　　本书是渔业生态系统监测与评估实验室（FEMA）研究成果的阶段性总结，其中摘选了渔业资源评估与管理方面的代表性论文，梳理为 4 个章节。第一章为渔业资源的时空分布，介绍了渔业生物的栖息分布规律，着重阐述了物种分布模型（栖息地模型）在渔业资源研究中的应用；第二章为渔业资源种群的生物学特征，介绍了基于体长、体重和耳石数据的生物学参数估算，重点阐述了体长频率分析法的应用；第三章为有限数据的渔业资源评估与管理，介绍了基于单位补充量模型的生物学参考点估算，以及适用于有限数据的渔业管理策略；第四章为渔业生态系统的管理与保护，介绍了面向多物种的渔业管理策略，以及海洋保护区的系统选划方法。各章节的研究内容均已发表于本领域的主流期刊，在本书中，我们只是对这些内容进行了梳理汇总、重新编纂，希望能为渔业资源领域的研究者提供有益的参考。

感谢实验室老师、同学对本书出版做出的贡献，感谢国家重点研发计划"蓝色粮仓科技创新"专项（2018YFD0900906）对相关研究的资助，书中多处引用国内外学者的研究成果，在此一并致谢！渔业科学博大精深，本书所列内容仅代表了渔业资源研究的一角，由于水平所限，编写中难免存在疏漏之处，敬请诸位读者批评指正。

张崇良

2023 年 3 月于青岛

目录
CONTENTS

▶▶▶

第一章

渔业资源的时空分布

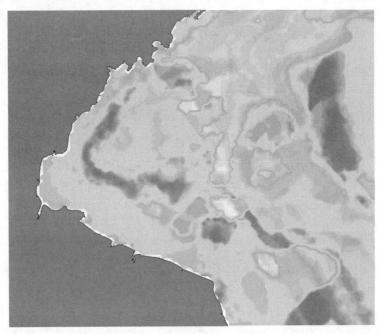

物种分布模型（species distribution model），也称为生态位模型、环境包络模型和生境适宜性模型，是生物地理学和生物保护学中广泛使用的一种方法，用于生态位量化和保护规划等理论和实践问题。本章以方氏云鳚、小黄鱼和日本枪乌贼等经济物种为例，阐述了如何利用物种分布模型研究海洋生物栖息分布规律，并针对模型构建过程中的一些常见问题，如数据中存在大量零值、环境变量筛选、不同类型响应变量处理等问题进行了探讨。本章重点从建模方法的选择和模型结构的复杂性等方面开展评估，以期为物种分布模型的合理应用提供参考。

第一节　方氏云鳚资源分布模型的变量筛选

方氏云鳚（*Pholis fangi*）属硬骨鱼纲、鲈形目、锦鳚科，主要分布于黄渤海，为近岸集群性小型底层冷温性鱼类，常年栖息于近岸岩礁、海藻和石砾间，有季节性洄游的习性。方氏云鳚的个体较小、数量丰富，常作为大型经济鱼类的饵料，在食物链中起着承上启下的关键作用，对于鱼类群落结构的稳定性起到重要作用。近年来，由于受到过度捕捞、环境污染及全球气候变化等多方面的影响，许多海区的渔业资源发生了衰退，呈现种类组成的更替和个体小型化。现今，方氏云鳚等已成为海州湾及其邻近海域的主要优势种，在食物网及生态系统中也起着越来越重要的作用。目前国内有关方氏云鳚的研究相对较少，而有关方氏云鳚时空分布及其与环境因子之间关系的研究尚未见报道。

渔业资源时空分布的分析方法有基于调查设计的方法和基于模型的方法。广义可加模型（generalized additive model，GAM）是后者中的一个代表，它广泛应用于渔业资源数量分布与环境因子之间关系的研究。例如，官文江等（2009）利用 GAM 分析了海洋环境对鲐（*Scomber japonicus*）捕捞率的影响；陈新军等（2007）则使用 GAM 分析表层温度对西北太平洋褶柔鱼（*Todarodes pacificus*）资源状况的影响。本研究根据 2011 年在海州湾进行的渔业资源和环境调查数据，研究了方氏云鳚资源丰度的时空分布，应用 GAM 模型分析了其与相关因子之间的关系，探讨了环境变化对方氏云鳚资源丰度分布的影响，以期为合理预测海州湾方氏云鳚资源的时空变动以及资源的可持续利用和科学管理提供依据。

一、材料与方法

本研究以方氏云鳚的单位网次的渔获量代表其相对资源丰度，数据来源于 2011 年 3 月、5 月、7 月、9 月和 12 月在海州湾及其邻近海域进行的渔业资源与环境调查，调查海域为 119°20′E—121°10′E、34°20′N—35°40′N。调查采用了分层随机取样的方法设计调查站位：按经纬度设置均匀分布的网格，以经度 10′、纬度 10′ 为一个采样区，全海域共设置 76 个小区；根据水深、纬度方向、海流等因素的差异，将调查海域分为 A、B、C、D、E 共 5 个区域（图 1-1-1），每个航次在各个区域内均随机选取一定数量的站位进行调查，其中 A 区 3 个，B 区 5 个，C 区 3 个，D 区 9 个，E 区 4 个，共 24 个调查站位。

调查船为 220 kW 的单拖渔船，拖速为 2~3 kn。每站拖网时间约为 1 h，调查网具的网口张开宽度约为 25 m，网口高度约 6 m，囊网网目 17 mm。在每个调查站位同步进行相关环境参数的测定，包括水深、叶绿素 a、底层水温、底层盐度和溶解氧等参数，底层水温、底层盐度和溶解氧由 CTD 温盐深仪测定。样品的采集和分析参考《海洋调查规范》（GB/T 12763.6—2007）和《海洋监测规范》（GB 17378.1—2007），在数据分析前进行标准化，将网获质量换算成拖速为 2.0 kn 和拖网时间为 1.0 h 的单位网次渔获量来作为资源丰度的指标。

数据处理与分析：

使用 GAM 模型对方氏云鳚资源丰度进行分析，GAM 模型的一般表达式为：

$$g(Y) = \alpha + \sum_i f_i(x_i) + \varepsilon$$

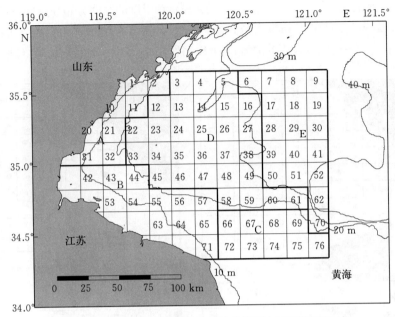

图 1-1-1　海州湾及邻近海域渔业资源与环境调查区域

　　式中，Y 是资源相对丰度（g/h），即各调查站位的标准化渔获质量；x_i 为解释变量，即各站位的时空和环境因子；α 为模型截距，ε 为残差，$f_i(x_i)$ 表示第 i 个解释变量的平滑函数。本研究使用样条平滑（spline smoothing）函数和连接函数，其中连接函数 g（Y）为自然对数，误差函数为正态分布。

　　本研究选取月份（month）为时间因子，经度（longitude）、纬度（latitude）和离岸距离（distance）3 个为空间因子，水深（depth）、底层水温（bottom water temperature）、底层盐度（bottom salinity）、底层溶解氧（bottom dissolved oxygen）和叶绿素 a（chlorophyll a）5 个为环境因子，用这 9 个因子进行建模。其中离岸距离为采样点到岸边的水平距离。将这些环境因子代入模型前，首先进行 Pearson 相关性分析，显著相关的两个因子不同时加入模型，以避免多重共线性。将无显著相关性的因子依次代入 GAM 模型，从中选出对方氏云鳚资源丰度分布影响显著的因子。

　　利用基于赤池信息准则（akaike information criterion，AIC）的逐步回归法检验模型的拟合程度，$AIC=2k-2\ln L$，其中，k 为参数的个数，L 为似然函数。在 AIC 最小的单因子预测函数的基础上按顺序加入其他因子，进而得到 AIC 值最小的双因子预测模型。依照上面的过程不断重复，直到继续添加新的因子不会减小 AIC 值为止，所得到的 AIC 值最小的模型即为最优模型。利用 F 检验评估预测变量的显著性。

　　模型构建过程均在 R 统计软件 gam（或 mgcv）软件包中实现，利用 ArcGIS 软件绘制方氏云鳚资源丰度的空间分布。

二、结果

1. 方氏云鳚资源丰度的时空变化

　　方氏云鳚资源丰度具有显著的月变化。其中，7 月最高，为 3.54 kg/h；5 月次之，为

1.94 kg/h；9月最低，仅为0.13 kg/h。方氏云鳚资源丰度的空间分布在不同月份呈现出不同的分布规律；其中，3月在20 m深海域分布较广；5月在30 m水深附近海域分布较广；7月和9月方氏云鳚主要分布在35°N以北海域；而12月则主要分布在20 m深海域（图1-1-2）。

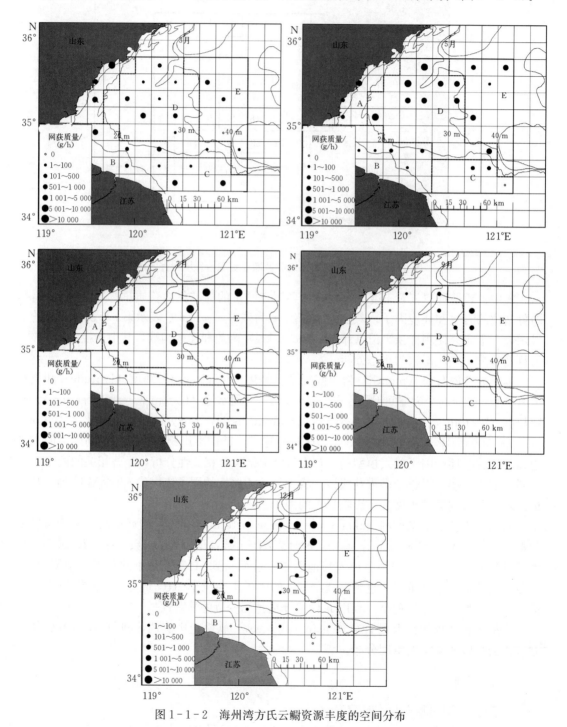

图1-1-2　海州湾方氏云鳚资源丰度的空间分布

2. 环境因子对方氏云鳚资源丰度分布的影响

由于时间因子月份是分类变量，在模型构建时作为单独变量，和其他无显著相关性的因子一同代入模型。表 1-1-1 列出了海州湾方氏云鳚资源丰度分布的影响因子的 GAM 筛选过程。根据 AIC 原则，筛选后的 GAM 最优模型包含 3 个解释变量，即水深、离岸距离和月份。GAM 的方差分析表明，水深和离岸距离对方氏云鳚资源丰度的分布影响显著（$p < 0.05$）。

表 1-1-1　海州湾方氏云鳚资源丰度分布的影响因子的 GAM 模型筛选过程

模型	残差	AIC
M+BSS	674.87	472.06
M+BST	773.59	484.89
M+La	552.03	452.83
M+Lo	846.08	493.37
M+De	404.05	423.84
M+Di	848.36	493.56
M+De+BSS	396.16	429.98
M+De+BST	378.09	425.59
M+De+La	349.44	418.18
M+De+Lo	380.79	420.26
M+De+Di	348.81	418.01
M+De+Di+BSS	344.43	424.83
M+De+Di+BST	327.58	420.11
M+De+Di+La	312.92	418.81
M+De+Di+Lo	346.48	425.39

注：M 为调查月份；BST 为底层海水温度；BSS 为底层海水盐度；De 为水深；Di 为离岸距离；Lo 为采样点的经度；La 为采样点的纬度。

进一步分析了方氏云鳚资源丰度随水深、离岸距离和月份的变化情况（图 1-1-3）。

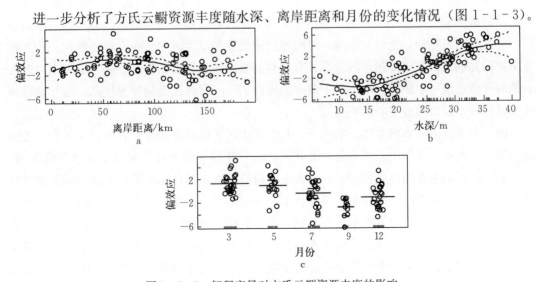

图 1-1-3　解释变量对方氏云鳚资源丰度的影响

方氏云鳚资源丰度随离岸距离增加呈先升后降的趋势，整体变化不明显。在 0～70 km 时方氏云鳚资源丰度随离岸距离的增大而增加，在离岸距离为 70 km 左右出现峰值；随后其随离岸距离的增大缓慢降低，但幅度不大。方氏云鳚资源丰度随水深的增加变化较明显，在水深为 14～36 m 时方氏云鳚资源生物量随水深的增加而增加，随后变化趋势较为平缓，在水深 40 m 时基本稳定。海州湾方氏云鳚在不同的月份资源丰度有明显变化，春、夏、冬季月份资源丰度较大，秋季 9 月资源丰度最小。

总体而言，海州湾方氏云鳚的资源丰度呈现明显的季节变化，且主要分布在离岸距离 70 km 左右、水深在 14～36 m 的海域。

三、讨论

GAM 模型的方差分析表明，离岸距离和水深对方氏云鳚资源丰度有显著的影响。方氏云鳚资源丰度在各个月份的不同空间分布表明方氏云鳚在海州湾海域存在季节性空间移动情况，这与其生殖洄游规律相吻合。方氏云鳚 11 月进入繁殖期，开始向近岸海域洄游繁殖，近岸海域开始有少量分布；至 3 月时，方氏云鳚集中在近岸海域产卵、索饵，其后开始向深水区移动，主要分布在海州湾东北部海域，近岸海域几乎无分布。有研究指出大连海域方氏云鳚的繁殖期在 10—11 月，可见方氏云鳚的繁殖期因海域而异。

海州湾方氏云鳚各季节的空间变化与黄海冷水团西侧中心即青岛冷水团有一定关系。研究表明，黄海冷水团于仲春季节形成，至春末完全成型；7—8 月是冷水团的鼎盛时期；仲秋季节冷水团处于衰消期，至 12 月，冷水团消失。从初春至盛夏，南黄海东、西两个冷中心皆向黄海槽中心区方向推移，在冷中心位置变更的过程中，附近水体的温、盐性质也因其所处位置的不同而有所变化。GAM 结果表明，方氏云鳚主要分布在水深为 14～36 m 的海域（位于海州湾东北部），这基本上包含在黄海西侧冷中心即青岛冷水团的影响范围之内。另外，海州湾也受到鲁南沿岸流、苏北沿岸流以及黄海暖流等海流的影响。黄海沿岸流沿山东北部向东，到达成山角，绕过成山角后进入黄海南部，到达苏北沿岸，并继续向南延伸，途经海州湾，对海州湾的盐度和温度时空分布有重要影响。黄海暖流由南向北绕过山东半岛到达渤海，具有相对高温、冬强夏弱的特点，对冬季海州湾方氏云鳚的分布造成一定影响。本研究中离岸距离在 70 km 时方氏云鳚资源量高，这与该海域受南黄海冷水团西侧冷中心影响有关。

除了本研究中提到的上述影响因子，其他环境因子也可能对方氏云鳚的分布有一定影响。例如，黄海冷水团中心部分存在上升流，这对叶绿素的垂直分布有十分重要的影响，使得方氏云鳚的主要饵料生物如沙蚕、太平洋磷虾、细长脚在海州湾东北部海域生物量较大，从而对方氏云鳚的空间分布格局也产生一定的影响。另外，由于方氏云鳚多栖息于近岸沙泥底质水域底层，海州湾东北部海域底质多为粉沙细沙底，为方氏云鳚提供了较为理想的栖息场所，这也可能是造成海州湾东北部海域方氏云鳚数量较高的原因之一。在将来的进一步研究中，需综合考虑上述因子的影响，并分析全球变暖对海州湾方氏云鳚的时空分布的潜在影响。

> ■ **小　　结**
>
> 　　本节根据海州湾及邻近海域进行的渔业资源底拖网调查数据，研究了该海域方氏云鳚（*Pholis fangi*）资源丰度的分布特征，并用广义可加模型（GAM）分析了其资源丰度分布与时空和环境因子之间的关系。方氏云鳚资源呈现明显的时空变化，资源丰度7月最高，9月最低，主要分布在海州湾东北部海域，这与受到南黄海西侧冷中心的影响有关。GAM分析表明，月份、水深和离岸距离对方氏云鳚的资源丰度具有显著影响。方氏云鳚的资源丰度随水深的增加而增大，随离岸距离的增大呈现先增加后降低的趋势。在离岸距离70 km左右，水深14～36 m时，方氏云鳚的资源丰度较大，这可能与其产卵洄游和环境因子的时空差异有关。

第二节　小黄鱼资源分布模型的零值处理

　　广义可加模型（GAM）采用平滑函数研究高维数据中响应变量与解释变量之间的非线性关系，常被用来分析渔业资源数量分布与环境因子之间的关系。常规GAM的概率密度函数常使用对数正态分布或者伽马分布，这些概率密度函数不允许存在0值的数据，但实际调查中，资源丰度数据存在大量零值数据，使得资源丰度呈偏态分布（主要是正偏态）。因此，建模中需对资源丰度为零的数据进行处理，防止模型拟合错误。其中Tweedie分布能够处理包含零值的数据，较适合拟合资源丰度存在较多零值的情况。有关研究表明，在分析存在零值的CPUE数据时，Tweedie分布要优于其他方法。

　　本节利用Tweedie-GAM研究了海州湾小黄鱼（*Larimichthys polyactis*）资源分布特征。小黄鱼隶属鲈形目、石首鱼科、黄鱼属，系暖温性底层鱼类，广泛分布于黄海、渤海、东海及朝鲜半岛西岸海域。近年来，受捕捞压力和气候变化的影响，小黄鱼的种群数量及其生物学特征发生较大的变化，呈现小型化、低龄化、性成熟提前的特点。此外，鱼类在不同生长阶段对各种环境因子的适应能力是不同的，其最为适宜的环境条件也会随之出现差异。小黄鱼的食物组成随生长阶段而变化，随着体长的增大，鱼类、虾类等饵料生物的比例增大，体长达100 mm之后，营养生态位宽度明显增加。因此，不同生长阶段饵料生物的变化是资源分布研究中应重点考虑的因素。

　　本研究根据海州湾及其邻近海域进行的渔业资源和环境调查数据，研究了小黄鱼资源丰度的分布，并应用Tweedie-GAM分析其与环境因子和饵料生物之间的关系。研究不同生长阶段小黄鱼的资源分布与环境因子的关系，有助于深入了解其渔业资源状况及其资源分布对环境因子的响应。本研究旨在探讨生物和非生物因子对不同生长阶段和不同季节小黄鱼资源分布的影响，以期为合理预测海州湾小黄鱼资源的时空变动提供科学依据。

一、材料和方法

　　小黄鱼样品采自海州湾及其邻近海域2011年及2013—2016年春季和秋季开展的底拖

网调查。采用分层随机取样的方法设计调查站位，调查方法如前所述，根据《海洋调查规范》进行样品的采集、处理和分析。根据 50％性成熟体长将小黄鱼成体和幼体的临界体长设为 103.55 mm。在进行数据分析前对调查数据进行拖速 2 kn 和拖曳时间 1 h 的标准化处理，采用单位面积内的渔获尾数（尾/km²）作为相对资源丰度。

1. 初始因子筛选

以小黄鱼的资源丰度作为响应变量，选取底层海水温度、底层海水盐度、水深、底质类型 4 个环境因子和细螯虾（*Leptochela gracilis*）、脊腹褐虾（*Crangon affinis*）2 个饵料因子的分布共 6 个因子作为小黄鱼的幼体分布的解释变量；选取底层海水温度、底层海水盐度、水深、底质类型 4 个环境因子和细螯虾、脊腹褐虾、鳀（*Engraulis japonicus*）、赤鼻棱鳀（*Thrissa kammalensis*）4 个饵料因子的分布共 8 个因子作为其成体分布的解释变量。本研究采用条件数 κ 和方差膨胀因子（VIF）度量多重共线性的程度，并对选取的初始因子进行多重共线性检验，筛选得到可以加入模型的因子。

其中条件数 κ 定义为矩阵（X^TX）的最大、最小特征值之比，其中 X 为解释变量经过中心化和标准化得到的向量。若 κ<100，则认为多重共线性程度很小；若 100≤κ≤1 000，则认为存在中等程度或较强的多重共线性；若 κ>1 000，则认为存在严重的多重共线性。VIF 的平方根表示变量回归参数的置信区间能膨胀与模型无关的预测变量的程度，一般认为其值大于 2 即存在多重共线问题。通过使用 R 语言中 car 包中的 *vif* 函数确定 VIF 值。

2. Tweedie - GAM

Tweedie 分布是指数分布族分布中一类特殊的概率分布，由英国统计学家 Tweedie 在 1984 年首次提出。Tweedie 分布可由参数 *p* 的设置代表几个常见的重要分布，*p*=0，1，2，3 分别对应于正态分布、泊松分布、伽马分布和逆高斯分布。在 1<*p*<2 时，代表一个复合泊松分布。

Tweedie - GAM 为：

$$\begin{cases} Y \sim TW_p(\theta, \varphi) \\ \mu = E(Y) \\ g(\mu) = \alpha + \sum s(X) \end{cases}$$

式中，μ 为小黄鱼资源丰度的期望值；*p*，θ，φ 分别为 Tweedie 分布的能效参数、规范参数和分散参数。其中 *p* 首先要通过调用 R 语言中 Tweedie 软件包里相应的 tweedie.profile 函数确定，进而判断小黄鱼的资源丰度数据服从哪种分布。

对不同季节小黄鱼的成体和幼体资源丰度分别建模。依照赤池信息准则（AIC）筛选变量，在 AIC 值最小的模型中依次加入其他因子，得到 AIC 值最小的多因子预测模型。当模型的 AIC 值不再降低，即得到最适模型。通过 AIC、方差解释率、残差偏差等检验模型的拟合效果。

二、结果

1. 小黄鱼的资源分布特征

海州湾小黄鱼的资源分布在不同季节和不同生长阶段呈现出不同的分布规律（图 1-2-1）。其中，秋季的资源丰度高于春季，成体的资源丰度高于幼体。春季，小黄鱼幼体的分布范围较小,主要集中于 35°N 以南的沿岸海域和 120.8°E 附近海域;成体的分布范围较幼体的明显扩大,主要分布在 35°N 以北的沿岸海域和 35°N 以南的全部海域。秋季,小黄鱼幼体的空间分布范围与春季大致相同,但资源丰度值较春季高;成体的空间分布范围与春季大致相同,主要分布在 30 m 以内的海域。

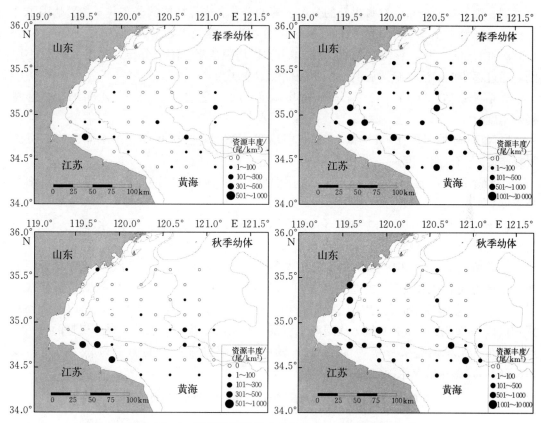

图 1-2-1 海州湾春秋季小黄鱼幼体和成体的资源分布

2. 小黄鱼分布模型分析

利用条件数 κ 和 VIF 对选取的初始因子进行多重共线性检验(表 1-2-1)。小黄鱼 4 个

表 1-2-1 解释变量因子的方差膨胀因子与条件数

解释变量	春季幼体	春季成体	秋季幼体	秋季成体
条件数 κ	11.009	11.806	2.250	2.986
底层海水温度	1.815	1.853	1.017	1.030
底层海水盐度	1.264	1.303	1.062	1.062
水深	1.666	1.676	1.143	1.168
底质类型	1.606	1.715	1.218	1.295
细螯虾的分布	1.082	1.098	1.087	1.126
脊腹褐虾的分布	1.353	1.360	1.066	1.070
鳀的分布		1.065		1.062
赤鼻棱鳀的分布		1.079		1.137

类群（春季幼体、春季成体、秋季幼体、秋季成体）的条件数均小于 100，且 4 个分类组的候选变量的 VIF 值均小于 2，因此表 1-2-1 中因子均可作为初始变量。春季幼体和秋季幼体选取底层海水温度、底层海水盐度、水深、底质类型、细螯虾的分布和脊腹褐虾的分布共 6 个影响因子；春季成体和秋季成体选取底层海水温度、底层海水盐度、水深、底质类型、细螯虾的分布、脊腹褐虾的分布、鳀的分布和赤鼻棱鳀的分布共 8 个影响因子。

通过计算得出小黄鱼 4 个类群 Tweedie 分布中的能效参数 p 分别为 1.614、1.655、1.578 和 1.600，由于 $1<p<2$，相应的 4 个类群均服从复合泊松分布。利用 AIC 最小原则，通过逐步向前法，筛选后的 GAM 最优模型依次为：

a. 春季幼体：$\lg(Y+1)=\alpha+S$（底层温度）$+S$（底层盐度）$+S$（水深）$+S$（脊腹褐虾丰度）

b. 春季成体：$\lg(Y+1)=\alpha+S$（底层温度）$+S$（底层盐度）$+S$（水深）$+S$（脊腹褐虾丰度）$+S$（鳀丰度）

c. 秋季幼体：$\lg(Y+1)=\alpha+S$（底层温度）$+S$（底层盐度）$+S$（水深）$+S$（细螯虾丰度）

d. 秋季成体：$\lg(Y+1)=\alpha+S$（底层温度）$+S$（底层盐度）$+S$（水深）$+S$（脊腹褐虾丰度）$+S$（细螯虾丰度）$+S$（赤鼻棱鳀丰度）$+$底质类型

小黄鱼最优 GAM 中各影响因子的相关参数表明（表 1-2-2），春季影响幼体资源分布的变量为底层海水温度、底层海水盐度、水深和脊腹褐虾的分布，累积偏差解释率为 45.53%，偏差解释率最大的因子为水深（16.09%），最小的是底层海水温度（8.03%）。影响成体资源丰度分布的变量为底层海水温度、底层海水盐度、水深、脊腹褐虾的分布和鳀的分布，累积偏差解释率为 35.42%，其中偏差解释率最大的因子为底层海水盐度（13.56%），最小的是水深（3.76%）。

表 1-2-2　海州湾小黄鱼最优 GAM 中各影响因子的相对贡献

类别	解释变量	AIC	ΔAIC	残偏差	累积偏差解释率/%	偏差解释率/%
春季幼体	底层海水盐度	212.43		438.55	9.82	9.82
	+水深	208.44	−3.99	399.09	25.91	16.09
	+脊腹褐虾	206.48	−1.95	323.47	35.50	9.58
	+底层海水温度	204.88	−1.60	290.34	43.53	8.03
春季成体	水深	451.05		147.11	3.76	3.76
	+底层海水盐度	449.50	−1.55	150.81	17.32	13.56
	+底层海水温度	446.38	−3.12	143.27	22.57	5.25
	+脊腹褐虾	445.59	−0.79	134.94	28.84	6.27
	+鳀	445.07	−0.52	127.56	35.42	6.58
秋季幼体	水深	360.54		379.10	25.11	25.11
	+底层海水温度	352.30	−8.23	274.99	41.47	16.36
	+底层海水盐度	350.42	−1.88	215.57	47.16	5.69
	+细螯虾	347.18	−3.24	144.13	54.35	7.19

（续）

类别	解释变量	AIC	ΔAIC	残偏差	累积偏差解释率/%	偏差解释率/%
	水深	791.82	—	189.29	20.82	20.82
	＋底质类型	786.27	−5.55	212.45	36.77	15.95
	＋底层海水盐度	781.15	−5.12	196.49	41.97	5.21
秋季成体	＋赤鼻棱鳀	776.39	−4.76	191.00	46.64	4.67
	＋细螯虾	775.09	−1.30	192.36	48.82	2.18
	＋脊腹褐虾	773.81	−1.28	184.15	50.93	2.11
	＋底层海水温度	771.30	−2.51	175.81	52.89	1.96

秋季影响幼体资源分布的变量为底层海水温度、底层海水盐度、水深和细螯虾的分布，累积偏差解释率为 54.35%，其中偏差解释率最大的因子为水深（25.11%），最小的是底层海水盐度（5.69%）。影响成体资源分布的变量为底层海水温度、底层海水盐度、水深、底质类型、脊腹褐虾的分布、细螯虾的分布和赤鼻棱鳀的分布，累积偏差解释率为 52.89%，其中偏差解释率最大的因子为水深（20.82%），最小的是底层海水温度（1.96%）。

3. 环境因子对小黄鱼资源分布的影响

底层海水温度、底层海水盐度、水深和脊腹褐虾的分布对海州湾春季小黄鱼幼体资源丰度分布的影响如图 1-2-2 所示。春季小黄鱼幼体丰度随底层海水温度的升高呈先增大

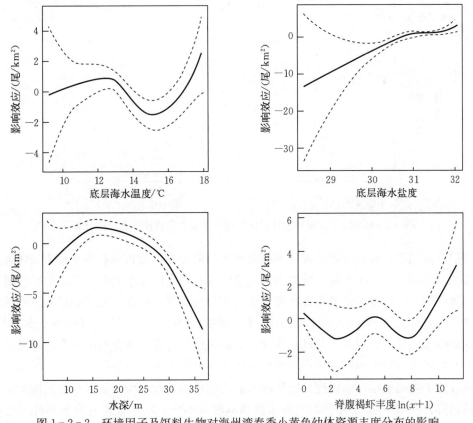

图 1-2-2　环境因子及饵料生物对海州湾春季小黄鱼幼体资源丰度分布的影响

后降低再增大的趋势，在底层海水温度大于 18 ℃ 时出现峰值。幼体丰度随底层海水盐度的升高而增大，随水深的增加呈先增加后下降的趋势，在约 15 m 水深处资源丰度最大。脊腹褐虾资源丰度对小黄鱼幼体资源分布的影响呈波动状，在其资源丰度大于 8 尾/km² 时（自然对数转换），小黄鱼幼体的资源丰度呈增加的趋势。

底层海水温度、底层海水盐度、水深、脊腹褐虾的分布和鳀的分布对海州湾春季小黄鱼成体资源丰度分布的影响如图 1-2-3 所示。春季成体丰度分布随底层海水温度的升高而增大，随底层盐度的增加先减小后增大，盐度值在 30.3 时出现资源丰度最小值，随水深的增加呈逐渐下降的趋势。脊腹褐虾丰度对成体丰度分布的影响呈波动上升趋势，鳀资源丰度在大于 5 尾/km²（自然对数转换）时春季小黄鱼成体的资源丰度呈上升趋势。

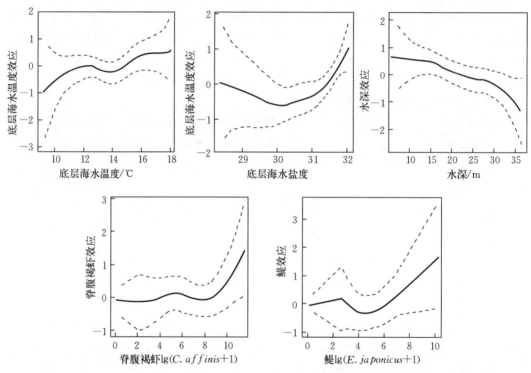

图 1-2-3　环境因子及饵料生物对海州湾春季小黄鱼成体资源丰度分布的影响

底层海水温度、底层海水盐度、水深和细鳌虾的分布对海州湾秋季小黄鱼幼体资源丰度分布的影响图 1-2-4 所示。秋季小黄鱼幼体丰度随底层海水温度的升高呈平缓增大的趋势，随底层海水盐度的增加呈先平缓增大后下降的趋势，随水深的增加呈先下降后增大的趋势，在水深约 20 m 处资源丰度最小，随细鳌虾的资源丰度增加呈平缓增大的趋势。

底层海水温度、底层海水盐度、水深、脊腹褐虾的分布、细鳌虾的分布、赤鼻棱鳀的分布以及底质类型对海州湾秋季小黄鱼成体资源丰度分布的影响如图 1-2-5 所示。秋季小黄鱼成体丰度随底层海水温度、底层海水盐度的增加逐渐增大，随着水深的增大呈逐渐下降的趋势，在 23～40 m 水深时资源丰度基本保持不变。秋季成体对脊腹褐虾丰度的响应呈先下降后增加的趋势，随细鳌虾和赤鼻棱鳀丰度的增加基本呈增大的趋势。成体丰度

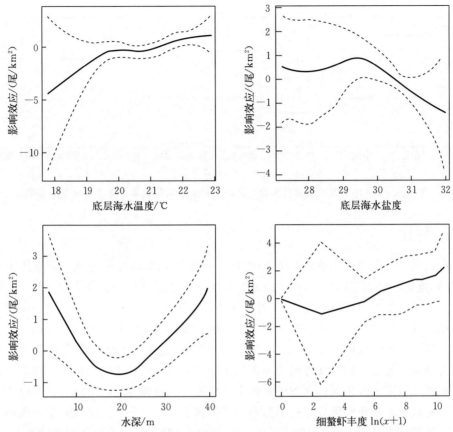

图1-2-4　环境因子及饵料生物对海州湾秋季小黄鱼幼体资源丰度分布的影响

较高的底质类型主要为粗沙、沙质粉沙、粉沙质黏土和黏土质沙。

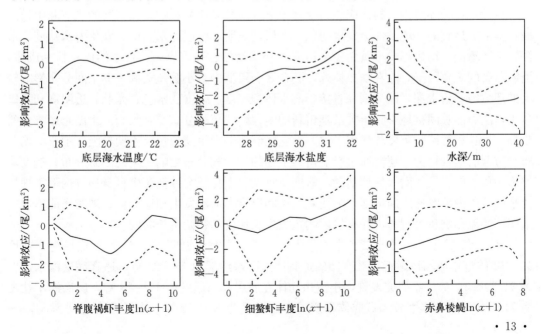

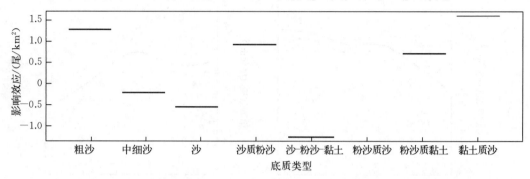

图 1-2-5　环境因子及饵料生物对海州湾秋季小黄鱼成体资源丰度分布的影响

三、讨论

本研究表明,海州湾小黄鱼幼体集中分布在 35°N 以南的近岸海域,而成体主要分布在 35°N 以南的江苏近岸海域,35°N 以北的海域也有零星分布。金显仕等(2005)研究发现黄、渤海小黄鱼主要产卵期为 4—5 月,由南向北略有推迟,产卵区一般分布在河口区和入海径流较大的沿海区。结合本研究春季幼体和成体小黄鱼的资源分布可推测,达到性成熟的小黄鱼群体陆续洄游至 35°N 以南、10 m 等深线处的江苏沿岸海域进行产卵、孵化,这与邹易阳等(2016)在海州湾小黄鱼栖息地适宜性研究中得出的小黄鱼产卵群体的适宜分布区域范围大致相同。春季小黄鱼主要分布在该海域 35°N 以南,35°N 以北海域分布较少;而秋季小黄鱼密集分布在黄海东南部的深水区域,分布范围较春季出现向北延伸的趋势。秋季调查月份主要为 10 月下旬,小黄鱼洄游至深水区为越冬洄游做准备。另外,结合黄海和渤海群越冬海域所处位置及生殖洄游路线等分析,黄海和渤海群进入江苏近岸海域进行产卵的群体数量十分有限,对江苏近岸海域的影响较小。

鱼类对各种环境因子的适应能力受到季节及生长阶段的影响,在不同的季节和生长阶段,其最为适宜的环境条件会发生变化。本研究表明,底层海水温度、底层海水盐度、水深 3 个环境因子均为影响小黄鱼 4 个组群(春季幼体、春季成体、秋季幼体、秋季成体)资源分布的主要因子。除春季成体外,其余 3 个组群中对小黄鱼资源丰度空间分布影响较大的环境因子为水深,因为水深直接影响水体的温度、盐度、水色、光照、透明度和含氧量等,从而能够间接地影响鱼类及其饵料的生存,使鱼类分布受到限制。水温是影响鱼类生存、生长和繁殖的重要环境因子之一,它能够影响渔汛期长短、渔期早晚、中心渔场分布和鱼群的集群行为,还能通过影响饵料生物的行为和分布影响鱼类的洄游分布。盐度能够影响鱼类的生长代谢等生理活动,盐度一旦发生变化就会致使鱼类自身通过内部生理变化来调节体内外渗透压的平衡,迫使其生长和摄食等活动发生相应变化,同时还能够通过水团、海流影响鱼类行为,并直接影响鱼类生长速度和初始生长时间。

有关研究表明,春季小黄鱼主要集中分布于底层海水温度 16~17 ℃、底层海水盐度 31~32 的近岸或河口附近,其产卵的适宜底层海水温度为 16~22 ℃,适宜底层海水盐度为 31.59~34.65。本研究发现,小黄鱼幼体在底层海水温度为 17~18 ℃,底层海水盐度为 31~32 时资源丰度较大;成体在底层海水温度为 15~18 ℃,底层海水盐度为 31.3~

32 时资源丰度较大。较高的水温和适宜的盐度为成体性腺的发育、鱼卵的孵化提供保障，也为幼体的生长提供必要的环境条件。另外，近岸海域受大陆径流、海流水团等因素的影响，营养盐丰富，既能为成体的繁殖活动提供适宜的场所，又能为幼体的生长发育提供充足的饵料供给，有利于孵化后的幼体进行索饵和生长。秋季小黄鱼密集分布在底层海水温度为 19.2～22.9 ℃，底层海水盐度为 31.6～32.8 的海域，并有向外海移动的趋势。本研究发现，幼体在底层海水温度为 20.5～24 ℃，底层海水盐度为 30 时资源丰度较大；成体在底层海水温度为 20～23 ℃，底层海水盐度为 32 时资源丰度较大。秋季是小黄鱼的主要索饵季节，水温的变化直接或间接影响饵料生物的分布，从而间接影响小黄鱼的空间分布。

实际调查中，不同物种对环境及生物变量有着不同的适宜性，因此资源丰度的数据中常存在大量的 0 值，使得资源丰度呈偏态分布（主要是正偏态分布）。为提高 GAM 中资源丰度与变量间的拟合度，需要对 0 值数据进行相应的处理。研究表明，基于 Tweedie 分布建立的 GAM 对于变量的分析更加灵活准确。Tweedie 分布既属于指数分布族，又包含正态分布、泊松分布等常用概率分布的特殊分布族，Tweedie - GAM 为研究物种分布提供了新的方法。但 Tweedie 分布中关于参数 p 的计算方法仍需要更加深入的研究。本研究选取的环境和饵料生物丰度因子是基于调查获得的数据，其他因子例如海洋环流和气候因子等没有考虑，有待在今后的研究中加以改进。

> ### ■ 小　结
>
> 本节根据春季和秋季在海州湾及其邻近海域进行的底拖网调查数据，结合同步采集的底层海水温度、底层海水盐度、水深、底质类型，以及小黄鱼主要饵料生物的丰度数据，应用基于 Tweedie 分布的广义可加模型（GAM）研究不同季节和不同生长阶段的小黄鱼资源丰度与环境因子的关系。底层温度、底层盐度、水深对不同季节和生长阶段的小黄鱼资源分布均具有重要影响。此外，春季小黄鱼幼体资源分布的影响因子还包括脊腹褐虾的丰度；春季成体分布的影响因子还包括脊腹褐虾和鳀的分布；秋季幼体的影响因子还包括细螯虾的分布；秋季成体分布的影响因子还包括脊腹褐虾、细螯虾、赤鼻棱鳀的分布以及底质类型。海州湾及其邻近海域不同季节和不同生长阶段小黄鱼的资源分布与其自身的生态习性、海洋环境以及饵料生物的分布密切相关。

第三节　日本枪乌贼资源分布的空间结构

日本枪乌贼（*Loligo japonica*）又名笔管、乌蛸等，属于 1 年生、浅海洄游性小型头足类，在我国仅分布于黄海、渤海近海。日本枪乌贼在食物链中占据重要地位，是底拖网渔业及某些定置网渔业的主要捕捞对象之一，资源比较丰富，是营养价值较高的一种海产品。由于过度捕捞、气候变化以及环境污染等多重因素的影响，世界范围内许多重要经济鱼类资源处于衰退的状态，而头足类资源开发程度相对较小，具有很大的发展潜力，因此近年来头足类渔业发展较快。有研究表明，黄海渔场日本枪乌贼渔获量在近年显著增加。

鉴于日本枪乌贼具有重要的生态学和经济价值，众多学者着重研究了日本枪乌贼的生物学特性、生活习性及其在海州湾的怀卵量和生殖力，对其在黄渤海的空间分布和资源量也有一定研究，探索其资源量预报方法。需要注意的是，在渔业资源分布研究中，由于调查采样的时间和空间的限制，许多研究往往假设空间同质性，忽略了生物分布的时空变异特征。经典统计模型中常常假设空间数据相互独立，忽略了空间自相关，从而导致模型的拟合及预测结果产生偏差。

本研究以海州湾及邻近海域为例，根据底拖网调查的数据，分析了日本枪乌贼资源分布重心的年际和季节变化，用变异函数方法量化了日本枪乌贼分布的空间自相关程度，以探讨其资源在海州湾及邻近海域时空分布的异质性。本研究对于深入了解枪乌贼资源的时空分布格局，以及指导相应的渔业开发管理具有参考意义。

一、材料与方法

本研究数据来自 2011 年、2013 年、2014 年和 2015 年春（5 月）、秋（10 月）两季的海州湾海域渔业资源底拖网调查，调查方法如前所述。为了便于不同年月的比较，将网获质量进行了拖网时间（1 h）及拖速（2 kn）单位网次渔获量的标准化，作为日本枪乌贼资源密度的指标。采用 Garrison 分布重心法分析其空间分布的重心，公式为：

$$\overline{lon} = \frac{\sum_{i=1}^{n} lon_i \cdot D_i}{\sum_{i=1}^{n} D_i} \qquad \overline{lat} = \frac{\sum_{i=1}^{n} lat_i \cdot D_i}{\sum_{i=1}^{n} D_i}$$

式中，$\overline{lon}$、$\overline{lat}$ 分别为重心分布的平均经度和纬度，lon_i、lat_i 分别为 i 站位的经度和纬度，D_i 为日本枪乌贼在 i 站位的资源密度，n 为站位数。

考虑到每个航次随机采样站位位置可能会使样品中日本枪乌贼的分布重心发生偏离，以采样站位的平均经纬度检验随机站位的分布重心。初步分析表明采样站位中心的年间变化很小，不影响对日本枪乌贼的分布重心的分析。为排除观测误差的影响，采用 Bootstrap 分析了分布重心置信区间。Bootstrap 是从样本中的重抽样，一般重复 1 000 次以上以构建某个估计的置信区间。通过 Bootstrap 比较了日本枪乌贼在海州湾不同年份、不同季节分布重心变化的显著性。

变异函数以区域化变量理论为基础，是研究自然现象的空间变异和空间相关的重要方法，能够有效描述空间数据特征。日本枪乌贼资源分布在空间上具有一定的随机性和结构性，属于区域化变量，将变异函数定义为：

$$\gamma(h) = \frac{1}{2} \sum_{i=1}^{n} (D_{X_i} - D_{X_i+h})^2 / n$$

式中，$\gamma(h)$ 为变异函数；D_{X_i} 为在位置 X_i 处日本枪乌贼的资源密度；D_{X_i+h} 为与 X_i 相距为 h 处的日本枪乌贼的资源密度；h 为站位点两两之间的距离（也称为滞后距离）；n 为所有距离为 h 的点对数。

在一定的距离（变程 a）内，资源密度具有空间自相关特性，反之则不存在空间自相关，需注意 h 的取值范围应大于最邻近的两样点间距离而不超最大采样间隔长度的 1/3～

1/2 才有统计学意义。变异函数揭示了区域化变量在整个尺度上的空间变异格局，拟合变异函数的理论模型有球面模型、指数模型、高斯模型和线性模型等。指数模型和高斯模型不存在截然的变程。拟合的模型中，变程反映了空间自相关的范围，块金值（C_0）代表测量误差和小于实际取样尺度（本研究中最小取样尺度为 10 km）引起的变异；基台值（$C_0 + C$）代表了系统内的总变异，包括块金值和空间结构值；空间异质比小于 25%，说明存在较强的空间自相关；在 25%～75% 存在中等的空间自相关；若大于 75%，则空间自相关很弱。

由于 RSS（残差平方和）的敏感和稳健性，因此用其来评价模型拟合程度的优劣，选择拟合最优模型，一般其取值越小模型拟合程度越好。利用 Surfer 11 软件绘制日本枪乌贼的空间分布图，R-gstat 程序包建立变异函数模型。

二、结果

1. 资源密度分布重心

2011 年、2013 年、2014 年和 2015 年日本枪乌贼秋季的资源密度均大于春季（图 1-3-1），仅在 2013 年春秋季间资源密度差异不显著（$p > 0.05$）。在春季，2011 年密度最大，为（0.92 ± 0.23）kg/h，2015 年密度最小；在秋季，2014 年的密度最大，为（4.55 ± 1.30）kg/h，2013 年密度最小。

图 1-3-2 显示了日本枪乌贼资源密度重心的移动轨迹，以 2011 年的分布重心为原点，箭头所指的方向代表年份的推移。春季日本枪乌贼资源密度的重心在经度方向上呈先减小再增大后又减小的变化趋势，在纬度方向上呈先增大再增大后减小的趋势；而秋季的重心移动轨迹在经纬度方向上均呈现与春季相反的变化趋势。秋季密度重心分布比春季集中，2011 年、2015 年春秋季的分布重心比 2013 年、2014 年集中，但 2015 年比 2011 年分散。

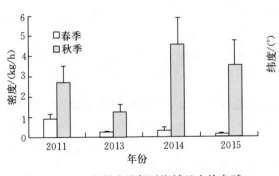

图 1-3-1　海州湾及邻近海域日本枪乌贼
资源密度的季节变化

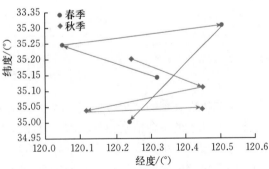

图 1-3-2　日本枪乌贼资源密度的
分布重心移动轨迹

通过 Bootstrap 法估计资源分布重心的 95% 置信区间（表 1-3-1），结果表明不同年份、季节的重心经纬度的置信区间都有重叠，因此日本枪乌贼在海州湾年际、季节间的重心分布差异不显著。

表 1 - 3 - 1　日本枪乌贼在海州湾及邻近海域分布重心的置信区间（95%）

季节	年份	纬度/(°)	置信区间	经度/(°)	置信区间
春季	2011	120.32	120.14～120.46	35.14	35.00～35.26
	2013	120.05	119.81～120.33	35.25	35.13～35.34
	2014	120.50	119.87～120.75	35.31	35.11～35.39
	2015	120.24	119.89～120.55	35.00	34.81～35.26
秋季	2011	120.25	120.02～120.52	35.2	35.03～35.31
	2013	120.45	120.22～120.60	35.11	35.01～35.21
	2014	120.12	119.77～120.55	35.03	34.92～35.19
	2015	120.45	120.18～120.59	35.04	34.92～35.19

2. 空间自相关分析

日本枪乌贼资源密度分布的变异散点图如图 1 - 3 - 3 所示，利用最优模型拟合变异函数，通过模型参数来定量分析日本枪乌贼资源密度的空间相关性。

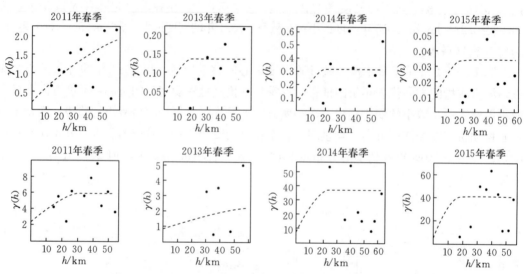

图 1 - 3 - 3　日本枪乌贼资源密度变异函数 γ（h）拟合模型

不同年份春季的块金值均相对较小，且变化幅度小，表示由随机因素引起的空间变异较小；而秋季的块金值则相对较大，且年际间的差异也较大。2014 年、2015 年有较大的块金值，表明较小尺度上的空间变异不容忽视。2011 年、2013 年季节间由随机因素引起的空间变异程度比后两年小，2013 年季节间块金值相差最小（表 1 - 3 - 2）。

表 1 - 3 - 2　日本枪乌贼资源密度分布的变异函数模型参数

季节	年份	模型类型	块金值	基台值	空间异质比	变程/km	残差平方和
春季	2011	指数模型	0.23	3.25	0.07	74.71	0.015
	2013	球面模型	0.03	0.13	0.23	19.32	0.032

（续）

季节	年份	模型类型	块金值	基台值	空间异质比	变程/km	残差平方和
春季	2014	球面模型	0.04	0.31	0.13	19.36	0.023
	2015	球面模型	0.01	0.03	0.30	19.06	0.518
秋季	2011	球面模型	2.26	5.94	0.38	34.10	0.019
	2013	指数模型	0.84	3.00	0.28	63.58	0.127
	2014	球面模型	7.30	37.19	0.20	23.99	5.422
	2015	球面模型	5.74	40.26	0.14	18.38	9.527

　　基台值的年际变化趋势与块金值的基本一致（图1-3-4）。本研究中，随机因素引起的空间变异均小于结构性变异，即日本枪乌贼在研究尺度上具有较强的空间自相关格局。空间异质比表明，除2015年春季，2011年、2013年秋季日本枪乌贼的资源密度表现为中等的空间自相关，其他则具有强烈的空间自相关，即日本枪乌贼的资源密度有良好的空间结构性。

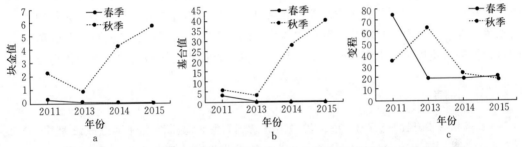

图1-3-4　日本枪乌贼资源密度分布变异函数参数的年际和季节变化

　　变异函数的变程在20～30 km，即在此研究尺度范围内日本枪乌贼的资源密度存在中等或强烈的空间自相关，有良好的空间自相关格局。2011年、2013年季间变程有较大的差异，而2014年、2015年春秋季的变程则基本相同。除2011年外，其他3年春季的变程基本不变，而秋季的变程减小。

三、讨论

　　不同年份日本枪乌贼的资源密度分布重心虽在经纬度方向上呈现一定的变化趋势，但在整体上并不存在向某一方向移动的规律，这与东海区经济乌贼类密集分布区域由近岸水域向外海移动的结论不一致。造成这种差异的原因可能有：第一，时间尺度的差异，从20世纪80年代到现在才形成东海区经济乌贼类密集分布区域的移动趋势，本研究的时间间隔较短，可能不足以体现整个移动趋势。第二，空间尺度的差异，东海区调查的海域范围大，而海州湾及邻近海域的空间范围较小，可能只是反映了大尺度下的一个小范围的波动。上述结果同时也说明了小尺度时空变异性对于资源开发利用的重要影响。日本枪乌贼作为海州湾及邻近海域底拖网调查的兼捕对象，其捕捞量不能代表其在海州湾及邻近海域的渔获量（渔获量主要在石岛渔场，海州湾的渔获量仅占黄渤海区的6%～9%），但是通过其标准化的单位捕捞努力量渔获量（CPUE）确定的重心分布能够反映其渔获量的密集分布区，因此也能为渔业生产上的捕捞区域提供一定的科学参考。

在整个调查期间，秋季评估结果的变异不容忽视，除 2011 年外，后 3 年的块金值逐渐增大，说明日本枪乌贼的资源密度在小于最小取样尺度下的空间自相关减弱；变程减小，即日本枪乌贼的资源密度空间自相关的范围减小。推测可能是由于环境变化、人为扰动等多种原因，破坏了日本枪乌贼原有的空间结构和空间自相关格局，导致其资源密度的不稳定。在变异函数散点图中，当 h 大于变程后，存在一些 $\gamma(h)$ 较小的点，说明在此距离间隔下日本枪乌贼资源密度存在空间自相关。这表明在相较于本调查更大的尺度下，日本枪乌贼的分布可能存在复杂的空间结构，还需要在今后的研究中进一步验证。

数据可靠是模型拟合真实性的前提，海州湾及邻近海域调查中头足类的数据量相对较少，因此用理论模型拟合会存在一定的限制及误差。本研究中假定变异函数不存在各向异性，而实际上日本枪乌贼的资源密度与生物和非生物因子的空间分布与方向有着密切的关系，因此资源密度在各个方向上也具有一定的差异，在今后的研究中可以尝试应用各向异性模型。此外，饵料生物的空间分布特征与气象因子通常是引起日本枪乌贼空间异质性的因素，而它们之间的关系还需进一步研究。本研究中采用的空间自相关指标是空间自相关研究的常用方法，证明了海州湾及邻近海域日本枪乌贼的资源密度呈现中等或强烈的空间自相关。在进一步研究日本枪乌贼资源与环境的关系时，应考虑到空间自相关的影响。空间自相关分析不仅可以为深入研究提供基础，也可以预测空间格局的未来变化趋势。

■ 小　结

本节根据 2011 年、2013 年、2014 年和 2015 年的海州湾及邻近海域渔业资源底拖网调查资料，运用重心分布和空间变异函数等方法研究了日本枪乌贼（*Loligo japonica*）资源密度重心及其时空异质性。日本枪乌贼春、秋季资源分布重心移动轨迹相反，在年际、季节间重心分布的差异不显著。资源密度在 20～30 km 的尺度下空间异质比小于 75%，呈现中等或强烈的空间自相关，具有良好的空间结构性。为日本枪乌贼个体规格与资源密度时空异质性的研究及渔业合理的管理和保护提供科学依据。

第四节　响应变量类型对栖息分布模型的影响

栖息地为生物的生存提供了基本保障和环境条件，一旦适宜的栖息地缩小或消失，物种数量将减少甚至灭绝。因此，物种栖息地和其生态、生物和社会经济特征的空间分布的可靠信息对于生物资源的科学管理十分必要。物种分布的时空动态及其变化规律的深入研究在基于生态系统的渔业管理（EBFM）框架中具有重要意义。

目前已有许多栖息地模型用于分析物种空间分布与环境变量之间的关系，如广义加性模型（GAM）、K-最近邻（KNN）模型和其他机器学习方法等，分别基于不同的算法原理量化物种的时空分布。根据响应变量类型的不同，可以将这些方法分为两种类型，即分类模型和回归模型。在分类模型中，响应变量为存在-缺失或离散数据，而回归模型中响应变量为丰度等连续数据。对于不同类型的响应变量，应选择合适的算法模型来分析物种的栖息分布，然而目前尚缺乏模型效果评估和比较的成熟框架，对不同条件下模型性能缺乏全面了解。

本研究以海州湾小黄鱼时空分布为例，选用 6 种模型和 4 种响应变量开展对比分析。通过评估和比较这些栖息地模型的性能，探究模型的生物学意义，以期建立一个针对不同类型响应变量的最佳栖息地模型选择框架，加深对渔业资源空间分布生态驱动机制的理解。

一、材料与方法

1. 建模数据

研究数据来自海州湾春季渔业资源调查，调查方法如前文所示。本研究选取成年小黄鱼进行了分析，即体长大于 50％性成熟体长（$L50\%$，103.55 mm）的个体。以小黄鱼的栖息分布为响应变量，数据分为 4 种类型，包括存在与否、栖息地等级（A 到 E：“好”到“差”）、出现概率和丰度指数。将拖网观测数据标准化，以单位面积渔获物数量（尾/km²）作为丰度指数，并做对数转换作为响应变量，以减少极值的影响。根据相对丰度划分了 5 个栖息地等级，以丰度的前 25％为 A 级，25％～50％为 B 级，50％～75％为 C 级，最后 25％为 D 级，零捕获量为 E 级。存在与否和概率数据也根据丰度指数进行换算。

基于 FVCOM（finite - volume community ocean model）提取的环境数据预测小黄鱼的空间分布。FVCOM 是一个沿海海洋环流模型，它是非结构网格、有限体积、自由表面、三维模型，已广泛用于沿海环境预测和管理。选用 6 个因子作为建模的候选解释变量，其中非生物变量包括离岸距离、海底温度、海底盐度、深度和底质类型。以饵料丰度为模型的生物变量，根据小黄鱼的摄食习性，将鳀、赤鼻棱鳀、戴氏赤虾和枪乌贼作为主要饵料生物，其丰度数据来自同步的海州湾底拖网调查。由于饵料生物数据的空间分辨率不同于 FVCOM，因此使用普通克里格法进行插值。建模前，通过相关分析和方差膨胀因子（VIF）剔除高度相关的解释变量，以避免多重共线性。

2. 栖息地模型

本研究采用 6 种模型包括广义加性模型（GAM）、K -最近邻（KNN）模型、多元自适应回归样条（MARS）、广义增强回归模型（GBM）、随机森林（RF）和人工神经网络（ANN）。其中 GAM 和 KNN 为基于统计算法，而 MARS、GBM、RF 和 ANN 为机器学习算法，使用 R 中的 caret 软件包完成模型的构建。以下对 6 种模型做简要介绍：

（1）**广义加性模型**（GAM）。GAM 是简单线性回归模型的扩展，用于处理非线性关系，不同变量的预测效果是加性的。针对 4 种数据类型，GAM 采用二项分布、Ocat、高斯和 Tweedie 误差分布，平滑函数均约束为 4 节点以避免过度拟合。

（2）**K -最近邻**（KNN）**模型**。KNN 算法是一种非参数方法，是最简单的数据挖掘方法之一。该方法假设若某样本在特征空间的 K 个最邻近的样本中，大多数样本属于某个类别，则该样本也属于这个类别。也就是说，KNN 从所有训练样本中选择 K 个最接近的样本作为测试样本，然后利用“多数规则”（分类）或“平均值规则”（回归）预测测试样本。KNN 的算法简单，理论成熟，但对稀有类别的预测准确度可能较低。KNN 模型

通常对 K 值的选择较为敏感，本研究根据 Bootstrap 方法进行分析，选择了 5、7、9 和 9 作为 4 种 KNN 模型的 K 值。

（3）多元自适应回归样条（MARS）。MARS 是一种非参数的机器学习算法，适合分析复杂和多元现象，有助于为复杂数据集建立良好的预测。MARS 可以看作一个扩展的线性模型，可处理变量之间的非线性关系和相互作用，其优点是可以自动确定样条函数节点，并估计变量之间的相互作用。本研究中分类模型中"degree"参数值设为 1，回归模型中 nprune＝2，degree＝1。

（4）广义增强回归模型（GBM）。GBM 也称为增强回归树（BRT），是基于决策树理论的集成学习方法。GBM 基于 regression tree 和 boosting 两种统计算法，结合了这两种方法的优点，提高了模型的预测性能。回归树能够处理缺失值，以及预测变量之间的相互作用。增强算法通过顺序模型拟合过程处理难以预测的值，通过添加概率成分来优化预测性能，能处理非线性、自相关和相互作用的变量。Boosting 算法可通过学习速率和树的复杂度进行优化，本研究 4 个 GBM 中树的复杂度分别为 3，2，1，1，学习率均为 0.1。

（5）随机森林（RF）。RF 是一种基于分类回归树（CART）的机器学习集成算法，其特点是能够处理非线性、缺失值和解释变量之间的高度相关性，模型不易过度拟合。RF 预测性能较好，在许多研究领域引起了关注。RF 将 bagging 和随机的变量选择结合起来，生成许多分类树，使用投票或平均值方法产生最终预测结果。该模型通常通过以下步骤实现：①利用 bootstrap 从原始数据中提取的 ntree 个训练数据集；②构建多重分类树或回归树，通过随机抽样 mtry 个变量构建树的节点，自动选择最佳分支；③汇总分类回归树的信息，得到预测结果。本研究将树的数量（ntree）设置为 1 000，mtry＝2。

（6）人工神经网络（ANN）。ANN 是一种动态信息处理系统，模型中简单处理单元（神经元）以某种方式互联，通过模拟人脑的结构和机制来实现模式识别、信息处理和决策等功能。与许多算法不同，ANN 不需要假设因变量和自变量之间的数学关系。人工神经网络有许多类型，本研究中使用反向传播算法训练的前馈网络方法，其网络由 3 层神经元组成：输入层（接收器）、隐藏层（构建复杂连接）和输出层（预测神经元）。模型参数设置为 maxit＝500，size＝1 和 decay＝0，需注意这些参数对于模型拟合效果具有重要影响，在研究中需反复调整。

3. 模型效果评估

通过四重交叉验证（four‐fold corss‐validation）评估模型的预测性能，即随机选择 75％的原始数据作为训练数据集构建模型，其余 25％作为测试数据集验证模型。针对不同响应变量，使用不同指标评估模型的性能。对于存在-缺失和栖息地等级的模型，采用准确度和 $Kappa$ 指标进行评估；针对概率模型，采用操作者特征曲线下面积（AUC）和 $Tjur$ 判别系数（$Tjur's\ D$）；针对丰度模型，采用均方根误差（RMSE）和决定系数（R^2）。$Kappa$、AUC、$Tjur's\ D$ 和 R^2 较高，RMSE 较低，说明模型的预测性能较好。采用主成分分析（PCA）将以上多个指标转换为主成分用于模型效果比较。以权重反映主成分信息，计算正态分布统计量的 Z 分数，以 Z 值最高为最优模型。

二、结果

1. 模型拟合

以 VIF 评价解释变量的多重共线性，其值范围为 1.125～2.809。其中水深的 VIF（2.809）高于离岸距离（2.655），离岸深度和距离之间存在显著相关性（$|r| > 0.7$）。因此，水深未用于下一步模型构建。

对于不同的响应变量类型，解释变量对栖息地模型的重要性存在差异（图 1-4-1），生物与解释变量的响应曲线也不相同。对于小黄鱼出现概率而言，饵料生物、底层海水温度和底层海水盐度是前 3 位重要变量；对于丰度指标，底层海水温度是最重要变量。在 6 个模型中，小黄鱼的出现概率和丰度均与底层海水温度呈现正相关关系（图 1-4-2）。此外，盐度 >31.2 时，底层海水盐度与丰度呈正相关，但与出现概率呈负相关或无显著关系。生物变量（饵料丰度）对小黄鱼的丰度存在正效应。6 个栖息地模型的相对拟合优度保持一致（表 1-4-1），RF 模型是其中最优的建模方法。

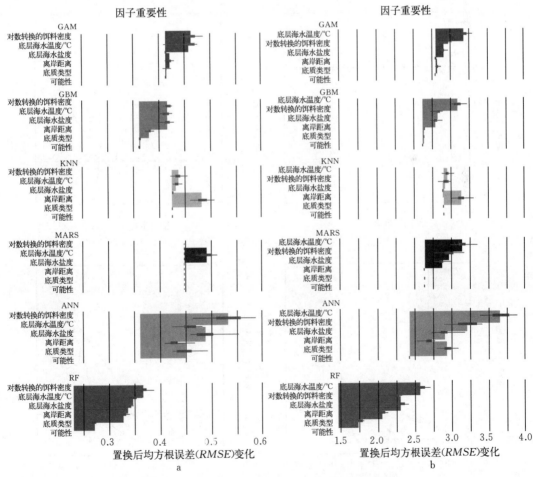

图 1-4-1　栖息地模型中解释变量的重要性评估

a. 为出现概率模型结果　b. 为丰度模型结果

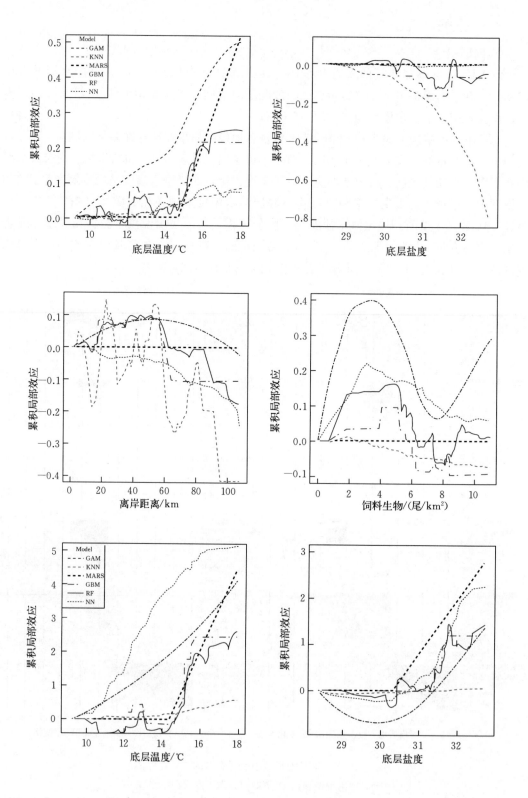

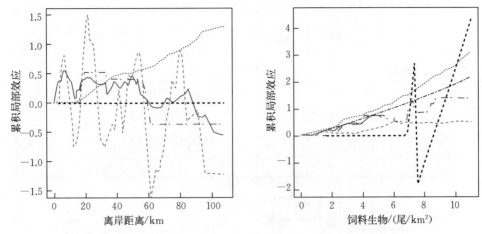

图 1-4-2　海州湾小黄鱼出现概率和丰度与环境因子的响应关系

表 1-4-1　4 种响应变量的栖息地模型的拟合优度

模　型	存在/不存在		栖息地等级		出现概率		丰　度	
	准确性	$Kappa$	准确性	$Kappa$	AUC	$Tjur's\ D$	R^2	$RMSE$
GAM	1.000	1.000	0.104	0.099	0.790	0.187	0.594	1.907
KNN	0.911	0.817	0.658	0.498	0.733	0.132	0.533	1.961
MARS	1.000	1.000	1.000	1.000	0.632	0.086	0.543	2.063
GBM	1.000	1.000	0.997	0.995	0.866	0.236	0.633	1.774
RF	1.000	1.000	1.000	1.000	1.000	0.533	0.908	1.414
ANN	1.000	1.000	0.973	0.962	0.659	0.114	0.750	1.581

2. 预测性能评估

交叉验证表明，模型对不同类型的响应变量的预测性能存在差异（图 1-4-3）。对于分类型响应变量，GAM 和 KNN 模型的预测能力相对较差；对于丰度型响应变量，6 个栖息地模型的预测性能相似。

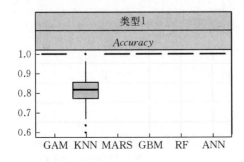

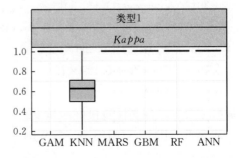

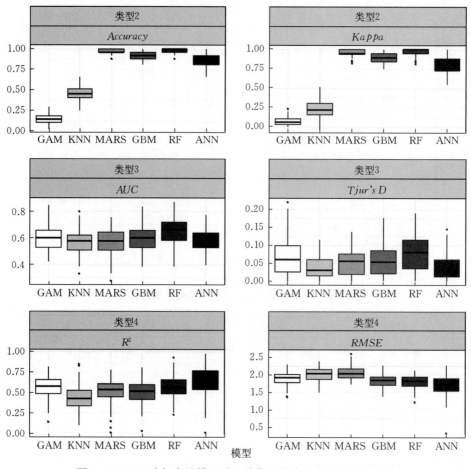

图 1-4-3　6 个栖息地模型对 4 种类型的响应变量的预测效果

主成分分析表明，针对以上评价指标的最佳主成分个数为 4 个，累积方差为 0.85。PC1 中负荷值较高的是响应变量类型 1 下的指标，方差比例为 0.25。将 8 项指标标准化并整合为一个综合指数 Z 得分：

$$Z = 0.301 \times Accuracy(t1) + 0.301 \times$$
$$Kappa(1) + 0.297 \times Accuracy(2) +$$
$$0.292 \times Kappa(2) + 0.166 \times AUC +$$
$$0.194 \times Tjur's\ D + 0.109 \times R^2 -$$
$$0.197 \times RMSE$$

根据 Z 分数，预测性能最好的是 RF 模型，其次是 GBM、MARS 和 ANN 模型（图1-4-4）。

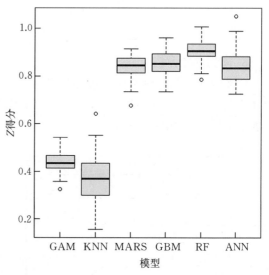

图 1-4-4　6 个栖息地模型的主成分
分析（PCA）的 Z 得分

　　根据随机森林模型对小黄鱼丰度的预测，绘制了海州湾小黄鱼的空间分布图（图 1-4-5）。小黄鱼在 2011—2016 年呈现类似分布模式，即较高的丰度主要分布在海州湾沿岸、深度为 10～30 m 的区域。2017 年其分布呈现显著不同，较高的丰度主要分布在中部海域，深度为 20～30 m。

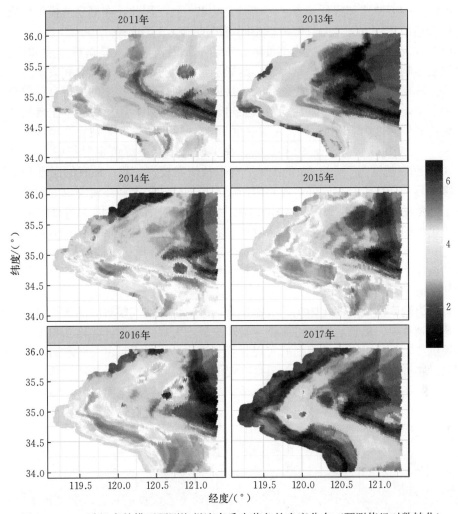

图 1-4-5　随机森林模型预测海州湾春季小黄鱼的丰度分布（预测值经对数转化）

三、讨论

　　准确预测物种分布和适宜栖息地范围对于渔业管理、保护和空间规划非常重要。本研究评估了 6 种栖息地模型对 4 种响应变量的预测性能，比较识别了最优模型。研究发现，对于小黄鱼而言，基于机器学习算法的栖息地模型表现出更好的预测性能，特别是随机森林模型是最可靠、预测性最好的方法。RF 具有避免过度拟合和简单调整参数的优势，平衡了预测性和生态解释性，适合于不同类型的响应变量。一些其他研究中也得到类似的结论，机器学习在多种生态应用中都优于回归算法。

　　需要注意的是，对于不同类型的响应变量，生物-环境响应曲线和解释变量的贡献存在很大差异，如小黄鱼的出现概率和丰度对于底层盐度和饵料丰度表现出不同的响应曲线。这可能与输入数据的尺度有关，在本研究中出现概率的取值为 0～1，而丰度数据有很大的变化范围。Parra 等（2017）应用广义加性模型（GAM）分析了 8 种重要经济鱼类的存在-缺失、相对丰度数据与环境变量的关系，指出使用不同类型的响应变量进行建模会产生不同的响应曲线和解释偏差，与本研究结果一致。因此，在栖息地模型研究中不仅需要选择合适的建模方法，而且要考虑不同类型的响应变量选择。

本研究发现，底层温度是影响小黄鱼分布的主要因素，其次是饵料丰度和底层盐度。温度是控制生物生理学速率的关键因素，是影响鱼类生存、生长、繁殖和集群行为的重要因素之一。底层盐度也会影响鱼类的生长、代谢和生理活动，盐度的变化会引发鱼体渗透压平衡的调节，对其生长和摄食活动造成胁迫。有研究表明，小黄鱼春季主要集中在近岸和河口附近底层温度为 16～17 ℃、底层盐度为 31～32 的水域，其适宜产卵区的底层温度为 16～22 ℃，底层盐度为 31.59～34.65。在本研究中，小黄鱼主要集中在底层温度为 15～18 ℃、底层盐度为 31.2～32 的区域，与以往研究较为一致，适宜的温度和盐度有利于其性腺发育和仔鱼生长。此外，海州湾沿岸水域的陆地径流和洋流等也为幼鱼的生长发育提供了充足的饵料生物，因此海州湾海域为小黄鱼生殖活动提供了适宜的栖息地。此外，饵料生物的空间分布自下而上地影响捕食者的分布，也是决定捕食者栖息地偏好的主要因素之一。充足的饵料供应也可以在一定程度上补偿不利环境因素的影响，如海水温度和盐度的波动。因此，了解捕食者与其饵料生物之间的关系有助于发现索饵场的分布热点和鱼类的关键栖息地。

随着沿海地区受气候变化影响的日益显著，进一步评估气候对海洋物种时空分布的影响变得越来越重要。栖息地模型可服务于管理决策，为海洋保护区的建立和重要鱼类栖息地识别提供科学方法，对保护规划的实现起着关键的作用。同时也应注意到，传统的栖息地模型假设物种与环境条件之间的关系是稳定的，但实际上物种对新环境具有很强的适应性。一旦环境条件发生变化，生物可能在适宜栖息地外的许多方面进行调整，导致原有模型的预测出现偏差。因此，在气候变化场景下，生物的适应性过程也是栖息地模型发展需进一步关注的问题。

■ 小　结

栖息地模型可分析物种分布与环境变量之间的关系，在渔业资源管理和保护方面有重要应用。栖息地模型在构模时应根据物种的生态特性，选择合适的模型和响应变量。本节以小黄鱼为例，比较了 6 种模型：广义加性模型（GAM）、K-最近邻（KNN）模型、多元自适应回归样条（MARS）、广义增强回归模型（GBM）、随机森林（RF）和人工神经网络（ANN），利用交叉验证评估了模型预测能力。分析了模型在存在-缺失数据、栖息地等级、出现概率和丰度 4 种类型响应变量下的表现，应用主成分分析（PCA）和变异系数（CV）比较了这些模型的性能。结果表明，机器学习算法优于回归方法，随机森林（RF）在识别小黄鱼的时空分布方面表现最好。底层温度、底层盐度和饵料对小黄鱼的空间分布有显著影响，但解释变量的重要性和影响因响应变量的类型而异。本研究提出了针对不同模型和响应变量类型的性能评估框架，以期加强对海洋生物空间分布生态机制的理解。

第五节　不同物种的栖息分布模型比较

物种分布模型（SDM）是了解生物生态位的重要方法，可以预测物种的潜在分布，对于生物资源的管理和保护规划具有重要参考意义。SDM已用于不同栖息地类型（如河口、潮间带和红树林区）的蟹类分布研究，如监测生物入侵、预测渔场分布、量化栖息地变化、评估栖息地适宜性，以及单位努力捕获量（CPUE）的标准化。SDM通常基于统计学技术，包括基于回归算法的线性回归模型、广义加性模型和多元判别分析，以及机器学习（ML）等非参数方法。回归方法原理简单、易于理解，但处理复杂关系的能力有一定局限性。相对的，机器学习方法可以灵活地处理复杂关系，在预测能力方面常优于回归类方法，但缺乏直观解释。近年来，增强回归树（BRT）、随机森林（RF）、最大熵（MaxEnt）和遗传算法等模型方法促进了SDM的发展，为预测海洋生物栖息分布提供了有力工具。应注意的是，模型的预测性能不仅取决于其统计算法，还取决于研究目标、空间尺度、样本量、物种特征、分布模式，以及生物对环境因素的响应等。对比不同的机器学习与回归方法，验证SDMs的实际预测效果，评估不同物种预测模型的可靠性，是模型应用中需要深入探究的重要问题。

受海洋污染、气候变化和过度捕捞等多重压力的影响，许多渔业资源种群衰退、栖息分布范围改变，生态系统中大型捕食性鱼类减少，而许多个体较小、生命周期短的虾、蟹等甲壳类动物数量显著增加。一些甲壳类动物具有较高的经济价值，逐渐成为部分海域小型渔业的重要目标。黄海海域蟹类数量在近几十年来明显增加，其中梭子蟹科的3个物种，双斑蟳（*Charybdis bimaculata*）、日本蟳（*Charybdis japonica*）和三疣梭子蟹（*Portunus trituberculatus*）在我国沿海广泛分布，具有重要的生态价值和经济价值。这3种蟹具有游泳足，有较强的游动能力，比大多数底栖甲壳动物具有更高的机动性，目前少有研究描述这些物种的分布和物候特征。

本研究基于底拖网调查，收集了海水温度、海水盐度、深度和底质类型等相关环境变量，使用广义加性模型（GAM）、随机森林（RF）和人工神经网络（ANN）3种方法构建了3种蟹类的栖息分布模型。研究分析了这些环境因素对3种蟹类数量分布的影响，评估了分布模型的可靠性，比较了模型在拟合能力、预测性能和模型稳定性方面的差异。最后，基于最优化模型预测了3个物种在海州湾的分布，为该海域蟹类渔业管理提供支撑。

一、材料与方法

本研究数据来源于海州湾渔业资源调查，调查方法如前所述。以3种蟹类的相对资源量经标准化作为响应变量，预测变量包括环境变量，即海水的表层盐度（SSS）、表层温度（SST）、底层盐度（SBS）、底层温度（SBT）、水深和底质类型，以及时空变量，即地理位置（经纬度）和调查年份。考虑到由于不同年份种群动态导致丰度数据的显著差异，模型中将调查年份作为解释变量，抵消相对丰度的年际波动。考虑到栖息地环境和生物分布的季节性差异，将春季和秋季数据分别进行了分析，即为每个季节分别建立模型。其中由于三疣梭子蟹季节性洄游，在春季数量很少，因此未构建其春季模型。使用方差膨胀因子（VIF）检查预测变量之间的共线性。

利用 GAM、RF 和 ANN 对 3 个物种构建物种分布模型。其中，GAM 是 SDM 中使用最广泛的方法之一，而 RF 和 ANN 为机器学习方法，与传统的基于回归的方法相比具有一定优势，可有效识别数据模式，无须对函数关系和数据属性进行先验假设，对变量间交互作用具备有效处理能力。3 种模型分别使用 R 语言中的 mgcv、randomForest 和 nnet 包实现。

模型构建与评估

模型构建过程中需对预测变量进行筛选，本研究采用逐步选择方法筛选预测变量：从空模型（仅包含截距项的模型）开始，在每一步中向当前模型添加一个预测变量，与当前模型进行统计学比较。以 AIC 和卡方检验为依据对 GAM 进行变量筛选，根据模型方差解释率对 RF 行进行变量筛选，分别以解释偏差百分比和 IncMSE 值（即均方误差的变化）表征各变量对模型的贡献。ANN 模型中采用 Goh 修改的 Garson 算法选择预测变量，并确定其相对贡献。以方差解释率作为不同模型之间拟合能力比较的指标。

采用敏感性分析评价预测变量和响应变量之间的关系，改变某一变量数值的同时固定其他变量水平，呈现生物对环境变量的响应关系。由于 ANN 拟合的响应关系往往依赖于其参数的初始值，因此在 ANN 中每个预测变量生成 100 条响应曲线来显示其变异性，其他建模方法每个预测变量对应 1 条响应曲线。采用交叉验证方法评估模型的预测性能，以原始数据集中 80% 作为模型训练集，20% 作为模型测试集。以相对均方根误差（RRE）和决定系数（R^2）评估模型预测的准确性和精确度。模型拟合和模型验证中均计算了 R^2，两处结果中 R^2 的差异表征了模型过度拟合的程度。此外，计算了 RRE 和 R^2 的标准差，作为模型预测结果稳定性的指标，即模型对建模数据的稳健性。采用多因素方差分析评估建模方法、物种和季节 3 个因素对模型预测性能的相对重要性。根据拟合的最优模型，基于 FVCOM 模型预测 3 种蟹类在整个海域的分布，评估其分布在空间和时间上的变化，并比较不同建模方法结果的差异。

二、结果

1. 模型拟合

VIF 检验表明 SST 与其他变量呈多重共线性，因此以 SBT 代替 SST 作为候选预测变量。总体而言，采样年份、SBT、SBS 和底质类型是影响 3 个物种空间分布的最重要因素（表 1-5-1），但对于不同物种、建模方法和调查季节，预测变量的相对重要性存在差异。这几种方法相比，ANN 模型中包含更多的变量并具有更高的解释率，而 GAM 包含更少的变量，表现出更低的解释率。

表 1-5-1　3 种蟹类在春季和秋季的拟合模型结果

物种	季节	模型	相对重要性/%	方差解释率/%	R^2	ΔR^2
双斑蟳	春季	GAM	depth (18.1)＞year (7.1)＞longitude (6.6)＞SBT (2.4)	34.8	0.22	0.13
		RF	longitude (35.6)＞year (24.3)＞SBS (19.8)	67.3	0.28	0.5

（续）

物种	季节	模型	相对重要性/%	方差解释率/%	R^2	ΔR^2
双斑鲟	春季	ANN	SBS (14.7)＞SBT (11.5)＞latitude＞year (11.1)＞sediment (7.7)	91.7	0.23	0.73
	秋季	GAM	year (12.2)＞SBS (10.6)＞SBT (3.6)	27.2	0.09	0.13
		RF	SBS (23.1)＞sediment (19.0)＞SBT (11.0)	58.7	0.11	0.61
		ANN	SBT (14.4)＞year (13.4)＞SBS (9.2)＞sediment (6.1)＞depth (6.0)	89.4	0.18	0.76
日本鲟	春季	GAM	depth (20.9)＞latitude (5.6)＞year (5.3)＞SSS (3.8)	36.2	0.18	0.25
		RF	Latitude (40.7)＞SBT (31.4)＞year (31.0)	70.5	0.2	0.59
		ANN	SBT (19.2)＞depth (14.9)＞year (11.2)＞sediment (8.1)＞latitude (4.6)	98.7	0.47	0.52
	秋季	GAM	SBS (11.8)＞longitude (9.4)＞SBT (1.0)	27.5	0.18	0.2
		RF	depth (36.9)＞sediment (20.4)＞SBS (12.8)	65.6	0.27	0.53
		ANN	SBT (16.3)＞sediment (15.2)＞latitude (14.5)＞longitude (11.3)＞year (6.4)	96.3	0.31	0.66
三疣梭子蟹	秋季	GAM	year (35.7)＞SBT (17.9)＞sediment (1.0)	55.7	0.4	0.19
		RF	year (78.6)＞SBT (22.4)	63.7	0.34	0.36
		ANN	year (14.9)＞SBS (9.0)＞SBT (8.1)＞latitude (7.7)＞sediment (7.3)	95.6	0.35	0.62

　　本研究检验了不同模型中蟹类生物量对环境变量的敏感性，利用响应曲线表示在其他环境变量水平固定的条件下某一变量对预测结果的影响（图1-5-1）。结果表明，预测变量的影响因建模方法而异。GAM中预测变量和生物量之间的响应关系较简单，而ANN和RF识别了相对复杂的响应关系，且ANN中的响应曲线在100次重复中具有显著差异。

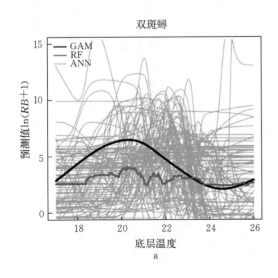

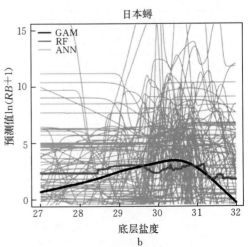

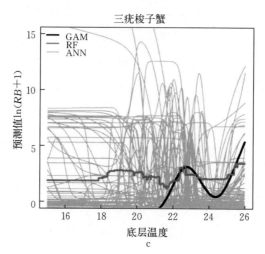

图 1-5-1　主要环境变量对海州湾 3 种蟹类相对生物量的影响

2. 模型预测性能

在交叉验证中，所有拟合模型的 RRE 的变化范围为 28～60，R^2 的变化范围为 0.08～0.47（图 1-5-2），没有一种方法始终优于其他方法。GAM 和 RF 与 ANN 相比具有更低的 RRE（相对均方根误差），而 ANN 表现出更高的 R^2（决定系数）。模型的预测性能因物种而异，3 个物种相比，三疣梭子蟹模型表现较好，而日本蟳模型的预测略优于双斑蟳模型。

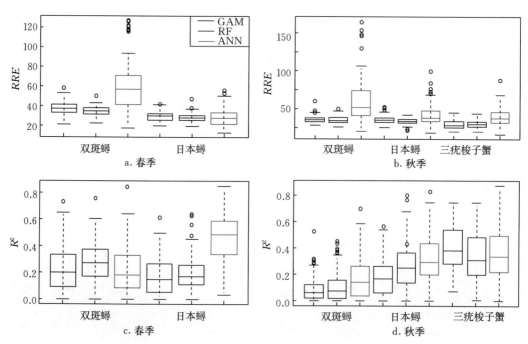

图 1-5-2　海州湾 3 种蟹类栖息分布模型的预测性能

注：图示为相对均方根误差（RRE）和决定系数（R^2）在 100 次交叉验证中的结果。

GAM 和 RF 比 ANN 具有更好的稳定性，表现为其预测值 RRE 和 R^2 的标准差更低，ANN 的拟合效果和预测效果之间的差异最大（表 1-5-2）。GAMs 和 RFs 的稳定性在春季相似，但在秋季差异很大。综上，RF 具有较低的 RRE 和较高的稳定性，在 3 种模型中表现出最佳的预测性能。方差分析表明，建模方法、物种和季节这 3 个因素对蟹类的预测效果均有显著影响。建模方法对 RRE 的影响大于物种和季节，而物种对 R^2 的影响最大。建模方法与季节和物种之间存在显著的交互作用，表明 3 种建模方法在不同季节和物种间的相对表现存在差异。建模方法与季节间的交互作用相对较弱，表明模型的预测性能在季节间相对稳定，而建模方法与物种间交互作用较强，表明对不同物种的最优建模方法并不相同，双斑蟳和日本蟳的最优模型为 RF，三疣梭子蟹的最优模型为 GAM。

表 1-5-2　3 种蟹类分布模型 RRE 和 R^2 标准差表征的模型预测能力稳定性

物种	模型	春季		秋季	
		RRE 标准差	R^2 标准差	RRE 标准差	R^2 标准差
双斑蟳	GAM	0.06	0.15	0.05	0.08
	RF	0.04	0.15	0.05	0.1
	ANN	0.24	0.18	0.3	0.16
日本蟳	GAM	0.05	0.14	0.05	0.13
	RF	0.04	0.13	0.04	0.17
	ANN	0.08	0.19	0.14	0.19
三疣梭子蟹	GAM			0.06	0.16
	RF			0.05	0.19
	ANN			0.12	0.2

根据每个物种的最优模型绘制 3 种蟹类每年的空间分布图，结果表明双斑蟳的生物量主要分布在海州湾西南部（图 1-5-3，秋季结果为例），而日本蟳主要分布在西南沿海水域（图 1-5-4）。三疣梭子蟹在调查区域的分布相对更为均匀（图 1-5-5）。不同建模方法预测的分布图有很大差异。以日本蟳为例，GAM 的结果与 RF 相似，表明秋季生物量在西南近岸水域较高，而 ANN 的结果与之差异很大。

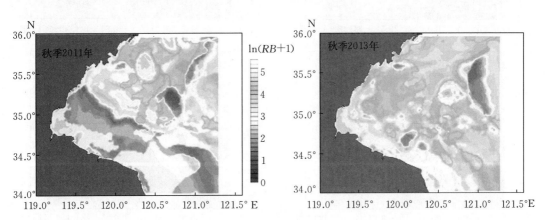

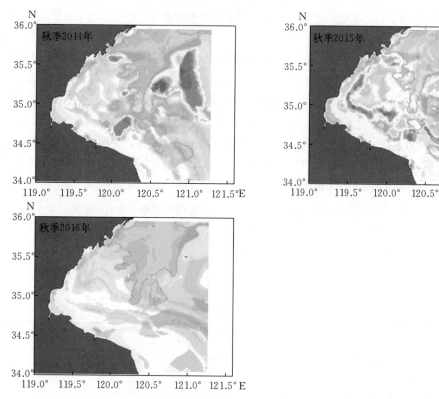

图1-5-3 随机森林预测的秋季海州湾双斑鰤相对生物量的空间分布

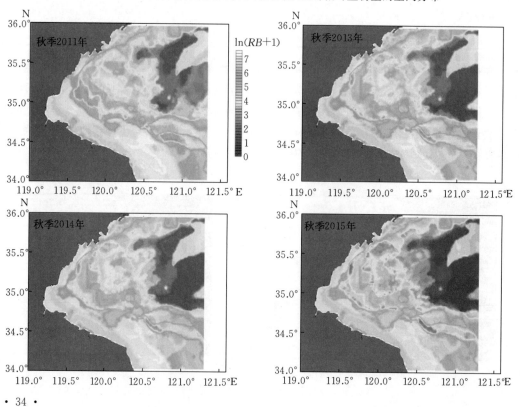

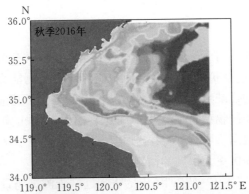

图 1-5-4　随机森林预测的秋季海州湾日本蟳相对生物量的空间分布

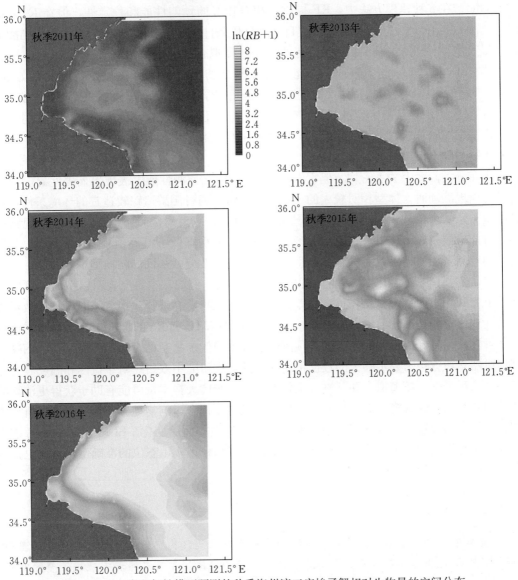

图 1-5-5　广义加性模型预测的秋季海州湾三疣梭子蟹相对生物量的空间分布

三、讨论

模型预测结果的可靠性对于渔业保护、管理和空间规划具有重要影响。本研究展示了SDM评估的系统方法，包括拟合效果、物种响应曲线、预测能力和模型稳定性等方面。研究结果显示不同模型的优缺点，没有一种方法能够始终优于其他方法。总体而言 RF 是较可靠的预测方法，但不同物种对预测性能的影响比建模方法的影响更大。这与之前的研究是一致的，强调了应根据不同物种特征选择适当的模型方法。多种建模方法可进一步结合使用，以为渔业管理提供更为稳健的预测。

模型评估结果表明，3 种模型在训练中的表现远好于测试场景，这可能意味着模型存在过度拟合的风险。造成该风险的原因可能是生物-环境响应关系的复杂性，以及建模数据的局限。在 3 种建模方法中，RF 提供了相对较好的预测性能和稳定性，但在 R^2 方面弱于 ANN。相关研究表明，由于研究目标和环境条件不同，ANN 和 RF 的相对预测能力存在很大差异。RF 的优势在于能够有效避免过度拟合，且参数调整较为简单，而 ANN 的优势在于可以进行自适应训练，能解决更复杂的生态关系。在物种响应曲线方面，GAM 展示的简单响应模式似乎更容易理解，但机器学习方法所描述的复杂关系也有一定合理性，因为物种-环境响应往往是复杂的，特别是还存在预测变量之间的交互作用。通过对模型的综合评价，本研究指出 RF 在预测性能和生态解释之间表现出较好的折中。

生物学和生活史特征可能会影响 SDM 模拟物种-环境关系的能力。尽管本研究中 3 种蟹类在分类阶元上关系密切，但它们对应的 SDM 在预测性能上表现出显著差异。当环境条件出现波动时，体型相对较大的三疣梭子蟹可能通过洄游追踪较适宜的环境条件，物种响应关系清晰，从而更容易被准确预测。相对的，双斑蟳的特点是个体小、出现频率高，可能导致一些个体出现在较次的栖息环境中，从而降低了模型预测能力。此外，3 种蟹类的产卵及洄游也可能会导致其栖息环境要求发生改变，从而影响模型预测性能。

本研究强调 SDM 在未来渔业管理中的实践意义。例如，本研究表明模型的预测性能在季节之间相对稳定，但在物种之间差异很大，这意味着在选择建模方法时，种群数量的季节性变化可能是次要因素。特别的，ANN 对应的 REE 和 R^2 的标准差较高，表明该模型尽管提供了较好的模型拟合，但其预测性能并不稳健。复杂的模型结构意味着 ANN 及其他机器学习方法需要足够大的数据量作为支撑，本研究中双斑蟳对于盐度和温度具有相对广泛的耐受性，模型拟合和预测效果较差，进一步增大样本量可能有助于获得更清晰的环境响应关系，改善模型效果。此外，长期的气候变化会影响物种分布，但由于本研究中调查时间序列较短、时空尺度较小，模型未能反映该方面的变化。SDM 中也很少考虑生物间的相互作用和竞争排斥，这可能限制了模型对物种现实生态位的准确反映，这也是今后研究中需重点考虑的问题。

■ 小　结

蟹类在近海生态系统中具有重要的经济和生态意义，其空间分布研究对渔业管理和保护具有重要意义。本节关注海州湾 3 种梭子蟹即双斑蟳、日本蟳和三疣梭子蟹的空间分布，应用广义加性模型（GAM）、随机森林（RF）和人工神经网络（ANN）分析其春季和秋季的空间分布，并比较不同模型的模拟效果。日本蟳分布集中在海州湾西南部，双斑蟳多分布在近海地区，三疣梭子蟹的分布区域较为分散且丰度表现出显著的年际变化。底层温度、底层盐度和底质类型是影响3种蟹类分布的最重要因素，但其相对重要性在不同物种、季节中并不一致。ANN的稳定性差于RF和GAM，GAM的物种-环境响应曲线最为简单。本研究通过比较不同模型方法，深入了解了3种蟹类的生态位，促进了物种分布模型在渔业管理与保护中的应用。

第六节　栖息分布模型的复杂度与预测性能

当前世界面对全球气候变暖和生物多样性丧失等问题，要求SDM能够预测未调查空间或时间范围内的潜在物种分布，评估环境变化和人类活动的潜在影响。然而大多数SDM本质上是相关性模型，仅从统计学上描述了响应变量和解释变量之间的关系。这类模型在收集数据的当地环境下可以做出有效预测，但在未做调查的新环境中可能失效，导致模型生物学意义的不确定性。针对模型在新环境中的预测能力，相关研究称之为"可转移性"，是在SDM研究领域中备受关注的问题之一。

尽管SDM的可转移性经常受到质疑，但在应用中较少涉及，未对模型可转移性进行常规评估。模型预测准确性的常用评估方法为交叉验证，一般基于同一时空范围的重抽样数据，因此建模数据和测试数据并非真正独立。相关研究在评估SDM可转移性时结论存在一定分歧，取决于不同的研究目的和生态环境，特别是不同目标物种，其结论从不合理预测到高精度预测均有报道。许多研究指出，在相似的空间、时间和环境范围内进行模型的训练和预测将有利于提高可转移性，同时可转移性的影响因素是多样的，取决于生态系统某些特征，相对重要性也并不一致，研究中也很难通过一般性准则来确定模型预测的可靠范围。

模型可转移性研究的主要关注点在于不同建模算法的优劣。一些研究表明广义线性模型（GLM）和广义加性模型（GAM）等回归模型具有更好的可转移性，但也有研究发现MAXENT和广义增强模型等机器学习方法具有令人满意的可转移性。考虑不同复杂度的各种算法，一般认为过于简化的模型在描述物种-环境关系时缺乏足够的灵活性，而过于复杂的模型可能会无意中将数据噪声识别为真实的生态关系，造成过度拟合。因此，SDM的构建过程中应选择适当的复杂度，以实现最佳的可转移性，但复杂度如何"适当"往往并不明确。此外，环境变量的类型、预测因子的数量和生态关系的形状（如线性或二次型）也会对模型的可转移性产生重要影响，使得最佳模型结构更加难以确定。因此，为实现SDM的可转移性，解释变量和模型结构的筛选和设置都应慎重考虑。

另外需要指出的是，当前栖息分布研究大多聚焦于单物种SDM，而在海洋管理、生物多样性保护和混合渔业规划中，通常需要关注多物种组成和群落结构。通过单物种SDM叠加（Stacked SDM）可以实现多物种分布的预测，而同时多物种分布模型也可以预测群落组成结构，后者即为联合物种分布模型（Joint SDM）或群落层次模型。JSDM

可以有效解释物种间的共同环境响应和物种间的相互作用，在解释、预测和可转移性方面优于SSDM。然而迄今为止JSDM仍然没有得到充分利用，少有研究探讨该类模型的潜力、应用价值和局限性。总的来说，模型转移问题不太可能有简单的解决方案，而是在很大程度上取决于物种性状或分类特征、数据质量、采样设计、模型复杂性、空间/时间范围、物种响应曲线的稳定性和生物相互作用。

由于缺乏一致性的模型可转移规则，未来研究中更应深入理解不同模型的预测特性。鉴于此，本研究评估了具有不同的算法、模型结构和预测变量数量的一系列不同复杂度JSDM的时间可转移性。本研究基于2013—2019年在海州湾的7年调查，虽然调查数据的时间序列相对较短，但时间跨度代表了渔业管理和养护任务对模型可转移性的常规需求。本研究检测了多种因素对可转移性的影响，旨在查明最佳模型结构和模型可靠转移的时间范围。通过检验JSDM在不同算法和复杂性条件下的时间可转移性，本研究拟为JSDM的实施提供指导，为多物种的海洋管理提供技术支撑。

一、材料与方法

本研究基于海州湾2013年至2019年渔业资源调查数据，调查方法如前所述。共鉴定渔获物105种，包括鱼、虾、蟹、头足类和底栖动物等。排除少见种和仅在部分年份出现的物种后，筛选出29种游泳动物在各个调查年均有出现，用于模型分析（表1-6-1）。针对物种丰度进行建模，将物种丰度数据进行标准化（即CPUE）作为JSDM中的多元响应变量。

表1-6-1　29个目标物种的出现频率

物种	物种名称	拉丁名	出现站位数
sp1	赤鼻棱鳀	*Thryssa kammalensis*	62
sp2	大泷六线鱼	*Hexagrammos otakii*	77
sp3	戴氏赤虾	*Metapenaeopsis dalei*	99
sp4	短蛸	*Octopus ochellatus*	65
sp5	短吻红舌鳎	*Cynoglossus joyneri*	62
sp6	方氏云鳚	*Pholis fangi*	96
sp7	葛氏长臂虾	*Palaemon gravieri*	60
sp8	黑鳃梅童	*Collichthys niveatus*	27
sp9	脊腹褐虾	*Crangon affinis*	74
sp10	尖海龙	*Syngnathus acus*	72
sp11	口虾蛄	*Oratosquilla oratoria*	78
sp12	六丝钝尾虾虎鱼	*Chaeturichthys hexanema*	52
sp13	枪乌贼	*Loligo* spp.	94
sp14	日本鼓虾	*Alpheus japonicus*	66

（续）

物种	物种名称	拉丁名	出现站位数
sp15	日本海马	*Hippocampus japonicus*	42
sp16	日本蟳	*Charybdis japonica*	42
sp17	双斑蟳	*Charybdis bimaculata*	96
sp18	双喙耳乌贼	*Sepiola birostrata*	68
sp19	四盘耳乌贼	*Euprymna morsei*	50
sp20	细巧仿对虾	*Parapenaeopsis tenella*	28
sp21	细纹狮子鱼	*Liparis tanakai*	94
sp22	鲜明鼓虾	*Alpheus distinguendus*	59
sp23	小黄鱼	*Larimichthys polyactis*	67
sp24	星康吉鳗	*Conger myriaster*	60
sp25	鹰爪虾	*Trachysalambria curvirostris*	81
sp26	疣背宽额虾	*Latreutes planirostris*	50
sp27	鲔	*Callionymus* spp.	60
sp28	玉筋鱼	*Ammodytes personatus*	48
sp29	长丝虾虎鱼	*Cryptocentrus filifer*	29

1. 联合物种分布模型

本研究探讨了多物种 SDM 可转移性的问题，考虑了基于回归的模型和机器学习模型，两种类型中各选择了 3 种灵活性各异的算法，包括：约束线性排序（constrained linear ordination，CLO）、约束加性排序（constrained additive ordination，CAO）、物种群落分层建模（hierarchical modelling of species communities，HMSC）、多元随机森林（multivariate random forests，MRF），多元树提升（multivariate tree boosting，MTB）和多元人工神经网络（multivariate artificial neural network，MANN）。

回归模型中的前两种称为约束排序模型，是广义线性模型（GLM）和广义加性模型（GAM）对多元响应变量的扩展。模型以隐变量（latent variable，LV）的形式将环境因素进行线性正交组合。与 GLM 和 GAM 类似，响应变量对 LV 的响应曲线可以是线性和加性的，对应约束线性排序（CLO）和约束加性排序（CAO）。第 3 种模型为 HMSC，是一种新颖的联合物种分布模型。HMSC 使用隐变量来反映缺失预测因子或生物相互作用，及由此产生的物种关联。应注意的是，这里的隐变量与约束排序隐变量的意义不同，隐变量的系数和载荷是通过贝叶斯框架同时估算的。本研究为模型设置了不同层次的结构复杂性，其中 CLO 设为线性、二次项和不同数量的 LV，CAO 则控制 3 个水平的平滑自由度，HMSC 中通过设置 LV 结构来构建复杂程度不同的模型（表 1 - 6 - 2）。

机器学习模型包括回归树的多元扩展，即多元随机森林（MRF）和多元树提升

（MTB）。这两种模型均具有集合树的优势，能够处理预测变量的交互作用，对过度拟合具有一定稳健性。与一般随机森林类似，MRF 基于自举采样的集合树，其分支函数以每个节点中的物种组成差异最小化为目标。当多元响应变量之间显著相关时，MRF 有较好的预测性能。MTB 基于广义增强模型，通过迭代拟合众多决策树以提高准确性。该模型将每个响应变量作为单变量模型分别拟合，以一组共同的预测因子处理多元响应变量中的协方差，实现较高的预测精度。第 3 种机器学习方法是多元人工神经网络（MANN）。MANN 与单变量 ANN 的算法相同，但在输出层中包含多个神经元对应于多元响应变量。在神经层内变量的连接系数能够相互影响，反映多元响应变量之间的相关性。与单变量人工神经网络相比，MNN 的预测精度有所提高。本研究通过调整最大节点数量控制 MRF 的复杂度，通过调整最大的变量交互水平控制 MTB 的复杂度，通过隐藏层的数量和隐藏层中神经元的数量控制 MANN 的复杂度（表 1-6-2）。

表 1-6-2　建模算法和重要模型设置概要

类型	模型	全名	R 包	复杂度		
				简单	中等	复杂
回归模型	CLO	Constrained linear ordination	VGAM	Linear terms	Two LVs[a]	Quadratic terms
	CAO	Constrained additive ordination	VGAM	df. nl＝1.5	df. nl＝2.5	df. nl＝3.5[b]
	HMSC	Hierarchical models of species communities	Hmsc	Fixed effects	Random effects	Spatial autocorrelation[c]
机器学习模型	MRF	Multivariate random forests	Multivariate-random forests	mleaf＝6	mleaf＝4	mleaf＝2[d]
	MTB	multivariate tree boosting	mvtboost	interaction＝1	interaction＝2	interaction＝3[e]
	MANN	Multivariate artificial neural network	ANN2	Neurons＝10	Neurons＝15	Additional hidden layer[f]

注：①隐变量（LV）的数量由 rank（默认为 1）控制，CLO 中的二次项由 VGAM 中的 CQO 模型实现。②df. nl 控制平滑的自由度，1 和 2 之间的值近似二次关系。③HmscRandomLevel 将随机效应设为无、简单随机或空间自相关。④min_leaf 控制叶节点中的最小样本数。当节点的样本数小于或等于 min_leaf 时，将停止分支过程。⑤由 interaction. depth 控制交互作用水平，分类树的深度为 1 时反映主效果，深度更大时反映高阶交互作用。⑥15 个神经元排列在两个隐藏层中（5, 10）。

　　除每一种模型算法设计的 3 个水平的复杂性外，本研究还考虑了预测变量个数的差异。模型的预测变量分为两类，即环境变量，包括底层水温、底层盐度和深度，以及空间变量，包括调查站位的经度和纬度。其中水深和空间变量并不是影响物种分布的直接因素，而是表征了潜在的环境梯度。使用 3 个环境变量构建的模型对应低复杂度，包含 2 个空间变量在内的全部变量模型对应高复杂度。为方便表示，根据结构复杂性（从 1 到 3）

和预测变量数（3 或 5，以 a 和 b 表示）对模型进行编码，例如 HMSC.1a 代表 HMSC 中复杂程度较低、包含 3 个预测变量的模型。因此，每一种模型算法按其结构复杂度和预测变量共有 6 种变体，共构建了 36 个模型。

2. 可转移性评估

在模型的预测性能评估中关注数据的时间跨度，使用不同长度的时间序列数据训练模型（训练数据），利用训练期几年后的数据进行预测效果检验（测试数据）。比较空间分布的预测值和测试数据集中的观测值，以二者的差异作为模型预测准确性的度量，评估模型的时间可转移性。根据海州湾调查数据的跨度，将训练数据的时长设为 1～5 年不等，测试数据设为 1 年，训练数据和测试数据之间的间隔对应 1～5 年，共构建了 50 个测试场景（图 1-6-1）。

在每个场景中，分别在物种和群落水平上评估 JSDM 的预测性能。在物种水平上，根据每个物种丰度的预测值和观察值，计算相对均方根误差（$RMSE$）和 spearman 相关系数（ρ），衡量模型预测准确性。$RMSE$ 由预测值和真实值之间的均方根误差除以平均丰度而得到，ρ 是一个定性指标，衡量相对丰度的预测准确度。在群落层面上，分别采用了定量和定性两个指数来评估预测性能，即 Bray-Curtis 指数（D_{BC}）和 Morisita-Horn 指数（D_{MH}），二者对常见种和稀有种有着不同的权重。前者是群落生态学中的常用距离度量，依赖于物种密度，后者是与密度无关的定性指标。在结果呈现时相关指标经过调整（$-RMSE$，$1-D_{BC}$ 和 $1-D_{MH}$），使较大的值代表更高的预测性能。

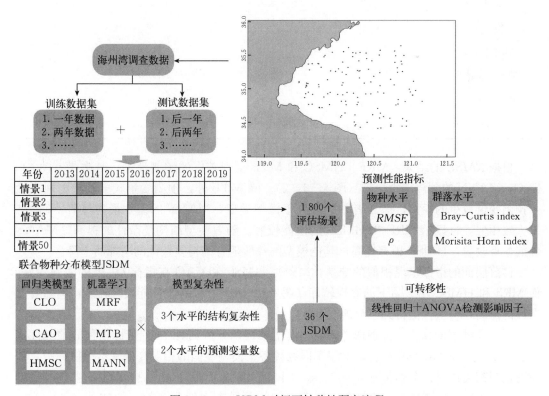

图 1-6-1　JSDM 时间可转移性研究流程

为了比较 JSDM 在不同时间跨度和模型复杂度下的可转移性，本研究基于 36 个模型和 50 个场景的评估结果，对以上性能指标和几个影响因素进行了线性回归，其中影响因素包括模型结构、时间范围、物种以及相互作用项。通过方差分析量化这些因素对时间转移性的贡献，以回归系数表征其相对效应。所有建模和评估过程均在 R 语言下进行，评估流程总结如图 1-6-1 所示。

二、结果

JSDM 对于不同物种的预测精度存在显著差异，根据 *RMSE* 指标，sp6 和 sp3 的预测精度最好；根据 ρ 指标，sp9 和 sp11 的预测精度最好。方差分析表明多种因素对性能指标均有显著影响（表 1-6-3），就 *RMSE* 而言，物种类别的效应最大，占总方差的 32%，其次是模型类型，时间跨度的影响相对较小。就 ρ 而言，物种和模型类型的影响相对较小，物种和模型之间的相互作用对 ρ 的影响较大。模型类型在很大程度上解释了群落层面指标的方差，而模型类型与测试场景之间的交互作用与其主效应的效果相当。所有指标均有很大一部分残差未能成功解释。

表 1-6-3　影响模型预测性能各因子的方差解释率

单位：%

因子	*RMSE*	ρ	D_{BC}	D_{MH}
模型（36）	13.23	5.35	15.06	11.53
物种（29）	31.81	11.61	/	/
时间场景（50）	1.86	1.67	6.41	6.30
模型：物种交互	4.97	6.66	/	/
模型：场景交互	6.16	5.45	12.89	9.45
残差	41.97	69.27	65.64	72.72

根据 *RMSE* 的结果，MRF、HMSC 和 MTB 呈现较好的预测性能，其次是 CAO 和 CLO，MANN 的预测能力最低（图 1-6-2）。除 MTB 外，预测变量较多的模型通常优于预测变量较少的模型，但二者差距取决于模型类型，MANN 的差别最为显著。ρ 的结果大致相似，也显示 MRF 和 HMSC 的性能较好。随着模型结构复杂性的提高，MANN 性能显著改善，HMSC 稍有提高，其他模型的性能随着结构复杂性的增加而下降。

群落层面的指标呈现相似的结果，MRF、HMSC 和 CAO 在指标 D_{BC} 下的表现较好，而 MRF 和 HMSC 在 D_{MH} 下的表现较好（图 1-6-2）。MANN 性能表现较差，但随着复杂性的提高，模型性能得到了显著改善。

针对 6 种模型算法，分别选择其最佳模型结构，分析其对 29 个目标物种的预测性能（图 1-6-3）。就 *RMSE* 而言，对于不同物种各个模型性能的相对高低基本保持一致，即所有模型都可以对部分物种（如 sp6、sp13 和 sp21）做出很好地预测，而对有些物种（如 sp8 和 sp20）的预测各模型均较差。模型之间的差异在中低预测效果的物种（如 sp16、

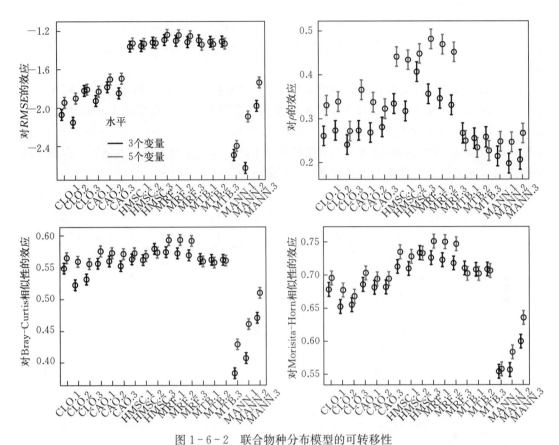

图 1-6-2　联合物种分布模型的可转移性

注：图中指标经过调整，以$-RMSE$、$1-D_{BC}$和$1-D_{MH}$表示，较大的值代表更好的预测性能。

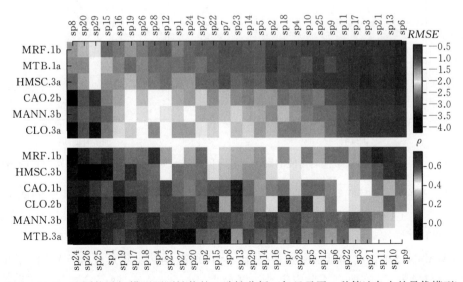

图 1-6-3　不同物种间模型预测性能的一致性分析（仅显示了 6 种算法各自的最优模型）

sp15 和 sp29）体现较为明显。另一方面，就 ρ 指标而言，模型性能的规律性并不一致，一些特定的物种-模型组合具有较好的预测效果。所有模型对部分物种（如 sp24、sp25 和 sp26）预测效果均较差，模型性能的差异出现在预测良好的部分物种中（如 sp9、sp10 和 sp11）。

与模型算法和物种类别相比，模型训练和测试的时间跨度对模型性能的影响相对较小。随着训练时间从 1 年增加到 5 年，模型预测性能逐渐增强，对应的 $RMSE$ 增长率约为 $0.05a^{-1}$，ρ 的增长率约为 $0.018a^{-1}$，D_{BC} 为 $0.014a^{-1}$，D_{MH} 为 $0.015a^{-1}$（图 1-6-4）。随着训练和测试时间间隔的增加，模型性能逐渐下降，其变化速率与前者接近。存在某些例外情况，如间隔为 4 年和 5 年时有更好的预测。

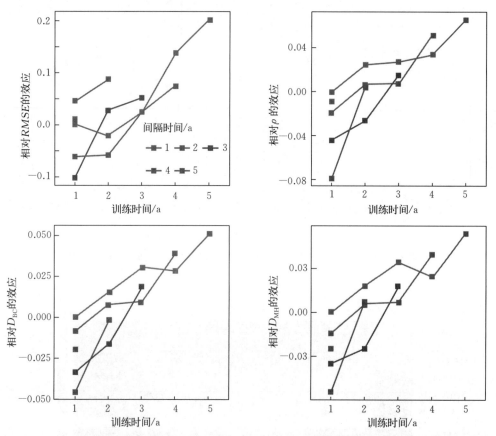

图 1-6-4　时间跨度对模型预测性能的影响（相对值的基准为训练时间 1 年和间距 1 年的场景）

通过更长的训练时间可以提高模型预测性能，但不同模型的提升空间差别很大（图 1-6-5）。CLO 受延长训练时间的影响较小，仅 CLO. 2b 和 CLO. 3b 有一定提升。CAO 和 MTB 在训练数据延长至两年时的提升幅度最大，但其后的收益趋于平缓。HMSC、MRF 和 MANN 随训练时间延长有显著提升，当训练数据从 1 年延长到 5 年时，ρ 值增幅 $\Delta\rho > 0.1$。HMSC. 3a 在所有模型中提升幅度最大（$\Delta\rho > 0.2$），MANN. 3b 仅在训练数据超过 3 年时有显著提升。

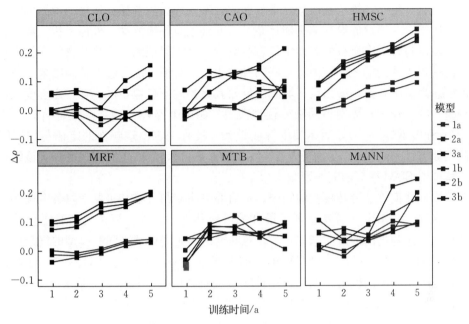

图1-6-5　训练数据时间跨度对不同复杂度模型可转移性的影响

（$\Delta\rho$ 是相对于训练时间 1 年和模型 1 年的结果）

三、讨论

在过去的几十年中，SDM 相关研究有着迅速发展，许多模型在未做调查的时空范围进行预测，而对其预测的可靠性缺乏认识。尽管许多研究质疑了这种应用，但这种趋势很难避免，因为 SDM 建模的主要目标就是预测特定区域或时间的物种分布。从这个意义上讲，更好地理解模型可转移性，评估其不确定性和局限性，对于 SDM 的科学应用具有重要意义。本研究展示了全面评估多物种分布模型可转移性的基本流程。总的来说，JSDM在物种相对丰度上表现出较好的预测能力，但在群落水平上的预测能力有限。模型的预测性能取决于所采用的算法、结构复杂性、目标物种/群落特征以及模型训练和测试的时间跨度，其中目标物种对模型性能的影响最大，其次是模型算法，时间范围和结构复杂性的影响相对较小。可转移性随着模型训练时间的延长而增强，随测试间隔的增加而减弱，而其变化幅度取决于模型算法和结构。本研究结果增进了对模型可转移性的理解，并为海洋生态系统 JSDM 构建提供了有益参考。

与 SDM 空间或时间转移的相关研究相比，本研究得出了不太令人满意的结论。需说明的是，本研究中准确度指标为物种丰度，比相关研究中存在-缺失的指标更为严格，因为丰度数据是较难预测的。从另一个角度来看，假设 JSDM 的构建是合理的，则有限的可转移性表明模型中拟合的物种-环境关系可能是非稳定的，这种情况下模型的转移是难以实现的。这种非稳定关系的出现，是因为几乎所有 SDM（包括 JSDM）的建模数据均来自"现实生态位"而非"理论生态位"，而塑造物种分布模式的各种因素，如生物相互作用、动物行为和人类影响等，很难全部包含在模型构建中。正如以往研究总结的，可转移性的限制因素可能很复杂，诸如生物-环境响应的非保守性、资源利用的泛化性、生态位描述不完整、生态系统状态改变、重要影响因素缺失、生物相互作用、观测偏差、种群波动、过度拟合、违反假设和非平衡分布等，此外还有环境波动、外部干扰、散布、迁移和扩散等驱动过程。在所有的模型中，有些物种一直难以预测，而这些物种在很大程度上导致了群落水平预测的总体较差。一些物种的生物学特征可能会影响预测结果，如洄游性鱼类的栖息地范围较大，海州湾区域无法反映其完整的栖息地条件。在一定程度上，具大范围洄游，或寿命短、体型小的物种较难预测（如星康吉鳗 sp24、双斑鲟 sp17、疣背宽额虾 sp26 和鹰爪虾 sp25），而体型中等或较大、具有一定出现频次的定栖鱼类则能够较好预测（如方氏云鳚 sp6、尖海龙 sp10 和口虾蛄 sp11），然而也有许多例外，该结果表明生活史特征对 SDM 模型的复杂影响。

关于不同建模算法可转移性的问题，本研究表明回归方法和机器学习各有优势，总体而言 HMSC. 3 和 MRF. 1 算法呈现了最佳的可转移性。此外，复杂模型通常会导致较差的可转移性，这与之前的研究基本一致，意味着应用中需要适当限制模型的复杂性。同时也有明显的例外，如 MANN 和 HMSC。前者通过增加隐藏层（MANN. 3）可以获得很大提升，这表明简单的模型结构刻画物种响应关系时的灵活性不足。后者 HMSC. 3 的性能的改善可归因于隐变量的空间结构，即 HMSC 在未调查区域的 LV 值可通过空间自相关结构估算，从而提升预测效果。总体而言，JSDM 的结构一般应调整至较低的复杂性水平，但同时考虑某些特殊模型结构提升可转移性。

尽管许多研究表明间接因子（即不直接影响物种分布的变量）可能不利于模型的可转移性，但本研究中的空间坐标的引入大大提高了多数模型的预测性能，特别是在定性预测方面（ρ 和 D_{MN}）。该结果表明，空间坐标可能代表了对物种分布有重要影响的环境因素或未进行观测的过程。HMSC. 3a 的预测性能在一定程度上支持了这一结论，该模型利用隐变量有效反映了缺失的环境变量，达到了与多预测变量模型（HMSC. 2b 和 HMSC. 3b）相似的性能。然而使用间接变量还应当谨慎，因为它们与其所对应的潜在变量的关系是隐含的，可能存在未知的变化。

理论上，模型预测能力会随空间和时间距离的增加而衰减，或者说，预测误差预计会随着应用环境与建模环境的空间或时间距离的增加而升高。本研究模型的预测能力随着时间间隔的扩大而降低，与该观点一致。这一结果意味着建模数据和评估数据之间并非真正独立，以往研究中以交叉验证反映的模型预测性能可能过于乐观。此外，尽管增加训练数据可以弥补可转移性的衰退，但总体效果不大，仅限于某些物种，在群落层次的可转移性方面几乎没有改善。总的来说，本研究表明在一定的时间范围内某些物种可能被有效预测，但在很短的时间范围内也无法保证群落层面的可靠转移，意味着仅延长调查的时间对群落模型的提升有限。

总之，尽管 SDM 在建模环境之外的预测容易出错，但许多管理问题对这方面的预测具有迫切需求，因此模型的外推性应用往往不可避免。管理层面默认模型是可靠的，反映了开发模型的科学家和使用模型的公众之间知识的隔阂。本研究表明即使是在相对稳定的生态系统中进行短期预测，也不应认为模型的可转移性是一定可靠的，至少在群落层面上存在很大的局限，这突显了模型应用于保护和管理规划前进行评估和验证的必要性。今后的研究应考虑一个综合性的框架，进行建群落层次模型的评估和可转移性的量化，为此研究人员应与模型使用者、利益相关者以更透明的方式密切合作，以提高模型的使用价值。

▉ 小　结

　　物种分布模型的可转移性，即建模环境之外的预测，对于气候变化下的生物保护和管理规划具有重要意义，然而当前研究对如何在空间和时间上的模型转移缺乏必要了解。本节研究了模型复杂度和时间跨度对多物种分布模型时间可转移性的影响，基于 7 年的多物种分布数据，评估了约束线性排序（CLO）、约束加性排序（CAO）、物种群落分层建模（HMSC）、多元随机森林（MRF）、多元树提升（MTB）和多元人工神经网络（MANN）等模型的预测性能。根据不同的模型结构、复杂程度和时间跨度，共设计了 36 个模型和 50 个场景。结果表明，模型转移适用于群落中的某些物种，但于群落水平上有很大局限。模型结构、目标种特征和时间尺度均对可转移性具有重要影响，不存在最优的建模算法或模型复杂度。时间可转移性随训练数据系列长度的延长而增加，随预测时间间隔的延长而衰减，不同建模算法所受影响程度不同。仅通过延长调查数据的时间长度很难提高群落层面的预测性能。

第二章
CHAPTER 2
渔业资源种群的生物学特征

▶▶▶

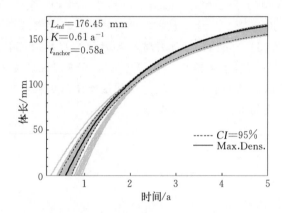

生长、死亡和繁殖等生物学参数是渔业资源评估的基础，但由于研究成本的制约，很多渔区缺乏相关数据，极大地限制了渔业的科学管理。本章以星康吉鳗、方氏云鳚等物种为例，阐述了鱼类的体长-体重关系、生长方程和性成熟度等主要参数的估算方法，利用耳石微化学方法开展星康吉鳗生境回溯。本章重点介绍了在缺少年龄数据时，如何基于体长频率分析方法研究鱼类生长，并探讨了其实际应用中的稳健性及其优化方法。

第一节　方氏云鳚的群体组成

体长、体重是鱼类种群的基本生物学特征，能够反映鱼类个体生理状态以及种群结构的变化，也是鱼类适应环境变化的重要生活史特征。体长、体重的时空变化包含丰富的生态学信息，如个体大小在年间变化和空间分布的差异可能反映了渔业生态系统特征发生变化。此外，一些种群评估需要体长-体重等相关参数，若这些参数具有显著的时空一致性可能会对评估精确性产生影响。

关于体长、体重特征研究我们主要关注了营养级较高的经济鱼种，而对方氏云鳚等饵料鱼类的研究较少。受过度捕捞、环境变化以及海岸带开发等的影响，以方氏云鳚为代表的小型鱼类成为海州湾的主要优势种，在黄渤海沿岸形成汛期，在黄海食物网及生态系统中的地位也越来越重要。因此，方氏云鳚基本生物学特征的研究，对评估该鱼种的资源量以及研究近岸食物网动态具有重要意义。本书研究了方氏云鳚体长、体重组成特征，以及体长体重关系和肥满度，分析了这些特征参数在年际、季节和空间分布上的差异性以及变化趋势，以期为海州湾渔业资源的保护利用提供数据参考，并为渔业生态系统评估提供基本参数。

一、材料与方法

方氏云鳚的样本来自海州湾及其邻近海域进行的渔业资源底拖网调查，每个站位随机取 30 尾测量方氏云鳚的体长、体重，不足 30 尾则全取。根据生物学测定数据，分析方氏云鳚在各个航次体长、体重频率分布并绘制体长频率曲线图，估算体长和体重的均值、中位数、变异系数等参数。其中变异系数是衡量群体内个体间生长整齐度的指标，当饵料充足、生长环境适宜时，群体中个体生长互不影响，生长速度差异小，个体的体长、体重有较高的一致性，变异系数值小。

使用 Shapiro 方法检验体长频率分布是否为正态分布。分析体长、体重的年间差异，使用方差分析检验其差异显著性；使用双样本 t 检验分析两两年间差异显著性。分析方氏云鳚个体大小的空间分布，使用 surfer11 软件制作春季和秋季的站位平均体长分布图。

体长-体重关系

利用幂函数拟合体长-体重关系：$W = aL^b$

式中，W 为鱼体重（g）；L 为鱼体长（mm）；参数 a 为条件因子，反映了种群所处生境的好坏，饵料基础、水文等环境条件好则 a 值较大；参数 b 为异速生长因子，$b>3$ 为正异速生长，$b<3$ 为负异速增长，$b=3$ 为等速生长。

将体长、体重进行对数转化，使用线性回归方法进行拟合。将年份作为协变量比较参数 a、b 的年间差异，使用协方差分析检验其差异显著性。使用 t 检验分析异速生长类型，即参数 b 与 3 的差异显著性。

肥满度采用 Fulton 状态指数 K 计算：$K = (W/L^3) \times 100$。肥满度可用于不同鱼类或同种鱼类的不同种群之间的比较。使用方差分析评估肥满度的年间和季节差异显著性。综合不同年份的春季和秋季站位肥满度，使用 surfer11 软件绘制空间分布图。

二、结果

1. 体长、体重组成时空异质性

各年份春季方氏云鳚体长频率分布均呈多峰状,其中,两个明显峰值分别出现在100~120 mm、130~140 mm处,前者峰值较高;另外,2014年和2016年在50~75 mm处还有一个较小峰值。秋季体长频率分布多呈双峰状,均有一个明显的峰值,2011年峰值在115~120 mm,其他航次在120~135 mm(图2-1-1);另一个较小峰值出现在140~160 mm。经正态分布检验,只有2015年秋季的体长频率分布符合正态分布,其他年份均不符合正态分布。

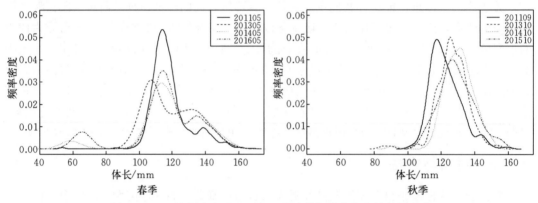

图2-1-1 海州湾方氏云鳚春、秋季体长分布频率的年际变化

根据各航次的体长、体重组频率分布分析了均值、优势组、变异系数等特征参数。其中,春季航次的平均体长在117~119 mm,优势体长组的所占比例均在55%以上(表2-1-1)。平均体重在6.8~7.4 g,优势体重组所占比例范围为37.4%~69.0%(表2-1-2)。秋季航次的平均体长在123~130 mm,优势体长组的所占比例均在70%以上。平均体重在8.5~9.6 g,优势体重组所占比例均在50%以上。

表2-1-1 海州湾方氏云鳚体长分布特征的年间变化

季节	年份	范围/mm	均值/mm	优势组/mm	比例/%	变异系数/%	中位数/mm	正态分布
春季	2011	53~168	119[a]	105~120	67.5	10.12	116	否
	2013	93~158	119[a]	100~135	57.5	12.60	116	否
	2014	45~164	119[a]	105~135	63.9	17.54	119	否
	2016	56~161	117[a]	105~135	68.6	16.31	117	否
秋季	2011	102~159	123[A]	110~130	78.6	7.55	121	否
	2013	85~155	127[B]	120~140	74.5	7.49	126	否
	2014	91~151	130[C]	120~140	80.0	6.78	130	否
	2015	109~156	129[BC]	120~140	73.1	8.05	128	是

注:差异显著性以上标字母表示,同一季节同一字母标注的表示差异不显著,不同字母标注的表示差异显著。

表 2-1-2　海州湾方氏云鳚体重组成的年间变化

季节	年份	范围/g	均值/g	优势组/g	比例/%	变异系数/%	中位数/g
春季	2011	0.2~25.0	6.9^a	4~7	69.0	47.54	5.9
	2013	2.8~20.9	7.3^{bc}	4~6	38.0	43.56	6.3
	2014	0.3~27.8	7.4^b	4~7	37.4	57.16	6.4
	2016	0.4~20.3	6.8^{ac}	4~7	51.1	50.15	6.0
秋季	2011	4.6~21.8	8.5^A	6~9	62.7	31.53	7.7
	2013	1.7~17.8	9.1^B	8~10	50.3	22.97	8.9
	2014	2.0~17.3	9.6^B	7~10	52.4	25.52	9.5
	2015	2.2~19.3	9.6^B	6~10	58.2	31.77	9.2

注：差异显著性以上标字母表示，同一季节同一字母标注的表示差异不显著，不同字母标注的表示差异显著。

春季各航次平均体长年间变化较小，体重在年间先增大后减小；秋季各航次平均体长、体重逐年增大。体长的变异程度是 2014 年春季最大，2014 年秋季最小；体重的变异程度是 2014 年春季最大，2013 年秋季最小。春季航次的变异程度均比秋季航次大。方差分析表明，方氏云鳚体长、体重组成总体年间差异极显著（$p<0.01$）。由 t 检验得，春季方氏云鳚的体长两两年间差异均不显著；2011 年秋季体长、体重显著小于 2013 年、2014 年、2015 年（$p<0.05$）。

进一步分析春、秋季各站位方氏云鳚的体长平均值，春季和秋季的体长空间分布均是海州湾东北部的平均体长较小，中部和西部的平均体长较大（图 2-1-2）。

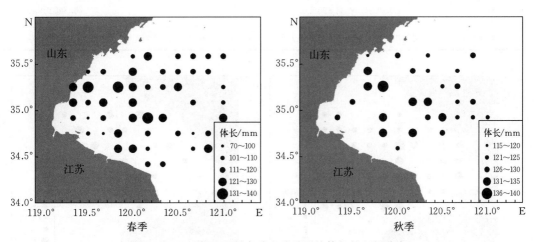

图 2-1-2　方氏云鳚春季和秋季平均体长的空间分布

2. 体长-体重关系的时空异质性

方氏云鳚体长-体重幂函数关系式拟合度较高（$R^2>0.8$），且春季航次的关系式拟合度高于秋季（表2-1-3）。协方差分析表明参数 a、b 在总体年间均有显著差异（$p < 0.05$）。t检验表明，方氏云鳚2013年的参数 b 与3差异不显著；其他年份均显著大于3。各年份春季和秋季的异速生长类型一致（表2-1-3）。

表 2-1-3 海州湾方氏云鳚体长-体重关系（$W = aL^b$）参数

年份	春季			秋季		
	a	$b \pm SD$	R^2	a	$b \pm SD$	R^2
2011	5.61×10^{-8}	3.89 ± 0.04**	0.915	6.23×10^{-7}	3.41 ± 0.09**	0.911
2013	2.43×10^{-6}	3.10 ± 0.06ns	0.891	2.62×10^{-6}	3.11 ± 0.12ns	0.829
2014	2.1×10^{-7}	3.61 ± 0.04**	0.953	1.93×10^{-7}	3.63 ± 0.15**	0.874
2015				2.55×10^{-7}	3.59 ± 0.14**	0.907
2016	3.91×10^{-8}	3.95 ± 0.03**	0.955			

注：ns为差异不显著，即等速生长（$p > 0.05$）；**表示极显著异速生长（$p > 0.01$）。

方差分析显示方氏云鳚肥满度的总体年间差异显著（$p < 0.05$），季节变化差异极显著（$p < 0.01$）。肥满度的季节差异大于年间的差异，季节间均方差（MSE）为0.084，年间均方差为0.005。肥满度在年间呈逐渐减小的趋势，春季的肥满度显著小于秋季（表2-1-4）。春季肥满度的空间分布是西南部站位比东北部大；秋季则相反，西部站位肥满度偏小（图2-1-3）。

表 2-1-4 海州湾方氏云鳚春、秋季肥满度的年变化

季节	2011年	2013年	2014年	2015年	2016年
春季	0.395 ± 0.068	0.390 ± 0.043	0.379 ± 0.048		0.340 ± 0.078
秋季	0.452 ± 0.049	0.450 ± 0.059	0.421 ± 0.045	0.423 ± 0.063	

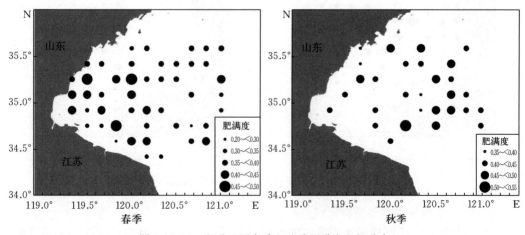

图 2-1-3 方氏云鳚春季和秋季肥满度空间分布

三、讨论

本研究表明，海州湾方氏云鳚的体长、体重组成和体长-体重关系呈现显著时空异质性，说明对种群特征参数的简单估计难以真实地反映群体组成的实际动态。因此，渔业资源评估需综合考虑体长、体重等参数的时空变化特征，避免利用单一的参数值拟合模型，以优化渔业生态评估模型的真实性，更有效地预测渔业生态系统以及渔业资源种群动态特征。

经 Shapiro 正态分布检验，海州湾方氏云鳚的群体体长组成多不服从正态分布，而呈现多峰结构。其中，春季航次体长频率分布划分为 3 个体长组，秋季航次划分为两个体长组。方氏云鳚生活史研究表明，其繁殖季节在秋季，雌、雄达到初次性成熟的年龄均为Ⅱ龄，产卵群体由Ⅱ～Ⅳ龄组成，以Ⅲ龄为主等。据此推测春季航次中的幼鱼体长组（40～80 mm）对应的年龄为Ⅰ龄（上一年秋季出生的鱼），其他两个体长组（100～120 mm 和 130～140 mm）分别对应Ⅱ龄和Ⅲ龄鱼。秋季航次中的两个体长组为Ⅱ龄和Ⅲ龄。有研究根据耳石结构计算的生长方程，得到大连地区方氏云鳚的年龄以及对应的平均体长，其结果中方氏云鳚群体年龄组成共有Ⅰ～Ⅳ龄，主要以Ⅱ龄为主。对比本研究中海州湾方氏云鳚体长组成推测年龄组成，其结论基本一致。需要注意的是，本研究中捕获的方氏云鳚以Ⅱ龄和Ⅲ龄鱼为主，幼鱼数量较少，不符合群体的基本补充过程。其原因可能是方氏云鳚的体型狭长，作业网具的网目尺寸可能不适于捕捞幼鱼（4～8 cm）；此外，幼鱼与成鱼的水层分布可能存在差异，本调查采用的底拖网作业方式对于中上水层的捕获效率较低。今后的研究中需考虑定置网在内的多种调查方法，并增加调查频率，以准确地反映方氏云鳚种群组成动态变化。同时结合耳石年龄鉴定的结果，分析年龄-体长组关系，估算生长方程。

本文中方氏云鳚异速生长因子 b 值为 3.10～3.93，参数 b 均大于 3，即方氏云鳚群体为正异速生长。青岛近海方氏云鳚成鱼 b 值为 3.38，而大连区域成鱼 b 值为 3.18，与本研究结果一致，即在生长过程中体重增加快于体长增加，体形发生变化。相关研究表明导致 b 值变化的原因有很多，包括环境条件、发育阶段、捕捞强度、性别、种群，以及胃饱满度、疾病、食性转化等，还可能与所选体长范围有关。此外，调查群体中是否区分幼鱼和成鱼以及调查时间的不同也会对结果产生影响。异速生长因子的季节性波动和年间变化可以作为考察鱼类对环境响应的指标，在一定程度上反映群体动态特征。协方差分析表明方氏云鳚的异速生长因子 b 值在年间和季节间有显著差异，在一定程度上反映了年际环境、繁殖状态、摄食强度等的差异引起了鱼类生长模式的变化。

相关研究指出，鱼类肥满度与其性别、性成熟度、繁殖期以及外界水温有关。海州湾方氏云鳚肥满度春季各年份均小于秋季。其原因可能是，方氏云鳚在秋季性腺逐渐成熟，秋季方氏云鳚的性比值（雌∶雄）高于春季；而且群体经历了水温高且饵料生物丰富的夏季，秋季时已积累了较多能量，因此总体重增大，肥满度较高。而春季方氏云鳚尽管摄食强度最大，但是经历了越冬体内积累的能量消耗，因此肥满度相对低。

进一步分析表明，秋季性成熟的样本较少，大部分个体处于Ⅱ～Ⅳ期；一方面，根据青岛近海的相关研究，方氏云鳚在秋季水温下降时进行繁殖，繁殖盛期在11月，水温在16℃左右。海州湾秋季调查时间为10月，各站位水温均高于16℃，因此秋季采样时期方氏云鳚大多未产卵。另一方面，方氏云鳚的摄食强度在各年份存在差异：对比春季，2011年平均摄食强度最高，2016年最低；对比秋季，2013年最高，2011年最低。在渔业资源评估中，应充分考虑b值、肥满度以及其他生物学参数的年间差异及其影响因素，为方氏云鳚群体的管理开发策略提供依据。

体长和肥满度的空间分布在春季基本一致，均为西南部高于东北部。调查海域的东北部春季可能受到初步形成的黄海冷水团的影响，形成了东北部水温低、西南部水温高的特点。温度较高的西南部水域，更有利于以中华哲水蚤、太平洋磷虾、细脚戎和沙蚕等为主饵料生物的生长，从而导致了西南部站位的生活环境及营养条件要优于东北部区域，方氏云鳚生长较快；另外，不同个体大小的鱼对生活环境要求可能不同，因此会选择适宜的栖息地生存，从而导致分布区域不同。

从生态学的角度来看，一些生物学参数的微小变化可能通过营养级联产生较为复杂的生态效应。特别是鱼类摄食的效率取决于其饵料的大小和游动能力，个体大小的变化可能影响捕食性鱼类摄食的效率和能量消耗，从而导致食物网链接强度发生变化。本研究发现方氏云鳚个体大小以及参数b值有着显著的年际变化，特别是秋季体长、体重有逐年增大的趋势，在实际调查中可能由于取样时间的差异和环境等因素使生物学数据发生波动。生物学特征是否变化，需要结合方氏云鳚进行长期的历史调查做出判断。由于鱼类在不同生长发育阶段其身体结构、生理结构、食性、生长速率等都有明显的变化，今后的研究可以比较方氏云鳚不同生长阶段的生物学特征，为渔业资源和生态系统的养护提供依据。

小　结

体长、体重是鱼类种群的基本生物学特征，能够反映鱼类个体生理状态以及所处环境条件的变化，但其时空变化往往被忽略。本节研究了海州湾方氏云鳚（*Pholis fangi*）的体长组成、体重组成，以及体长-体重关系和肥满度特征，并分析了上述指标的时空异质性。结果表明，海州湾方氏云鳚群体有多个年龄组，体长、体重和体长-体重关系参数a、b及肥满度在时空上均有较大波动，且在年间差异显著。秋季各航次平均体长、体重呈现逐年增大趋势；肥满度的季节差异大于年间差异，春季肥满度小于秋季；春季体长和肥满度在海州湾分布均是西南部大于东北部，但秋季肥满度分布则与此相反。方氏云鳚群体基本符合正异速生长类型。体长、体重特征的时空异质性可能与摄食强度、性成熟度与捕捞压力等有关，相关研究应充分考虑体长、体重关系参数的时空变化，以为渔业资源评估提供精确参数。

第二节 鱼类的体长-体重关系

渔业资源调查通常收集渔获物数量和渔获个体体长、体重等数据，而体长-体重关系（LWR）是渔业研究中的一个重要方面，常用于估算条件因子、研究个体异速生长、比较不同种群的个体形态，以及资源评估模型中体长与体重的转化，进一步用于生态系统模型的构建。因此，准确评估体长-体重关系对于这些模型的准确性具有重要影响。海州湾是许多海洋渔业资源种群的重要栖息地，但由于历史研究较少，其中很多鱼类的生物学特性缺乏研究，制约了资源评估等相关研究的开展。

本研究基于海州湾季节性底拖网调查收集的鱼类样品，估计了海州湾主要鱼种的体长-体重关系，填补了相关数据的缺失。考虑到同一物种不同生活史阶段生长特征的异质性，本研究探讨了性别、季节和生长阶段对物种体长-体重关系的影响，为渔业资源动态的深入解析提供支撑。

一、材料与方法

鱼类的体长和体重数据来自 2011 年海州湾季节性底拖网调查。在实验室中对标本进行了种类鉴定，使用电子天平进行个体称重，精确到 0.01 g；测量体长，精确到 0.1 cm。进行个体解剖，根据性腺形态确定其性别。

拟合体长-体重关系 $W=aL^b$，估算其参数 a 和 b。对于样本量足够大的物种，分析其不同性别和季节对应的体长-体重关系。考虑到参数的估计可能受到体长范围的影响，剔除了体长小于最大体长 25% 的样本。此外，样本量较小也可能会影响模型拟合，因此剔除了样本量 20 以下的物种。根据上述原则，本研究共筛选出了 25 科 43 种的 15 873 个样本（表 2-2-1）。

Froese（2006）指出，一些鱼种的小个体与大个体可能遵循不同的生长模式，因此使用单一方程描述 LWR 可能并不合适。本研究绘制了体长-体重双对数图，评估了两个不同生长阶段的体长-体重关系。利用 ANCOVA 检验不同性别、季节和生长阶段体长-体重关系的差异显著性。

二、结果与讨论

研究分析了 43 个鱼种的体长、体重范围、体长-体重关系及其置信区间，结果如表 2-2-1 所示。与 FishBase 中的信息相比，本研究中的 22 种鱼类的相关数据属首次报道，10 种鱼类最大体长超过原有记录。大多数物种的 b 值在 2.5～3.5 范围内，方氏云鳚（*Pholis fangi*）、星康吉鳗（*Conger myriaster*）和中颌棱鳀（*Thryssa mystax*）等 3 个物种的 b 值偏大（>3.5）。较高的 b 值在鳗鲡目等鳗形鱼类中很常见，本研究中方氏云鳚和星康吉鳗的体型近似鳗鱼，对应的 b 值也相对较大。

进一步分析了 8 个物种体长-体重关系在雌雄间的差异，大部分物种的 b 值在性别间存在明显差异，且雌性的 b 值大于雄性，仅在皮氏叫姑鱼和长蛇鲻中雄性大于雌性（表 2-2-2）。

表 2 - 2 - 1　海州湾 43 种鱼类的体长和体重分析

种名	拉丁名	样本量	体长/cm	体重/g	a	置信区间		b	置信区间		r^2
玉筋鱼	*Ammodytes personatus*	172	7.8～15.6	1.30～10.6	0.005 42	0.005 32	0.005 51	2.70	2.70	2.71	0.95
虹鲉	*Erisphex pottii*	58	6.1～11.5	2.92～23.4	0.008 67	0.008 41	0.008 92	3.29	3.27	3.30	0.951
细条天竺鲷	*Apogon lineatus*	786	3.0～9.8	0.25～15.2	0.007 02	0.006 95	0.007 09	3.32	3.32	3.33	0.978
绯䲁	*Callionymus beniteguri*	510	7.1～22.7	1.57～49.8	0.003 07	0.003 04	0.003 11	3.13	3.13	3.14	0.979
短鳍䲗	*Callionymus kitaharae*	252	5.7～20.0	1.05～52.4	0.005 65	0.005 56	0.005 74	3.00	2.99	3.01	0.98
李氏䲗	*Callionymus richardsonii*	526	3.0～20.4	0.14～33.9	0.008 99	0.008 87	0.009 11	2.72	2.72	2.73	0.95
蓝圆鲹	*Decapterus maruadsi*	58	5.6～12.2	1.12～17.4	0.004 92	0.004 74	0.005 09	3.25	3.24	3.27	0.962
斑鰶	*Konosirus punctatus*	188	10.2～23.4	8.41～105	0.011 4	0.009 64	0.013 3	2.86	2.45	3.28	0.95
星康吉鳗	*Conger myriaster*	694	13.8～49.4	2.50～166	0.000 509	0.000 504	0.000 513	3.30	3.29	3.30	0.979
鳚杜父鱼	*Pseudoblennius cottoides*	182	2.5～7.1	0.11～3.93	0.004 36	0.004 27	0.004 45	3.43	3.42	3.45	0.966
短吻红舌鳎	*Cynoglossus joyneri*	1 095	4.0～22.2	0.25～51.5	0.001 79	0.001 78	0.001 81	3.33	3.33	3.34	0.98
凤鲚	*Coilia mystus*	144	3.8～19.7	0.14～19.2	0.002 07	0.002	0.002 13	3.05	3.04	3.06	0.975
鰑	*Engraulis japonicus*	115	5.5～16.2	0.73～24.6	0.002	0.001 95	0.002 04	3.41	3.4	3.42	0.982
黄鲫	*Setipinna taty*	130	7.3～17.8	2.03～30.9	0.004 27	0.004 19	0.004 35	3.10	3.09	3.11	0.983
江口小公鱼	*Stolephorus commersonii*	39	3.2～5.7	0.18～0.97	0.004 32	0.004 18	0.004 45	3.14	3.12	3.16	0.952
赤鼻棱鳀	*Thryssa kammalensis*	607	4.3～12.8	0.39～15.9	0.002 45	0.002 43	0.002 47	3.43	3.42	3.43	0.95
中颌棱鳀	*Thryssa mystax*	131	9.5～16.5	3.10～23.7	0.000 727	0.000 714	0.000 74	3.75	3.74	3.76	0.95
普氏缰虾虎鱼	*Acentrogobius pflaumii*	356	3.0～7.7	0.13～2.90	0.003 96	0.003 9	0.004 01	3.22	3.21	3.23	0.95
六丝钝尾虾虎鱼	*Amblychaeturichthys hexanema*	292	6.4～15.9	1.37～18.8	0.003 62	0.003 57	0.003 67	3.14	3.13	3.15	0.951
矛尾虾虎鱼	*Chaeturichthys stigmatias*	188	7.8～26.2	2.26～69.6	0.016 4	0.016 1	0.016 7	2.58	2.58	2.59	0.951
长丝虾虎鱼	*Myersina filifer*	173	4.0～12.0	0.32～9.56	0.005 35	0.005 24	0.005 46	2.96	2.95	2.97	0.958

（续）

种名	拉丁名	样本量	体长/cm	体重/g	a	置信区间		b	置信区间		r²
小头栉虾虎鱼	*Paratrypauchen microcephalus*	60	5.2~11.7	0.34~4.37	0.002 45	0.002 37	0.002 54	3.05	3.04	3.07	0.957
髭缟虾虎鱼	*Tridentiger barbatus*	186	3.1~11.0	0.20~18.9	0.004 58	0.004 49	0.004 66	3.47	3.46	3.48	0.986
纹缟虾虎鱼	*Tridentiger trigonocephalus*	39	2.9~7.4	0.13~3.22	0.003 87	0.003 67	0.004 07	3.42	3.39	3.46	0.956
大泷六线鱼	*Hexagrammos otakii*	1 323	5.7~24.7	1.28~196	0.004 56	0.004 53	0.004 6	3.36	3.36	3.36	0.983
黄鮟鱇	*Lophius litulon*	97	6.6~46.5	1.53~2 035	0.005 23	0.005	0.005 46	3.3	3.28	3.32	0.989
马面鲀	*Thamnaconus septentrionalis*	26	8.0~33.3	6.33~630	0.009 44	0.008 85	0.01	3.14	3.12	3.16	0.988
方氏云鳚	*Pholis fangi*	267	10.0~16.7	2.36~16.0	0.000 789	0.000 783	0.000 795	3.53	3.53	3.54	0.951
角木叶鲽	*Pleuronichthys cornutus*	108	2.8~23.5	0.22~189	0.006 72	0.006 55	0.006 89	3.26	3.25	3.27	0.994
棘头梅童	*Collichthys lucidus*	79	8.5~16.7	4.97~41.8	0.007 24	0.007 1	0.007 38	3.06	3.05	3.07	0.956
皮氏叫姑鱼	*Johnius belangerii*	102	7.8~16.5	3.68~39.6	0.007 49	0.007 35	0.007 64	3.06	3.05	3.07	0.952
小黄鱼	*Larimichthys polyactis*	317	9.5~25.5	7.51~158	0.009 67	0.009 58	0.009 77	2.93	2.93	2.93	0.95
鮸	*Miichthys miiuy*	94	4.0~44.7	0.34~882	0.004 58	0.004 47	0.004 68	3.18	3.17	3.19	0.997
白姑鱼	*Pennahia argentata*	160	4.4~25.1	0.62~184	0.004 09	0.003 99	0.004 18	3.35	3.34	3.36	0.988
褐菖鲉	*Sebastiscus marmoratus*	40	6.2~15.8	3.55~66.5	0.010 8	0.010 5	0.011 1	3.18	3.17	3.19	0.974
铠平鲉	*Sebastes hubbsi*	68	3.8~11.6	1.03~35.2	0.009 77	0.009 49	0.01	3.34	3.32	3.35	0.986
许氏平鲉	*Sebastes schlegeli*	334	4.2~25.7	0.91~312	0.006 37	0.006 28	0.006 46	3.37	3.36	3.38	0.987
多鳞鱚	*Sillago sihama*	46	3.5~18.6	0.22~43.0	0.003 72	0.003 59	0.003 85	3.22	3.21	3.24	0.995
油魣	*Sphyraena pinguis*	38	10.2~28.5	3.93~123	0.001 9	0.001 85	0.001 96	3.34	3.33	3.35	0.986
北鲳	*Pampus punctatissimus*	36	9.9~23.2	14.3~219	0.004 04	0.003 82	0.004 25	3.46	3.44	3.47	0.965
银鲳	*Pampus argenteus*	208	9.3~26.0	9.02~310	0.010 6	0.010 4	0.010 7	3.08	3.07	3.08	0.951
长蛇鲻	*Saurida elongata*	101	15.3~46.0	25.9~676	0.004 14	0.004 07	0.004 21	3.13	3.13	3.14	0.979
小眼绿鳍鱼	*Chelidonichthys spinosus*	1 013	5.7~30.0	1.07~299	0.003 73	0.003 7	0.003 76	3.34	3.34	3.35	0.976

表 2-2-2　8 个物种体长-体重关系的季节性差异

物种	性别	a	置信区间		b	置信区间	
短鳍鰏	雌	0.005	0.004 91	0.005 1	3.04	3.04	3.05
	雄	0.007 44	0.007 25	0.007 63	2.89	2.88	2.9
六丝钝尾虾虎鱼	雌	0.003 06	0.003	0.003 11	3.22	3.21	3.23
	雄	0.004 21	0.004 12	0.004 29	3.07	3.06	3.08
矛尾虾虎鱼	雌	0.006 42	0.006 31	0.006 52	2.95	2.94	2.96
	雄	0.016 8	0.016 3	0.017 3	2.54	2.52	2.55
方氏云鳚	雌	0.000 619	0.000 613	0.000 625	3.63	3.62	3.63
	雄	0.000 827	0.000 818	0.000 835	3.52	3.51	3.52
棘头梅童	雌	0.006 28	0.006 13	0.006 42	3.12	3.11	3.13
	雄	0.010 3	0.009 94	0.010 6	2.92	2.9	2.93
皮氏叫姑鱼	雌	0.008 26	0.008 09	0.008 44	3.03	3.02	3.04
	雄	0.006 24	0.005 97	0.006 51	3.11	3.09	3.13
小黄鱼	雌	0.009 86	0.009 74	0.009 97	2.93	2.93	2.93
	雄	0.012	0.011 8	0.012 2	2.84	2.84	2.84
长蛇鲻	雌	0.005 73	0.005 54	0.005 92	3.05	3.04	3.06
	雄	0.004 18	0.004 1	0.004 26	3.12	3.12	3.13

分别估算了样本量较多的 10 个物种在 4 个季节的体长-体重关系，结果表明 7 个物种的 b 值存在显著的季节差异（表 2-2-3）。前 4 种物种的 b 值在春夏季明显高于秋冬季，这可能与春夏季的相对较高的饵料丰富度有关。其余 3 个物种参数 b 的季节性差异有所不同，可能因为其生长受到摄食活动、捕食者和环境因素（如盐度、营养和污染）等其他因素的影响。

表 2-2-3　10 个物种体长-体重关系的季节性差异

物种	季节	a	置信区间		b	置信区间	
绯鰤	春	0.005 15	0.005 02	0.005 28	2.98	2.97	2.99
	夏	0.002 62	0.002 59	0.002 66	3.18	3.18	3.19
	秋	0.007 34	0.007 13	0.007 55	2.77	2.75	2.78
	冬	0.005 55	0.005 39	0.005 71	2.89	2.88	2.9
短鳍鰏	春	0.005 21	0.005 12	0.005 29	3.00	3.00	3.01
	夏	0.002 66	0.002 62	0.002 69	3.27	3.26	3.28
	秋	0.006 75	0.006 58	0.006 91	2.83	2.81	2.84
	冬	0.004 78	0.004 69	0.004 87	2.98	2.97	2.99

（续）

物种	季节	a	置信区间		b	置信区间	
星康吉鳗	春	0.000 202	0.000 198	0.000 207	3.54	3.54	3.55
	夏	0.000 15	0.000 148	0.000 153	3.64	3.64	3.65
	秋	0.000 567	0.000 556	0.000 577	3.28	3.28	3.29
	冬	0.000 445	0.000 438	0.000 452	3.33	3.33	3.34
短吻红舌鳎	春	0.001 47	0.001 45	0.001 49	3.40	3.40	3.41
	夏	0.002 58	0.002 52	0.002 65	3.21	3.20	3.22
	秋	0.002 74	0.002 69	0.002 78	3.18	3.17	3.19
	冬	0.002 47	0.002 44	0.002 5	3.22	3.21	3.22
六丝钝尾虾虎鱼	春	0.006 22	0.006 12	0.006 32	2.90	2.89	2.91
	夏	0.006 26	0.006 06	0.006 47	3.00	2.99	3.02
	秋	0.005 95	0.005 82	0.006 08	2.94	2.93	2.95
	冬	0.003 97	0.003 92	0.004 02	3.10	3.09	3.10
长丝虾虎鱼	春	0.003 98	0.003 83	0.004 13	3.08	3.06	3.10
	夏	0.004 88	0.004 68	0.005 1	3.00	2.97	3.02
	秋	0.004 93	0.004 66	0.005 2	3.02	3.00	3.05
	冬	0.008 05	0.007 79	0.008 3	2.77	2.76	2.78
大泷六线鱼	春	0.005 13	0.005 07	0.005 19	3.30	3.29	3.30
	夏	0.004 64	0.004 6	0.004 68	3.36	3.36	3.37
	秋	0.006 32	0.006 23	0.006 4	3.23	3.22	3.23
	冬	0.005 74	0.005 56	0.005 91	3.25	3.24	3.26
方氏云鳚	春	9.13E-05	9.08E-05	9.19E-05	4.36	4.36	4.36
	夏	0.000 2	0.000 198	0.000 201	4.09	4.08	4.09
	秋	0.000 932	0.000 924	0.000 941	3.51	3.51	3.51
	冬	0.000 242	0.000 24	0.000 244	3.98	3.98	3.99
棘头梅童	春	0.004 06	0.003 98	0.004 12	3.29	3.28	3.30
	夏	0.018 9	0.018 4	0.019 3	2.56	2.55	2.58
	秋	0.011 2	0.011	0.011 4	2.89	2.88	2.90
	冬	0.006 68	0.006 53	0.006 84	3.06	3.05	3.07
小黄鱼	春	0.011 7	0.011 6	0.011 8	2.85	2.84	2.85
	夏	0.008 32	0.008 1	0.008 55	3.01	3.00	3.03
	秋	0.005 57	0.005 51	0.005 62	3.16	3.16	3.16
	冬	0.008 38	0.008 19	0.008 57	3.01	3.00	3.01

同一物种的不同生长阶段可能遵循不同的体长-体重关系，因此应考虑在不同阶段分别估算体长-体重关系参数。本研究中仅平鲉属的 2 个物种在不同体长阶段体长-体重关系

出现显著差异（图 2 - 2 - 1）。其中铠平鲉（*Sebastes hubbsi*）大个体的 b 值高于小个体，而许氏平鲉的结果则与之相反。不同大小个体的生态位、摄食习性、栖息分布等个体生活史差异可能是该差异产生的原因。

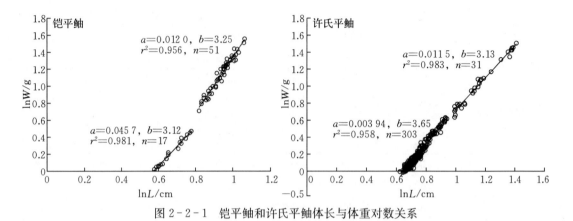

图 2 - 2 - 1　铠平鲉和许氏平鲉体长与体重对数关系

<small>

■ 小　结

　　本节基于海州湾季节性底拖网调查收集的鱼类样品，分析了 25 科 43 种鱼类的体长-体重关系。这些种类中 22 种的数据为首次报道。研究分析了性别、季节和生长阶段对体长-体重关系的影响，其中 1 个物种的体长-体重关系在性别间差异显著（$p < 0.05$），8 个物种的体长-体重关系在季节间差异显著，2 个物种存在不同生长阶段体长-体重关系并不一致。饵料丰富度、繁殖习性，以及不同生活史阶段的生态位、摄食习性、栖息分布等生活史差异可能是导致不同季节、性别和生活史阶段体长-体重关系不一致的主要原因。

</small>

第三节　基于混合效应的体长-体重关系模型

　　许多研究发现，区域、季节、年际和环境条件等因素会影响体长-体重关系模型中 a 和 b 的估算。在这种情况下，可以针对不同条件（如地区和年份）分别构建多个模型，或采用线性混合模型反映时空效应。线性混合效应模型是一种较为成熟的统计学模型，在许多领域得到了广泛应用。该模型提供了分析复杂结构数据的一种有效方法，其预测变量包括固定效应和随机效应两类。固定效应较为常见，而随机效应根据一个或多个分组变量（如地区和年份）反映数据变异性，使模型获得更好的解释率。如 Cnaan 等（1997）系统介绍了如何使用一般线性混合效应模型进行数据分析。Baayen 等（2008）阐述了混合效应模型的优势，特别是如何同时考虑多种影响因素，以加深对数据结构的理解。

　　本研究的目标物种为小黄鱼（*Larimichthys polyactis*），在长期巨大的捕捞压力下，该种群的生物学特征发生了一定变化，如个体偏小、性成熟提前等。许多学者针对小黄鱼的体长-体重关系开展了大量工作。如 Li 等（2013）分析了 1960—2004 年渤海-北黄海和 1960—2010 年南黄海小黄鱼的体长-体重关系，探讨了雄雌性间的差别。Zhang 等（2010）于 1960 年、1985 年、1998 年和 2008 年调查了黄海中南部小黄鱼，评估了体长-体重关系等生物学特性。Lin 等（2004）基于 1963 年、1983 年和 2001 年东海小黄鱼的数据，评估了体长-体重关系等生物学特征。这些研究均使用了线性回归模型进行分析，未能很好地反映小黄鱼生物学特征在空间和时间上的异质性。

本研究根据 2008 年和 2011—2015 年在我国北方近海的 6 个区域收集的小黄鱼样本，使用线性混合效应模型构建小黄鱼的体长-体重关系，估算了其相对条件因子。本研究通过拟合线性混合效应模型，旨在探讨小黄鱼的生物学特性在时间和空间上的变化，以加深对渔业资源变动规律的认识。

一、材料与方法

小黄鱼样本采集自我国北方近海的 6 个区域，自北向南为黄河口、鲁北沿海、胶州湾、青岛近海、海州湾和黄海南部，覆盖了小黄鱼重要产卵和索饵场。调查时间为 2008 年、2011—2015 年，6 年间总共收集了 3 382 个样本，各年和地区的样本量见表 2 - 3 - 1。对于每个个体进行体长和体重测量。

表 2 - 3 - 1　不同区域和年份小黄鱼样本量

区域	2008 年	2011 年	2012 年	2013 年	2014 年	2015 年	合计
黄河口				40			40
鲁北近海					35		35
胶州湾	426	26	63				515
青岛近海			419		533		952
海州湾		921		81	100	579	1 681
黄海南部					148	11	159
总计	426	947	482	121	816	590	3 382

根据调查数据拟合体长-体重的幂函数关系 $W = aL^b$，采用一般线性模型（LM）和线性混合效应模型（LMM）方法分别进行模型拟合和参数估算。在一般线性模型中，按照全部数据（T）、分年份（Y）和分区域（R）3 种方式构建了 3 组模型，分别以 MT、MY 和 MR 表示。在线性混合效应模型中，将区域和年份作为参数 a 和 b 的随机效应，根据不同的组合共构建 9 个模型（表 2 - 3 - 2）。

表 2 - 3 - 2　小黄鱼体长-体重关系的 12 种模型

模型	公式	AIC	ΔAIC	MAE
MT	$\ln W = \ln a + b \times \ln L$	$-3\ 777$	581	0.106
MR	$\ln W = \ln (a_i) + b_i \times \ln L$	$-4\ 002$	356	0.097

（续）

模型	公式	AIC	ΔAIC	MAE
MY	$\ln W = \ln(a_j) + b_j \times \ln L$	−4 254	104	0.102
a|R	$\ln W = (\ln a + R) + b \times \ln L$	−4 005	353	0.102
a|Y	$\ln W = (\ln a + Y) + b \times \ln L$	−4 220	138	0.098
a|RY	$\ln W = (\ln a + R + Y) + b \times \ln L$	−4 341	17	0.098
b|R	$\ln W = \ln a + (b + R) \times \ln L$	−3 999	359	0.102
b|Y	$\ln W = \ln a + (b + Y) \times \ln L$	−4 212	146	0.098
b|RY	$\ln W = \ln a + (b + R + Y) \times \ln L$	−4 334	24	0.098
ab|R	$\ln W = (\ln a + R) + (b + R) \times \ln L$	−4 009	349	0.102
ab|Y	$\ln W = (\ln a + Y) + (b + Y) \times \ln L$	−4 267	91	0.097
ab|RY	$\ln W = (\ln a + R + Y) + (b + R + Y) \times \ln L$	−4 358		0.095

注：模型中 R 代表区域，Y 代表年份，"Y｜X"代表随机效应 X 对应的参数 Y。

在 LM 和 LMM 之间进行方差分析，检验时间和空间因素的统计学显著性。使用 R 语言的 lme4 包进行模型构建，通过 1 000 次 Bootstrap 数据估计模型参数的估计值与分布。根据 Akaike 信息准则（AIC）和平均绝对误差（MAE）来比较 12 个候选模型的性能。MAE 是衡量预测值与观测值的相符程度的指标。

$$MAE = \frac{1}{n} \sum_{i=1}^{n} (|p_i - y_i|)$$

式中，p_i 为估计值，y_i 为观测值。

使用相对条件因子 K 衡量一定体长的个体相对于基准水平体重的偏差，定义为：

$$K = \frac{W}{aL^b}$$

将 1960 年、1986 年、2005 年、2007—2010 年相关研究中小黄鱼的体长-体重模型作为基准，设置参数 a 和 b，其中 1960 年小黄鱼资源状况较好，种群并未受到捕捞活动的严重干扰；其后小黄鱼经历了严重的捕捞压力，并在 1986 年达到最低生物量；近年来该种群逐渐恢复，渔获量有一定增加。以 $K_{cur/年}$ 表示当前年份与年份为基准的相对条件因子。

二、结果

根据各个模型的 AIC 和 MAE 的估算结果，a 和 b 两个参数中均包含区域和年份随机项的混合效应模型，ab｜RY 是 12 个模型中的最优模型，其中 AIC 和 MAE 分别为−4 358 和 0.095（表 2-3-2）。该模型中 a 和 b 的估计值分别为 0.019 2 和 2.917，对应的 95％置信区间分别为（0.017 8，0.030 8）和（2.731，2.945）（表 2-3-3）。模型 a｜RY 和 b｜RY 分别在参数 a 和参数 b 中包含区域和年份随机效应，其表现稍次于最优模型，

ΔAIC 的值分别为 17 和 24。仅包含区域随机效应的 a|R 和 b|R 模型拟合效果最差，具有最大的 AIC 和 MAE。

表 2-3-3 线性混合 LWR 模型 a 与 b 的估算值

模型	a			b		
	均值	置信区间	标准差	均值	置信区间	标准差
MT	0.017	(0.016 3, 0.017 7)	0.000 35	2.961	(2.944, 2.979)	0.009
a|R	0.018	(0.017 1, 0.018 9)	0.000 47	2.934	(2.913, 2.956)	0.011
a|Y	0.018	(0.017 2, 0.019)	0.000 46	2.936	(2.915, 2.956)	0.011
a|RY	0.018 9	(0.018 0, 0.019 9)	0.000 49	2.921	(2.900, 2.941)	0.01
b|R	0.017 8	(0.017 0, 0.018 7)	0.000 43	2.938	(2.918, 2.957)	0.01
b|Y	0.017 9	(0.017 0, 0.018 8)	0.000 45	2.94	(2.919, 2.960)	0.011
b|RY	0.018 4	(0.017 5, 0.019 3)	0.000 47	2.93	(2.909, 2.953)	0.011
ab|R	0.019 5	(0.017 9, 0.026 9)	0.002 34	2.906	(2.783, 2.938)	0.039
ab|Y	0.017 6	(0.016 5, 0.018 8)	0.000 6	2.947	(2.920, 2.973)	0.014
ab|RY	0.019 2	(0.017 8, 0.030 8)	0.003 62	2.917	(2.731, 2.945)	0.058

最优模型 ab|RY 的结果表明，小黄鱼体长-体重模型参数 a、b 存在空间和时间变化（表 2-3-4），最优模型与全局模型 MT 之间的方差分析结果表明，该时空变化统计显著（$p<0.001$）。参数 a 值由南向北逐渐降低，而参数 b 值则逐渐升高。a 和 b 的估计值在 6 个区域间的方差分别为 0.003 4 和 0.005 5，在年份之间的差异更大，方差为 0.008 1 和 0.179 1。

年份间随机效应随时间的变化趋势较为复杂，a 的估计值在 2013 年达到最大值，在 2008 年、2011 年、2015 年和 2012 年相对较低，在 2014 年达到最小值。参数 b 的最大估计值出现在 2014 年，其次是 2012 年的估计值（2.96），而 2013 年的估计值最小为 2.84。

以不同年份为基准的相对条件因子 K 有一定差异，其值大多低于 1。总体而言，$K_{cur/2005}$ 的平均值最小（0.750），其次是 $K_{cur/1960}$（0.786），$K_{cur/2007}$ 和 $K_{cur/1986}$ 的平均估计值分别为 0.881 和 0.882，$K_{cur/2008/2009}$ 和 $K_{cur/2010}$ 的平均估计值最高（均为 0.906）。

表 2-3-4 小黄鱼体长-体重模型在区域和年份间随机效应

效应类型	随机项	$\ln a$	b
基准值		−3.954	2.917
	黄河口 YE	0.093	−0.002 9
	鲁北近海 NS	0.006	−0.000 2
	青岛近海 QD	0.017	−0.000 5
区域效应	胶州湾 JB	0.012	−0.000 4
	海州湾 HB	−0.045	0.001 4
	南黄海 SY	−0.083	0.002 6

（续）

效应类型	随机项	$\ln a$	b
	2008	0.106	−0.050 0
	2011	0.065	−0.010 9
年份效应	2012	−0.041	0.047 2
	2013	0.165	−0.079 1
	2014	−0.284	0.100 0
	2015	−0.011	−0.007 2

相对条件因子 K 在年、月、地区和个体体长之间的变化如图 2-3-1 所示。K 值在年间有较大变化，2008 年和 2010 年估计值较为平稳，2012 年达到最大值，其后 K 值逐渐下降；在季节方面，K 值在夏季明显低于其他季节，在秋季和初冬达到最大值；在空间方面，K 值随纬度的降低而减小；在个体大小方面，K 值随着小黄鱼的生长而增大，在体长为 18~20 cm 时取得最大值。

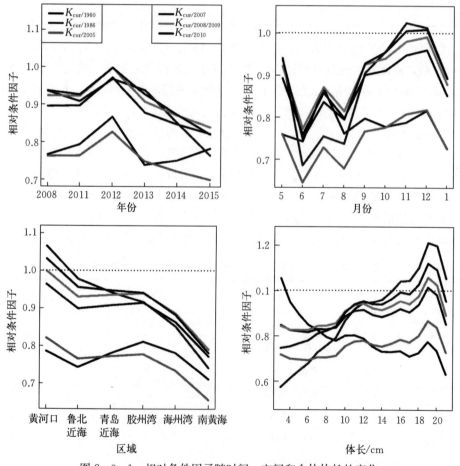

图 2-3-1　相对条件因子随时间、空间和个体体长的变化

三、讨论

本研究利用线性混合模型研究了小黄鱼体长-体重关系的时空异质性，结果表明，参数 a 的区域随机效应随纬度的降低而从北向南逐渐减小，相对条件因子的空间分布也表明小黄鱼在南部海域状况较差。有研究指出我国近海小黄鱼可分为不同的种群，渤海与北黄海的个体与南黄海个体可能属于不同的地理种群。本研究中黄河口、鲁北近海、青岛近海、胶州湾等区域的结果较为相似，且与南黄海个体差异较大，表明不同的地理种群间显著的生长特征差异。

以往研究中，1960—2010 年渤海、黄海和东海小黄鱼体长-体重模型中参数 a 的取值范围为 0.006 1~0.102 7，平均值为 0.028±0.019；指数 b 的取值范围为 2.32~3.35，平均值为 2.875±0.217。该结果与本研究的估算值有一定差异，表明近年来小黄鱼形态发生了一定变化，个体更为细长。导致该变化的原因可能是多方面的，环境污染可能是其中的重要因素。有研究对体长-体重关系的几个影响因素进行了评估，指出无机氮、活性磷酸盐和石油污染物等可能使鱼类的食物和氧气供应水平发生恶化，从而对生长产生负面影响。从另一个角度来看，体长-体重关系也可以作为环境质量的粗略指标，今后应进行长期监测。

相对条件因子能够有效比较个体生长状况，与前几十年的数据相比，近年来小黄鱼的体重状况有所下降。本研究中条件因子在 2012 年达到最高值，对应当年较弱的厄尔尼诺现象。相对条件因子在月份间的变化与鱼类生活史过程紧密相关，例如性成熟、产卵和摄食策略等。调查区域的小黄鱼在春季性成熟，6 月进行繁殖，主要在夏季和秋季大量摄食，对应相对条件因子在 5 月达到一个高值，6 月急剧下降，8 月逐渐恢复，12 月达到高峰。

本研究中 AIC 和 MAE 均表明，包含区域和年份效应的线性混合效应模型是描述体长-体重关系的最优模型，这与之前的研究一致，即在不同地区、年份和栖息地条件下，鱼类体长和体重的关系有所不同。尽管可以通过对不同区域和年份分别构建模型，反映鱼类体长-体重关系的时空异质性，混合效应模型可以把这些随机效应综合在一个模型中，从而更方便地估计空间和时间效应。此外，这一方法可以同时估算各随机效应参数，有利于在数据有限的区域和年份进行参数估算，从而提高了模型的准确性。鉴于混合效应模型的灵活性，在未来研究中也可以考虑性别、季节和生长阶段等不同影响因素，以加深对鱼类个体生长规律的认识。

▓ 小 结

本节研究了小黄鱼（*Larimichthys polyactis*）的体长-体重关系和相对条件因子，通过构建和比较 3 个一般线性模型和 9 个线性混合效应模型，反映参数 a、b 的区域、年份异质性。在 12 个模型中，具有区域和年份随机效应的线性混合效应模型拟合效果最佳，AIC 和平均绝对误差最低，估计 a 为 0.019 2，b 为 2.917，区域和年份对参数 a 和 b 都有影响，而年份的影响远大于区域。参数 a 的估算值由北向南呈下降趋势，与历史数据相比，近年来小黄鱼的参数 a 和相对条件因子的值逐渐降低，可能表征其栖息环境的恶化。混合效应模型提供了评估空间和时间效应的有效方法，有利于在数据有限的区域和年份进行参数估算，提高了模型的准确性。

第四节　星康吉鳗的渔业生物学特征

星康吉鳗（*Conger myriaster*）是我国黄海、东海以及朝鲜半岛和日本周边海域重要的经济渔业生物。该种在我国分布广泛，北起鸭绿江口，南至福建省沙城港，在东海、黄海年商业捕捞产量达 1.3 万 t 以上。近年来由于高强度捕捞，该物种的种群数量呈现较大波动，渔获量急剧下降，在日本其年捕捞量从 1995 年的 1.3 万 t 下降到 2015 年的 0.4 万 t，逐渐受到了渔业生产部门的关注。同时，伴随着重要的经济鳗类日本鳗鲡（*Anguilla japonica*）资源的衰退，星康吉鳗的市场需求进一步增加。为了避免资源过度开发和不可逆的衰退，亟待加强星康吉鳗资源的科学管理。

星康吉鳗的相关研究集中在日本和韩国水域，研究主要分析其早期生活史特征、空间分布，以及生长和繁殖特征等。尽管我国近海是星康吉鳗的重要索饵场，对该物种的补充有重要影响，但星康吉鳗的分布和渔业生物学的相关研究很少，仅在 20 世纪 70 年代和 80 年代东海有过零星报道，当前对于该海域种群的生物学特征缺乏了解。系统解析星康吉鳗生物学特征，不仅可以为我国星康吉鳗渔业管理提供指导，对该物种复合种群的可持续性也具有重要意义。

本研究基于 2016—2017 年黄海、东海底拖网渔业调查，分析了星康吉鳗的生物学特性，阐述了该物种的生长、成熟度和摄食习性等的信息。通过比较历史数据及日本和韩国的相关工作，本研究探讨了该物种生物学的时空变化，旨在加深对中国海域星康吉鳗生物学的认识。

一、材料和方法

星康吉鳗样本采集自黄海和东海的 3 个调查区域（图 2 - 4 - 1），调查开展于 2016—2017 年，共获取了 529 个样本，其中大部分来自底拖网调查，部分样本通过购买渔获物获得。对星康吉鳗的体长与体重进行分析，测量了每个标本的全长（*TL*，mm）、肛长（*AL*，mm）、体重（*BW*，g）、纯体重（*NW*，g）、胃湿重（g）和性腺重（g）。选取 452 个样本用于胃含物分析，利用体式显微镜对胃含物的主要饵料进行分类鉴定。主要饵料物种分为 5 类：鱼类、甲壳类、头足类、多毛类和其他，计算每种饵料的数量和湿重。

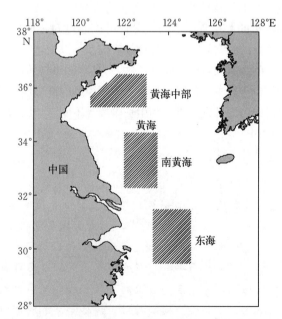

图 2 - 4 - 1　东黄海星康吉鳗调查区域（黄海中部 CYS、南黄海 SYS 和东海 ECS）

1. 年龄和生长

解剖摘取矢耳石（sagittal otolith），在紫外光下烧灼，根据耳石切片的轮纹数量估计年龄（图 2-4-2）。共 255 个样本用于年龄鉴定，摘取右侧耳石在 200 ℃下加热 5～10 min，然后嵌入环氧树脂中，使用金刚石圆锯沿穿过核心的背腹轴进行切片。将 0.3 mm 厚的切片置于载玻片上，使用 800～1 200 目的砂纸抛光。年龄数据读取两次，间隔半个月，结果取平均值。

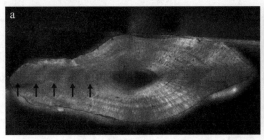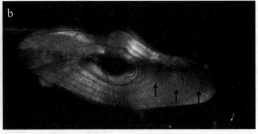

图 2-4-2　星康吉鳗耳石横切面图示（a 为五龄，b 为四龄）

利用 von Bertalanffy 生长方程（VBGF）描述其生长，公式为：

$$L_t = L_\infty \left[1 - e^{-K(t-t_0)} \right]$$

式中，L_t 是年龄 t 时的全长，L_∞ 是渐近体长，K 是生长系数，t_0 是体长为 0 的理论年龄。使用 R 语言的 FSA 包拟合生长模型。

2. 性别和性腺发育

使用 4％福尔马林固定性腺，并保存于 70％乙醇中，进行性别鉴定和性腺发育阶段分析。其中性腺发育指数（GSI）定义为：$GSI=$ 性腺重/纯体重$\times 100$。选取其中 99 个标本用于性腺发育阶段分析，以石蜡包埋性腺待其硬化，用旋转切片机对石蜡块进行切片（厚度 7～8 μm），使用苏木精-伊红染色，在光学显微镜下镜检。根据其性腺的组织结构特征，将卵母细胞发育分为 8 个阶段：染色质核仁期（chromatin nucleolus stage）、核仁外周期（peri-nucleolus stage）、脂滴期（oil droplet stage,）、卵黄发生初期（primary yolk globule stage）、卵黄发生二期（secondary yolk globule stage）、卵黄发生三期（tertiary yolk globule stage）、核迁移期（migratory nucleus stage）和成熟期（maturation stage）。其精巢发育可分为 7 个阶段：精原细胞增殖早期（early spermatogonial proliferation stage）、精原细胞增殖后期（late spermatogonial proliferation stage）、减数分裂早期（early meiotic stage）、减数分裂中期（mid meiotic stage）、减数分裂晚期（late meiotic stage）、成熟期（maturation stage）、功能成熟期（functional maturation stage）和退化期（spent stage）。

二、结果

耳石读取结果显示，星康吉鳗样品有 6 个年龄组，其中二龄组占优势，占样本个体总数的 35.91％，其次是一龄组。一、二龄的个体主要来自黄海中部近海水域，四、五龄的个体主要来自南黄海和东海，六龄个体来自东海（图 2-4-3）。同一年龄组个体的全长和体重有一定差异，估算的 von Bertalanffy 方程为 $L_t = 1\,026 \times [1 - e^{-0.226 \times (t+0.031\,5)}]$。

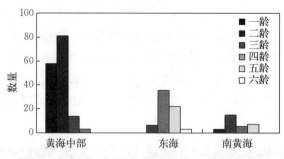

图 2-4-3 三个采样区域星康吉鳗的年龄组成

在南黄海和东海采样区，星康吉鳗的性别比分别为 2.67：1 和 88：0（雌：雄）。卵巢的发育阶段从核仁外周期到卵黄发生二期不等，两个雄性的精巢均处于减数分裂中期（图 2-4-4）。

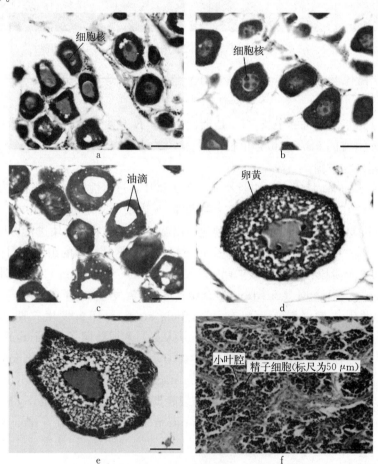

图 2-4-4 星康吉鳗性腺发育的不同阶段

a. 核仁早期（159 mm *AL*） b. 核仁晚期（169 mm *AL*） c. 脂滴期（178 mm *AL*）
d. 卵黄发生初期（216 mm *AL*） e. 卵黄发生二期（268 mm *AL*） f. 减数分裂中期（151 mm *AL*）

东黄海星康吉鳗三龄开始性成熟，雌性卵黄发育中期（卵黄发生初期至二期）对应肛长在 200 mm 以上（表 2-4-1）。调查期间星康吉鳗的 GSI 值随着体长和时间的推移而增加（图 2-4-5），平均 GSI 值在卵黄发生前期（核仁外周期至脂滴期）为 1.22%，卵黄发生中期为 5.86%。

表 2-4-1　星康吉鳗性腺各发育阶段的年龄、肛长与发育指数

性腺发育阶段	年龄 二至三龄	肛长范围（AL）/ mm	AL 均值±SD	GSI 范围	GSI 均值±SD
核仁外周期	2～3	146～169	158±16	0.49～0.62	0.55±0.42
脂滴期	三龄	174～190	181±8	1.79～1.96	1.89±0.25
卵黄发生初期	三至六龄	200～295	256±22	1.87～8.01	5.17±1.41
卵黄发生 2 期	三至六龄	243～321	271±19	4.53～13.11	7.55±2.13
减数分裂中期（雄）	三龄	145～151	148±3	0.39～0.42	0.41±0.37

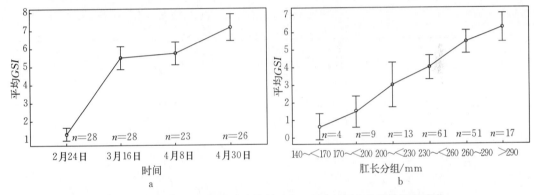

图 2-4-5　星康吉鳗性腺发育指数（GSI）随时间和肛长分组的变化

星康吉鳗胃含物中鉴定出的饵料生物共 65 种（表 2-4-2），其中鱼类和甲壳类是主要的饵料群体，分别占食物总重量的 70.66% 和 22.56%。从相对重量上看，日本鳀、小黄鱼和方氏云鳚是最重要的饵料物种；从相对数量上看，细螯虾、鲜明鼓虾和中国毛虾是主要的饵料物种。

表 2-4-2　星康吉鳗饵料组成

类群	物种	W/%	N/%
鱼类	日本鳀	33.80	5.86
	小黄鱼	16.62	1.00
	方氏云鳚	5.91	4.11
	皮氏叫姑鱼	2.86	0.37
	赤鼻棱鳀	2.48	0.87
	细条天竺鲷	1.91	2.00
	未鉴定鱼类	1.20	3.99
	白带鱼	1.07	0.62
	六丝钝尾虾虎鱼	1.05	0.87

（续）

类群	物种	$W/\%$	$N/\%$
鱼类	尖海龙	1.71	6.73
	鳀科	0.16	0.12
	中颌棱鳀	0.51	0.50
	短吻红舌鳎	0.35	0.25
	绯鲻	0.32	0.12
	棘头梅童鱼	0.33	0.87
	短鳍鲻	0.31	0.12
	凤鲚	0.23	0.12
	普氏缰虾虎鱼	0.20	0.87
	髭缟虾虎鱼	0.12	0.12
	短鳄齿鱼	0.02	0.12
	日本海马	0.01	0.12
甲壳类	双斑蟳	3.70	3.12
	日本蟳	3.49	0.37
	鲜明鼓虾	3.27	10.47
	口虾蛄	2.68	0.62
	脊腹褐虾	1.53	4.24
	对虾类	1.30	1.00
	日本鼓虾	1.30	2.24
	细鳌虾	1.29	8.60
	戴氏赤虾	0.84	3.12
	未鉴定十足目	0.80	3.99
	鹰爪虾	0.58	0.37
	未鉴定蟹类	0.45	1.00
	隆线强蟹	0.43	0.12
	葛氏长臂虾	0.32	0.50
	中国毛虾	0.22	7.86
	长足七腕虾	0.21	2.37
	疣背深额虾	0.05	2.37
	鼓虾属	0.05	0.62
	四齿矶蟹	0.03	0.12
	中华豆蟹	0.01	0.12
	中华安乐虾	0.01	0.12
	蝼蛄虾	0.00	0.12
头足类	枪乌贼	2.95	1.12
	四盘耳乌贼	0.46	1.37
	双喙耳乌贼	0.45	0.87
	长蛸	0.25	0.37
	短蛸	0.05	0.37
	未鉴定头足类	0.00	0.24

（续）

类群	物种	W/%	N/%
多毛类	沙蚕科	0.83	3.62
	未鉴定多毛类	0.39	0.62
其他类	日本浪漂水虱	0.68	3.87
	钩虾	0.02	1.37
	经氏壳蛞蝓	0.29	0.75
	扇贝	0.01	0.12
	紫蛇尾	0.03	0.12
	萨氏真蛇尾	0.00	0.37
	糠虾	0.00	0.12
	中华蜾蠃蜚	0.00	0.12
	塔梯螺	0.00	0.12
	未鉴定双壳类	0.00	0.12
	其他未鉴定种类	0.40	1.13

星康吉鳗的摄食习性随个体发育呈现出明显的差异。肛长＜80 mm 个体的主要饵料为甲壳类动物，肛长为 81～120 mm 个体的主要饵料为虾和鱼。肛长＞140 mm 个体主要捕食鱼类，并且鱼类摄食比例随着体长的增加而增加（图 2-4-6）。

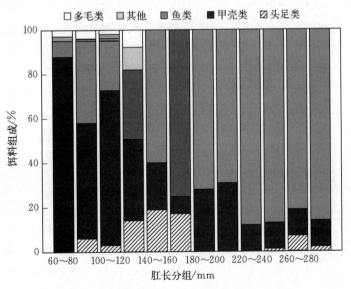

图 2-4-6　星康吉鳗的摄食习性随个体肛长的变化

三、讨论

本研究为近几十年来对东海、黄海星康吉鳗生长、成熟和摄食等生物学特征的首次报道，结果显示该海域星康吉鳗的生物学特性与其他海域有明显不同。本研究中的 VBGE

参数估计为 $L_\infty=1\,026\,\mathrm{mm}$，$K=0.226\mathrm{a}^{-1}$，而 Kim 等（2011）的研究报告了韩国南部沿海水域星康吉鳗 $L_\infty=1\,006\,\mathrm{mm}$，$K=0.146\mathrm{a}^{-1}$。Bae 等（2018）报道了韩国南部水域 $L_\infty=1\,438\,\mathrm{mm}$，$K=0.081\mathrm{a}^{-1}$。不同研究结果有明显差异，但总体表明星康吉鳗在中国东海、黄海域的生长速度相对较快。

本研究中星康吉鳗雌雄比例差别较大，东海的雌雄性比为 88∶0，南黄海为 2.67∶1，而在其他海域也有该物种性比显著不均衡的报道。本研究捕获的雄性成熟个体（减数分裂中期）为中国近海海域首次发现，表明星康吉鳗雄性和雌性可能在栖息地选择、成熟时间，以及洄游行为等方面有显著差异。此外，雌性个体在三龄时开始成熟，这与以往在我国沿海的研究一致，但与日本九州岛附近东海大陆架的个体有所不同。这可能是不同的水温和水流等环境条件造成的，应在今后的研究中进一步分析。此外，有研究报道了星康吉鳗的产卵场位于冲绳岛以南约 380 km 的九州-帕劳海脊。根据以往在东海、黄海海域的调查，大个体星康吉鳗在秋季开始向南洄游，在春夏季到达大陆架边缘，这意味着东海、黄海星康吉鳗可能向南进行产卵洄游。本研究结果中东海捕获个体的性腺发育程度高于黄海个体，也在一定程度上支持了这一假设。

星康吉鳗是一种广食性鱼类，本研究中其饵料生物多达 65 种，其中鱼类和甲壳类是其最主要的捕食对象。这一结果与韩国南部水域和日本水域的研究一致，但本研究指出小个体的食物成分可能有所不同。此外，1980—1990 年的相关研究表明，星康吉鳗的主要饵料为中国枪乌贼、赤鼻棱鳀和鹰爪糙对虾，与本研究中饵料组成有明显差异。近年来一些小型鱼类物种，如皮氏叫姑鱼和方氏云鳚等已成为黄海优势物种，而星康吉鳗作为机会性的捕食者，能够通过充分利用栖息地的饵料生物改变摄食习性，这可能是不同研究结果存在差异的主要原因。食性的改变也可能进一步导致其个体生长特性变化。此外，星康吉鳗在肛长大于 140 mm 时饵料发生较大变化，对应 GSI 逐渐增加。该结果可能说明，大个体通过改变饵料来积累营养以支持产卵洄游，因此该阶段的食物资源密度对于种群的增长和繁殖具有重要影响。

小　结

星康吉鳗是中日韩附近海域的重要经济鱼种。我国沿海水域是其重要的索饵场，但少有研究评估其渔业和种群生物学特征的时空变化。本节根据 2016—2017 年在东海、黄海采集的样本，研究了星康吉鳗的生长、产卵和摄食习性。其 von Bertalanffy 生长方程的参数 L_∞ 为 $1\,026\,\mathrm{mm}$，K 为 $0.226\mathrm{a}^{-1}$。样本中雌性远多于雄性，雌雄比在东海和南黄海分别为 88∶0 和 2.67∶1。卵巢发育阶段从核仁外围期至卵黄发生二期，雄性精巢处于减数分裂中期。小个体星康吉鳗的主要捕食对象是甲壳动物，随个体的生长其主要饵料转变为鱼类。本研究结果与日本和韩国水域以及 20 世纪 80 年代中国海域的相关研究具有明显差异，表明星康吉鳗的生物学特性可能发生了一定变化。本研究有助于加深对东海、黄海星康吉鳗渔业生物学的认识。

第五节　基于耳石微化学的生境回溯

　　渔业管理的理论基础和关键目标是保障鱼类繁殖和补充，因此了解鱼类的繁殖和洄游模式是渔业保护和管理的基础。如海洋保护区的规划和建设通常基于海洋生物关键栖息分布特征，有赖于对物种的产卵和洄游的全面了解。现有研究对星康吉鳗的洄游分布有一定猜想，认为其在 6—9 月沿北太平洋西部的九州-帕劳海脊产卵，幼体被北赤道流和黑潮输运到东亚海域，繁殖习性类似于日本鳗鲡，但目前仍缺乏足够信息证明其在沿海地区的产卵和洄游模式，有待进一步开展研究。

　　研究鱼类和其他生物洄游行为的方法有很多，但传统技术如标记等难以应用于鳗类，因为它们细长的身体和穴居习性容易导致标记脱落。而耳石等钙化结构的化学分析是一种有效的替代方法，广泛应用于确定出生地、研究迁移模式和分析种群结构等。耳石是一种连续生长的惰性钙化结构，由碳酸钙、非胶原蛋白以及其他盐类组成，包含大约 37 种微量元素和痕量元素，其组成反映了耳石沉积时的环境条件。因此，耳石的化学元素被认为是记录个体环境履历的天然标签。Otake 等（1997）发现柳叶鳗的耳石边缘 Sr∶Ca 的降低与其变态阶段有关，证明耳石 Sr∶Ca 的变化受到生理因素的影响。Arai 等（2002）指出 Sr∶Ca 在距耳石核心 $100\sim200\ \mu m$ 处存在明显波动，对应了变态发育时期。该研究还表明，海水中主要元素（K、Mg 和 Na）在星康吉鳗耳石中的积累小于其他微量元素（如Ba、Mn、Sr 和 Zn）的积累速率。

　　耳石中的 Sr∶Ca 已成功地用于日本鳗鲡、欧洲鳗鲡和美洲鳗鲡的溯河洄游研究。由于耳石中 Sr∶Ca 仅与盐度密切相关，受水温、食物和生理因素的影响较小，因此 Sr∶Ca 可有效区分不同盐度水平的栖息地，在海淡水洄游种类研究中效果较好。对于海洋洄游性物种，不同栖息地盐度差别不大，因此 Sr∶Ca 方法有较大局限。在这种情况下，耳石中其他元素组成可能提供更有用的信息。生物的内在因素（如生长速度、成熟阶段、摄食状况和压力水平）和外在因素（如水温、盐度和水化学）均能在一定程度上影响耳石中多种化学元素的组成，且不同元素受这些因素影响的程度也有差异，因此多元素耳石微化学可能是区分栖息地的有用方法。

　　本研究采集了不同地理区域星康吉鳗耳石进行多元素耳石微化学分析，分析了星康吉鳗耳石元素组成的时间变化。通过具有年龄结构的耳石化学谱分析，探讨星康吉鳗的生境履历和洄游模式。本研究目标包括：①检验不同采样区域的个体是否来自环境相似的产卵场；②基于洋流被动输运假设，推测东海和黄海星康吉鳗幼体的扩散模式；③探讨幼鱼和成鱼的洄游特征以及 3 个采样区域之间种群的连通性。本研究旨在揭示星康吉鳗洄游分布和生境特征，为其渔业管理提供科学依据。

一、材料和方法

　　星康吉鳗样品采取如上节所述，测量其体长和体重，取出矢状耳石用超纯水清洗。将耳石嵌入环氧树脂切片并抛光，在显微镜下拍照。使用 imageJ 图像软件分析耳石图像上的轮纹，以估计年龄。为便于在 3 个采样区域间进行比较，在每个区域选取四龄的 15 个样本，共 45 个样本用于耳石微化学分析，其个体的平均全长为 648 mm（标准差 45 mm）。将这 45 个样品的耳石用超声波清洗，并在超纯水中冲洗 6 min，在 38 ℃烘箱中干燥过夜以备化学分析。

1. 元素分析

使用激光烧蚀电感耦合等离子体质谱仪（LA - ICPMS）分析从耳石原基到边缘的微量元素组成，包括[7]Li、[23]Na、[24]Mg、[27]Al、[39]K、[43]Ca、[45]Sc、[47]Ti、[51]V、[52]Cr、[55]Mn、[57]Fe、[59]Co、[60]Ni、[65]Cu、[66]Zn、[88]Sr、[111]Cd 和[138]Ba。使用直径为 40 μm 的激光束进行烧灼，测量间隔为 60 μm，每个测量点停留 5 s，每个耳石打点 22～25 个。根据耳石上的轮纹推断 LA - ICPMS 烧蚀点对应的发育时间，并按年龄分析各个点位上的元素浓度。

10 次采样后，在采样开始和结束时以玻璃标准参考物质进行校准，根据开始和结束时 100 s 的背景计数，计算每种同位素平均空白计数 3 倍的标准差，作为检测限（LOD）。根据标准样品的重复测量值计算相对标准偏差（%RSD），它反映了元素测量的精度水平。排除浓度值低于 LOD 的元素后，本研究获得[7]Li、[24]Mg、[88]Sr 和[138]Ba 4 种微量元素的有效测量。将[43]Ca 作为相对标准，量化各元素质量分数，以 mmol/mol 为单位标定所检测元素与钙元素的比例。

2. 数据分析

在每个轮纹对应的发育阶段，分析耳石采样点各种元素与 Ca 的比例。由于生理过程和环境条件的影响，耳石的化学组成在第一年内有迅速的变化。本研究利用层次聚类分析（hirarchical cluster）检验了不同采样区域和生长阶段的耳石微量元素含量，评估在早期生活史中耳石元素组成出现分歧的时间。根据幼鱼的生理过程将第一年分为 3 个阶段：柳叶鳗期、变态期和幼鳗期（小于一龄），计算每个生长阶段对应采样点的元素浓度。使用频率直方图、Q - Q 图和线性回归残差图检验数据正态性和方差齐性。

利用广义线性混合模型检验不同地理区域的耳石元素组成差异。广义线性混合模型是一种包括固定效应和随机效应的回归方法，本研究中以固定效应描述不同生活阶段和地理区域之间的元素组成差异，其中区域包括 QD（黄海中部）、DS（黄海南部）和 ZS（东海）3 类，生活史阶段包含柳叶鳗、变态期、幼鳗（小于一龄）、二龄、三龄和四龄 6 类。每个生活史阶段对应点取平均值，以减少因不同个体耳石生长区形成时间的差异而导致的潜在偏差。模型中加入交互作用项，反映地理区域-生活史阶段元素含量的协同变化。利用随机效应描述个体之间的异质性，使用个体 ID 作为随机截距，反映同一个体内观测值之间的相关性。模型表达式为：

$$\ln (R_{ijk}+1) \sim N (\mu_{ijk}, \sigma^2)$$
$$\mu_{ijk} = Stage_j + Region_k + Region_k \times Stage_j + 1 | FishID_i$$
$$1 | FishID_i \sim N (0, \sigma_f^2)$$

式中，R_{ijk} 为区域 k 第 j 个激光点位处个体 i 的某一化学元素与 Ca 的比率，$Stage_j$ 表示不同生活史阶段，$Region_k$ 表示 3 个采样区域，$1 | FishID_i$ 是随机截距项，假设服从正态分布。

分别对每种元素比例（Sr∶Ca、Ba∶Ca、Li∶Ca 和 Mg∶Ca）进行混合效应模型分析，评估其主效应和交互效应的显著性。使用 R 语言的"nlme"软件包构建广义线性混合模型，采用 LOESS 平滑曲线展示耳石生长过程中元素比例的变化，LOESS 中跨度设为 0.70。

二、结果

微量元素含量的时间变化

聚类分析展示了第一年内各烧蚀点元素浓度的差异，树状图显示 3 个区域的结果较为一致，采样点均可分为 3 个组：点 1 到点 3，点 4 到点 5，点 6 到点 12（图 2 - 5 - 1），表明了耳石微量元素组成随生长发生逐渐变化。

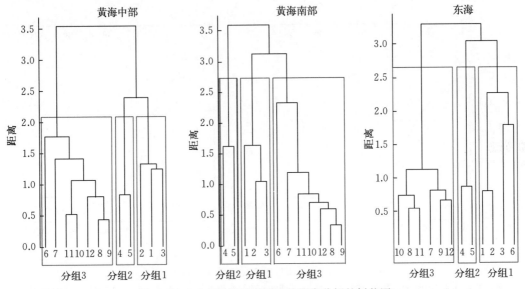

图 2 - 5 - 1　多微量元素组成的聚类分析的树状图
（聚类变量包括 Li∶Ca、Mg∶Ca、Sr∶Ca、Ba∶Ca，数字表示激光烧蚀点）

星康吉鳗在早期生活史过程中耳石微量元素的组成具有明显变化。Sr∶Ca 自耳石核心向外迅速下降，在变态末期和第一轮纹之间降至最低，然后维持在相对稳定的水平（图 2 - 5 - 2a）。在一龄以后，ZS 个体的 Sr∶Ca 稍高于其他区域个体。Ba∶Ca 在采样区域之间差异较大（图 2 - 5 - 2b）。QD 个体的 Ba∶Ca 在幼鳗期最高，随后逐渐降低；DS 和 ZS 个体的 Ba∶Ca 先降低后分别在一龄和二至三龄时达到峰值。在二至四龄，QD 和 ZS 个体的 Ba∶Ca 达到近似水平，而 DS 个体明显偏低。Li∶Ca 的变化趋势与 Sr∶Ca 相似，也由核心迅速下降，在二龄后基本稳定（图 2 - 5 - 2c）。Mg∶Ca 在柳叶鳗和变态期维持在较高水平，随后逐渐降低并在二龄后稳定（图 2 - 5 - 2d）。

利用线性混合模型分析了各生活史阶段的耳石微量元素组成的变化，结果表明，区域（region）、阶段（stage）、交互项（region∶stage）以及随机效应 FishID 对元素组成均有显著影响（$p<0.01$），仅 Sr∶Ca 的交互项例外。自耳石核心到变态区之前，不同采样区域的耳石微化学组成差异不显著（$p>0.05$）（表 2 - 5 - 1）。其后阶段 DS 和 ZS 的结果更相似，而 QD 的个体在早期阶段的 Ba∶Ca 显著较高（$p<0.05$）。

在一龄内，Sr∶Ca 在不同采样区域之间没有显著差异（$p>0.05$），在变态期 QD 个体的 Mg∶Ca 和 Li∶Ca 显著低于 ZS 和 DS 个体（$p<0.001$）。二至四龄阶段，QD 和 ZS

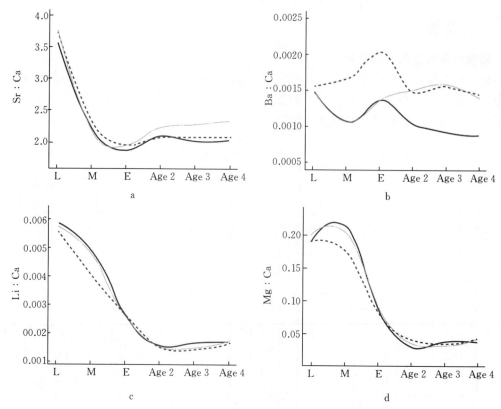

图 2-5-2　耳石微量元素随生活史过程的变化

注：图为 QD、DS 和 ZS 三个区域的 LOWESS 平滑线，横坐标中 L 为柳叶鳗期，M 为变态期，E 为幼鳗期。

个体的 Ba：Ca 显著高于 DS（$p<0.05$），ZS 个体在二龄后 Sr：Ca 显著高于其他个体（$p<0.05$）。Mg：Ca 和 Li：Ca 在地理区域之间没有显著差异（$p>0.05$）。

表 2-5-1　不同采样区域星康吉鳗耳石微化学组成的相对差异（数值为线性混合模型估算的效应值）

元素	区域	柳叶鳗期	变态期	幼鳗期（小于一龄）	二龄	三龄	四龄
Sr：Ca	QD：DS	3.59	2.11	1.86	2.1	2.02	2.04
	QD：ZS	3.77	2.21*	1.97	2.08	2.04	2.09*
	DS：ZS	3.83	1.99	1.95	2.24	2.24	2.35**
Ba：Ca	QD：DS	1.57	0.77**	1.33**	1.04**	0.93**	0.89**
	QD：ZS	1.62	1.44*	2.08**	1.89	1.71	1.43
	DS：ZS	1.54	0.87	1.35	1.90**	1.62**	1.40**
Li：Ca	QD：DS	5.71	5.44**	2.51	1.55	1.67	1.7
	QD：ZS	5.56	4.02**	2.54	1.54	1.65	1.69
	DS：ZS	5.6	5.36	2.45	1.53	1.75	1.76
Mg：Ca	QD：DS	1.77	2.64**	0.87	0.31*	0.39	0.38
	QD：ZS	1.83	2.08**	0.8	0.41	0.41	0.42
	DS：ZS	1.88	2.46	0.91	0.37	0.41	0.41

注：*表示 $p<0.05$，**表示 $p<0.01$。

三、讨论

不同地理区域柳叶鳗的耳石化学特征提供了星康吉鳗洄游路线的重要线索。其中耳石核心的元素组成可以反映产卵场的环境条件，本研究中所有样本的耳石核心区元素组成没有明显的差异，意味着 3 个采样区域的样本可能来自相似环境，即同一产卵海域。有研究报道了在北太平洋西部发现新孵化的星康吉鳗幼体，因此本研究推断这可能是中国沿海星康吉鳗群体的产卵场。自耳石核心到变态区之间元素组成的差异不显著，但在其后阶段 QD 个体的 Ba∶Ca 和 Mg∶Ca 与其他两个区相比出现显著差异。这意味着在生活史最初，柳叶鳗可能会经历相似的环境，然后在变态过程中，QD 群体与其他群体发生分离。结合本区域海流特征可推断，若星康吉鳗产卵区位于北太平洋西部，其幼体可能被北赤道洋流和黑潮从产卵场被动输运至东海，然后在变态阶段随海洋流逐渐分布至不同海域。结合柳叶鳗群体分离时间和中国海洋流分布，本研究推断星康吉鳗幼体可能在黄海暖流（YSWC）的分岔处发生分离（图 2-5-3）。需说明的是，该结论基于一定假设，即星康吉鳗产卵场位于日本鳗鲡产卵场的附近，其生活史模式也与日本鳗鲡相似，在外海产卵后沿相似的路径进入东亚完成种群补充过程。未来的研究还需要结合物理海洋学模型模拟西太平洋亚热带洋流系统中的幼体运输，以验证星康吉鳗的种群扩散机制。

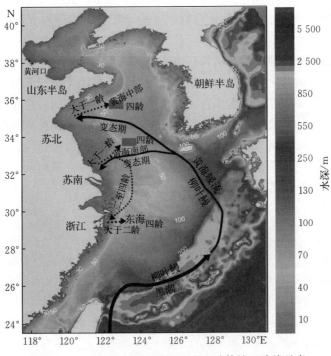

图 2-5-3 星康吉鳗在黄海和东海幼体输运路线示意

基于上述推断，黄海中部个体通过黄海暖流的西北支散布到山东沿海（黄海中部），其他个体通过西支分布到苏南沿海（南黄海），前者的 Ba∶Ca 的值明显高于后者。黄海中部耳石中的高 Ba∶Ca 可能归因于环境水中较高的 Ba 含量。山东省南部近海测得的 Ba 浓度约为苏南近海的 1.5 倍，这可能是陆源物质输入和生物作用造成的，特别是青岛近海和苏北浅滩的区域上升流有效地丰富了水中的营养物浓度。随着年龄的增长，不同区域星康吉鳗的耳石化学组成差异增大，这意味着群体的进一步分离。第 1 年后，东海个体的 Ba：Ca 和 Sr：Ca 水平高于黄海南部个体。由于上升流和台湾暖流的影响，浙江沿岸水域的 Ba 和 Sr 含量较高，可能导致耳石中相对较高的 Sr：Ca 和 Ba：Ca。

此外，3 个地区的 Ba：Ca 在一至二龄后较低，这可能反映了星康吉鳗分布的变化，因为 Ba 的浓度在沿海水域最高，随着离岸距离逐渐下降。同理，黄海南部个体耳石边缘的 Ba：Ca 较低，可能是因为黄海南部离海岸较远。根据之前的研究，黄海和东海的大个体星康吉鳗会逐渐向大陆架方向迁移，在这一过程中伴随着个体生长，性腺逐渐成熟。因此，本研究推测中国海的星康吉鳗可能在二至三龄开始从沿海水域迁移至外海陆架，与日本水域群体一同进行产卵洄游。

Ruttenberg 等（2005）认为，核心区微量元素富集可能是耳石的一般特征，与个体发育和环境驱动因素有关。研究中耳石核心的 Sr：Ca、Li：Ca 和 Mg：Ca 相对较高，这与日本近海水域的研究一致。耳石的中心部分（核心和原基）的高 Sr：Ca 表征了柳叶鳗阶段所在产卵场和沿海水域的海洋环境特征，而 Sr：Ca 的迅速变化对应于其变态阶段。柳叶鳗身体由硫酸糖胺聚糖（GAG）组成的大型凝胶状细胞外基质填充，这些物质对碱性元素具有较强亲和力，可能是 Sr、Ba、Li 和 Mg 等碱性元素在核心富集的生理原因。GAG 在变态过程中迅速转化为其他化合物，可能导致耳石中碱性元素的急剧下降。本研究的聚类分析将早期生活史分为 3 个不同的元素沉积阶段，大致对应于柳叶鳗阶段、变态阶段和一龄以下的幼鳗阶段，也表明耳石中的元素浓度与不同的生活史阶段紧密相关。

综上所述，耳石微量化学分析为星康吉鳗在我国近海的生境回溯提供了有力工具。研究表明 3 个采样区的星康吉鳗可能来自同一个产卵场，通过不同的途径分布到中国沿海水域。中国沿海的群体分离发生不同的生活史阶段，黄海中部群体在仔鱼阶段分离，南黄海和东海种群在幼鱼阶段分离。但需指出，其产卵和洄游路线的确切位置仍不清楚，还待进一步探索，同时研究也表明我国近海不同区域的星康吉鳗存在紧密联系，应把它们作为一个整体的管理单元进行评估和管理。

■ 小 结

星康吉鳗（*Conger myriaster*）是中国、日本和韩国海域重要的经济物种，但当前对其洄游分布模式尚缺乏认识。本节使用耳石微化学来研究星康吉鳗在黄海和东海的洄游和繁殖习性，从黄海中部（QD）、黄海南部（DS）和东海（ZS）3 个区域采集样品，采用激光烧蚀电感耦合等离子质谱仪（LA－ICPMS）分析耳石的微化学成分。通过分析耳石各个年轮的微量元素比例推断其生境履历。结果表明，耳石核心区元素组成在不同样本之间没有明显的区别，说明个体在生活史早期可能经历相似的环境条件。在变态区之外 Ba：Ca 值开始发生变化，QD 与其他区域相比表现出显著差异，表明在变态过程中 QD 群体与其他群体发生分离，移向山东半岛沿海水域。ZS 和 DS 个体在第一龄内具有相似的化学成分，其后 Ba：Ca 和 Sr：Ca 出现差异，这表明两群体在一至二龄时分离。耳石的微化学组成提供了星康吉鳗繁殖与洄游的重要证据，为其渔业管理提供了有力支撑。

第六节 基于体长频率数据的生长参数估算

渔业资源评估通常需要产量、丰度指数、年龄结构等长期连续数据作为支撑，但由于研究成本和社会关注度的限制，小型渔业（small scale fishery）往往缺乏相关数据，极大地限制了渔业的科学管理。相对于年龄等渔业监测数据，体长、体重数据较容易获得，成本也较低，这些相对"碎片化"的数据也能够为资源评估提供有用信息。近几十年来，许多研究关注了基于体长数据的资源评估方法，这些方法特别适用于年龄数据不易获取的短生命周期鱼类和无脊椎动物。Pauly 和 David（1981）开发的电子体长频率分析方法（electronic length frequency analysis，ELEFAN）是其中的典型代表，常用于估计生长和死亡率的参数，在资源评估模型中作为输入参数，一定程度上解决年龄数据难以获取的问题。但该方法受算法所限，仅能给出最优解而不提供参数值估计误差的相关信息，其可靠性尚待检验。

本研究聚焦于方氏云鳚生长参数的年际变化，利用 ELEFAN 估算和比较了 2013—2015 年与 2016—2018 年两个时间段内海州湾方氏云鳚群体生长参数之间的差异。同时利用 Bootstrap 的方法研究了 ELEFAN 方法估算生长参数的不确定性。本研究旨在提高生物学参数估计的准确性，为海州湾渔业生态系统变化的研究提供基础数据，同时也为数据有限的渔业资源评估提供方法参考，促进小型渔业的科学管理与可持续利用。

一、材料与方法

本研究自 2013—2018 年春（4 月、5 月）、秋（9 月、10 月）两个季节在海州湾及其邻近海域开展调查，共采集方氏云鳚样本 3 293 尾。假设方氏云鳚的生长符合 vonBertalanffy 生长方程（VBGF），使用 ELEFAN 估算了 2013—2015 年以及 2016—2018 年两个时间段内海州湾方氏云鳚群体的渐近体长 L_∞ 及生长参数 K。

1. ELEFAN 方法的计算过程

ELEFAN 方法使用一定时间序列的体长频率数据估算 VBGF 参数，其参数估计的主要步骤包括：

（1）将体长数据按一定组距进行分组，整理为呈时间序列的体长频率数据，使之呈现一系列清晰可辨的峰值，这些峰值对应体长概率密度较大之处。

（2）设置一定窗口宽度，计算移动平均值，重新调整体长频数分布图的结构。其中组距以及移动平均值项数需要选择和优化。

（3）根据体长组分布的波峰数计算可拟合的波峰数之和（ASP）。根据渐近体长 L_∞ 和生长参数 K 的不同数值绘制一系列生长曲线，曲线每穿过波峰 1 次 ASP 加 1，低于移动平均数 1 次 ASP 减 1，所求的最大值为解释波峰和（ESP）。

（4）采用优化算法不断计算参数组合以及对应的 ESP/ASP，根据拟合优度指数 $Rn = 10^{(ESP/ASP)}/10$ 进行参数优化。选取 Rn 最大的一组（Rn_{max}）作为最优解，其对应的渐近体长 L_∞、生长系数 K 和 t_{anchor} 即为最优参数。

2. ELEFAN 方法稳健性分析

本研究首先分析了两个时间段内海州湾方氏云鳚群体的体长组成，使用 Kolmogorov-Smirnov 检验比较二者体长分布情况的差异。此外，着重从体长组距、优化求解方法和参数误差 3 个方面分析了 ELEFAN 方法的稳健性。

（1）体长组距。 在体长频数分布数据的调整过程中，需要设定长度组的分组间隔以及移动平均值的项数。本研究将长度组的分组间隔设置为 1～30 mm，获得不同结构的体长频数分布图，分别研究不同设置下的拟合效果。根据先前对方氏云鳚的相关研究，将 L_∞ 的下限设定为样本中所有个体的体长最大值 L_{max}，上限为 1.1 倍的 L_{max}，K 的上下限分别为 0.4 和 1.0。计算不同分组组距对应的 Rn_{max} 和 t_{anchor}，比较不同的体长分组间隔对拟合结果的影响。

（2）优化方法。 本研究分别使用了模拟退火（simulating annealing，SA）、遗传算法（genetic algorithm，GA）和响应面分析（response surface analysis，RSA）3 种优化算法进行参数优化，以 Rn_{max} 作为拟合结果优劣的衡量指标，比较不同优化算法的差异。设定优化控制参数，保证运算时间和次数以获得更好的优化结果。

（3）参数分布。 ELEFAN 算法对目标函数进行优化过程中，可能会得到局部最优解而非全局最优解，导致其参数估计结果不具有"稳健性"（robustness）。本研究利用 Bootstrap 方法处理这一问题。Bootstrap 方法通过再抽样过程，可以估计样本统计量的分布情况，从而有效地从样本总体中估计所需的未知参数及其置信区间。结合 Bootstrap 的 ELEFAN 方法，即 Bootstrap-ELEFAN 可以更稳健地估算 VBGF 参数，并给出其置信区间，使参数估计更具统计学意义。

使用 Bootstrap 方法分别对上述 2013—2015 年 1 716 尾以及 2016—2018 年 1 577 尾方氏云鳚的体长数据进行 1 000 次有放回的重抽样，通过 ELEFAN 方法获得每个样本的 L_∞ 以及 K 值，比较两个时间段内生长参数分布情况的差异。本研究数据分析、图形构建等工作是通过 R 语言 TropFishR 等软件包中的函数进行的。

二、结果

1. 体长组距对拟合结果的影响

随体长组距的增大，拟合优度参数 Rn_{max} 呈现逐渐增大的趋势，当组距足够大时（＞20 mm），Rn_{max} 为 1，有较小的波动。t_{anchor} 在组距小于 16 mm 时变化幅度较大，当分组组距大于 16 mm 时，t_{anchor} 变化相对较小（图 2-6-1）。考虑到方氏云鳚一般在秋季进行繁殖，因此过低的 t_{anchor}（＜0.4）是不合理的估计值。当体长分组组距为 6 mm 时，2013—2015 年及 2016—2018 年的两组数据均具有相对较高的 Rn_{max} 以及较为合理的 t_{anchor}，因此认为 6 mm 为方氏云鳚最佳分组组距。

2. 优化方法对参数估计的影响

模拟退火算法所得 2013—2015 年群体的 L_∞ 最大，K 值最小，而遗传算法和响应面分析结果接近，L_∞ 为 188 mm 左右，K 为 $0.53a^{-1}$。遗传算法所得 2016—2018 年群体的 L_∞ 最大，K 值最小，而模拟退火算法和响应面分析结果接近，L_∞ 为 176.9 mm 左右，K 值为 $0.61a^{-1}$。其中遗传算法和响应面分析所求 Rn_{max} 在 2016—2018 年的群体中要大于模拟退火算法所求的 Rn_{max}（表 2-6-1）。同 2013—2015 年的群体相比（$L_\infty \in [188.0\ mm,\ 192.7\ mm]$，

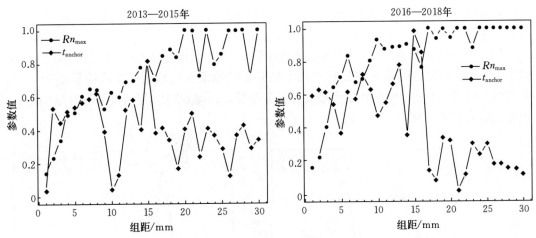

图 2-6-1　方氏云鳚不同体长组距下参数 Rn_{max} 和 t_{anchor} 估计结果

$K \in [0.49\ \mathrm{a}^{-1}, 0.53\ \mathrm{a}^{-1}]$)，2016—2018 年的群体在 3 种算法中都具有较小的 L_{∞}（176.9～177.4 mm）以及较大的 K（0.59a^{-1}～0.61 a^{-1}）。

表 2-6-1　三种优化算法对方氏云鳚生长参数的估计结果

年份	算法	L_{∞}/mm	K/a^{-1}	t_{anchor}/a	Rn_{max}
	模拟退火	192.7	0.49	0.57	0.607
2013—2015	遗传算法	188.6	0.53	0.64	0.607
	响应面分析	188.0	0.53	0.62	0.607
	模拟退火	176.9	0.61	0.62	0.840
2016—2018	遗传算法	177.4	0.59	0.55	0.860
	响应面分析	176.9	0.61	0.65	0.860

3. 参数的置信区间

利用 Bootstrap 方法在两个时段各得到了 1 000 组生长参数，去除部分不合理结果（$t_{anchor} < 0.2$），所得相对生长曲线分布如图 2-6-2 所示。2013—2015 年概率密度最大点所

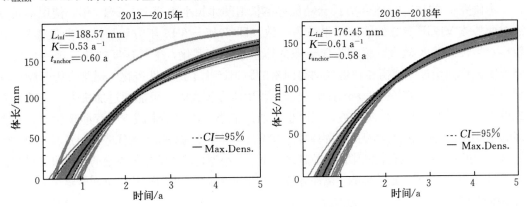

图 2-6-2　方氏云鳚相对生长曲线的分布

注：虚线（$CI=95\%$）表示 95%Bootstrap 置信区间所对应的相对生长曲线，粗实线表示概率密度最大的参数值所对应的相对生长曲线。

对应的渐近体长 L_{inf} 为 188.57 mm，K 为 0.53a^{-1}；2016—2018 年概率密度最大的点所对应渐近体长 L_{inf} 为 176.45 mm，K 为 0.61 a^{-1}。

2013—2015 年与 2016—2018 年的渐近体长 L_∞ 和生长参数 K 概率密度分布均呈现近似正态分布，两样本的渐近体长和生长参数分布的峰值相距较远，重叠面积小于 0.05，表明两个时间段方氏云鳚生物学参数具有显著差异。2016—2018 年的群体具有更小的 L_∞ 和更大的 K 峰值（图 2-6-3）。

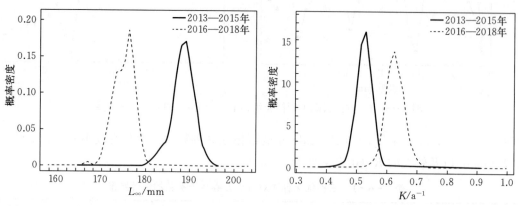

图 2-6-3　方氏云鳚 vonBertalanffy 参数 L_∞ 和 K 的分布在 2013—2015 年与 2016—2018 年的差异

三、讨论

本研究系统评估了 ELEFAN 方法估算方氏云鳚生长参数的可靠性，比较了两个时间段内海州湾方氏云鳚生长参数变化的显著性。研究结果表明，在海州湾海域，方氏云鳚的生长参数具有显著变化，从 2013 年到 2018 年，方氏云鳚群体的渐近体长变小，生长速率加快。同时结合 Bootstrap 的 ELEFAN 方法能够给出较为稳定的参数估计，受采样随机性的影响较小。该结果表明 Bootstrap-ELEFAN 方法可以较好地应用于数据缺乏的小型渔业评估中。

本研究中 2016—2018 年方氏云鳚优势体长组的体长小于 2013—2015 年，使用不同算法对两群体 VBGF 参数的估计结果较为一致，即 2016—2018 年方氏云鳚的渐近体长 L_∞ 较小，生长参数 K 较大，说明方氏云鳚的体型趋于小型化，生长速度加快。这一现象可能说明该物种受过度捕捞和环境变动等因素的胁迫产生了适应性进化。通常方氏云鳚等小型鱼类在生活史策略上偏向 r 选择类型，当环境压力较大时，可能通过加快生长速度等方式更早地达到性成熟体长或年龄，同时也可通过减小个体大小来减少生存能量付出，将更多的能量用于繁殖以应对不良的生存环境。方氏云鳚群体作为海州湾的优势种以及经济鱼类的饵料种，在生态系统及食物网中的地位越来越重要，小型化趋势等生长参数的变化可能对其捕食者的能量摄入造成一定的影响，从而导致捕食者的摄食结构发生变化，进而对整个海州湾生态系统产生影响。

本研究结果表明，当分组组距增大到一定程度时，拟合优度参数 Rn_{max} 会接近甚至是等于 1。这与 Rn_{max} 的算法有关，随着分组组距的增大，在同一组内会合并更多体长不同的个体，使体长频数分布的峰值个数明显变少，这样就更容易使曲线穿过全部的正峰值，从而使 Rn_{max} 接近 1。然而较大的组距会模糊同一分组内个体体长差异，无法真实反映实际中存在的体长频数分布峰值。不合理的体长组距会导致体长频率分布图难以形成明显的"峰"与"谷"，因此在进行 ELEFAN 计算前，需根据已有研究将渐近体长 L_∞ 和生长参数 K 限定在一定范围后再进行计算，排除掉不合理的估计值。本研究结果也表明，在确定最适组距时需结合物种的相关生物学信息，判断其估算的生物学参数（如 t_{anchor}）是否严重偏离实际情况，避免结果仅为"数学上最优"而非"生物学上最优"。

联合国粮食及农业组织（FAO）推出的 FiSATII 软件也可以完成 ELEFAN 方法的全部运算过程。设计者出于简洁性的目的，将移动平均数的项数固定，用户无法对这一参数进行修改，已有研究表明这可能会导致生长参数的估算结果出现较大误差。本研究结果也表明，不合理的分组组距对应的 Rn_{max} 不仅小于本研究所设定 6 mm 的结果，还会得出不合理的生物学参数。因此在使用 ELEFAN 方法对不同物种或群体进行研究前，有必要对体长分组组距、移动平均项数等参数进行一定的分析，找出合适的参数设置以确保研究结果的准确性。

VBGF 参数估计的优化方法中，模拟退火算法所求得的 Rn_{max} 要小于其他两种算法所求的。这可能是因为该方法只求得了局部最优解而非全局最优解。此外，在为提高计算精度而设定较高分辨率的情况下，响应面分析算法所需运算时间较长。TropFishR 包中遗传算法可以进行并行运算，相比其他两种算法，使用并行遗传算法不仅显著减少了运算时间，同时可以提高求解质量。本研究推荐 Bootstrap - ELEFAN 方法，相比传统的单次 ELEFAN 方法，可以更好地观测生长参数估计的误差，给出相应的参数分布置信区间，也更容易求得全局最优解，从而更准确地对生长参数做出估计与比较。

需要注意的是，本研究中所采用的 ELEFAN 方法基于以下几点基本假设：①VBGF 可以较为准确地描述方氏云鳚的生长模式；②目标种群的生长模式在 3 年的时间区间内没有明显变化；③不考虑同年龄个体的体长差异，假设长度完全取决于年龄的差异；④样品具有足够的代表性。这些假设条件对于估算结果有着重大影响，需要在今后的研究中进一步探讨。除此之外，未来研究中还应该考虑鱼类生长在季节和年际的变化，以更好地应对气候变化、近海环境变化、捕捞压力等对海洋生态系统的胁迫。

■■ 小　结

数据有限是小型渔业资源评估所面临的常见问题。电子体长频率分析（ELEFAN）常用于年龄数据难以获取或缺失的渔业，但该方法的可靠性尚待检验。本节根据 2013—2018 年海州湾底拖网调查数据，分别使用传统的 ELEFAN 与 Bootstrap - ELEFAN 方法，估算了 2013—2015 年与 2016—2018 年两个时间段海州湾方氏云鳚 vonBertalanffy 生长方程的参数。结果显示，在海州湾海域方氏云鳚的生长参数具有显著变化，群体的渐近体长逐渐变小，生长速率加快，说明海州湾方氏云鳚群体近年来呈现小型化的趋势。相比传统的 ELEFAN 方法，Bootstrap - ELEFAN 方法能够给出较为稳健的参数估计，受采样随机性的影响较小，可以较好地应用于数据缺乏的小型渔业中。

第七节　ELEFAN 方法的不确定性评估

随着计算能力的提高和数据的积累，ELEFAN 方法得到了广泛应用并演化出多个版本，如 FiSAT、FiSAT II、ELEFAN in R 和 Tropfish R 等。值得注意的是，该方法可能容易受到多种因素的影响，如网具选择性、个体生长变异性、大个体缺乏、参数设置和优化算法的可靠性等。生长参数估算的偏差可能会增加对种群状态误判的风险，导致捕捞控制的决策失误或不合理的管理措施，对于数据有限的渔业产生重要影响。因此，评估各种不确定性因素影响下 ELEFAN 方法的可靠性，在渔业资源评估和管理实践中有着重要意义。

本研究聚焦于 ELEFAN 的两个影响因素，个体间生长速率的差异和体长频率数据的分组组距。ELEFAN 方法的一个基本假设是相同年龄的个体具有相似的体长，不同年龄对应体长频率的各个峰值，然而由于各种环境或内在因素的影响，个体生长可能具有显著的异质性。有研究指出，随着个体生长变异性水平的提高，VBGF 参数的估计偏差会逐渐增大，但目前尚无处理这一问题的有效方法。此外，组距设置也是影响参数估计的一个重要因素。ELEFAN 将原始体长数据重构为等间距的分组，根据频率分布的峰值拟合生长曲线。其拟合过程虽然简单，但参数的调整和优化往往比较复杂。例如，较小的组距可能受采样的随机性和个体生长变异性影响，导致数据不规则性增大，使体长频率的峰值难以检测；但同时过大的组距可能会导致信息丢失，增加估计偏差。尽管这一影响十分显著，但目前少有研究系统探讨如何在 ELEFAN 中选择合适的组距，在实践中其设置往往较为主观。

本研究同时考虑了生长变异性和组距设置的影响，检验了适当的组距是否可以降低生长变异性引起的估计偏差。研究利用蒙特卡罗方法模拟了 10 种鱼类的不同生长变异水平，并使用 ELEFAN 分析了不同组距设置下的模拟数据，以评估 ELEFAN 在不同场景下的估算准确性。根据评估结果，筛选各个物种的最优化组距，获得最小估计误差。此外，根据不同物种的生活史特征和最优组距之间的关联，提出选择最优组距的经验法则，以期降低 ELEFAN 方法应用中生长参数的估计偏差。

一、材料与方法

本研究选择了不同生活史类型的 10 种鱼类作为研究对象，根据其生活史参数分别构建了操作模型，模拟不同水平的个体生长变异，生成体长频率数据（LFD）。在模拟数据的基础上设置不同的分组组距，使用 ELEFAN 估算每个物种的 VBGF 参数，并评估生长参数估计的准确性。根据生长参数的估计结果，确定各个物种的最优组距，利用回归模型分析生活史性状与最优组距的关系，为 ELEFAN 的应用提供指导。

1. 操作模型

操作模型用于模拟"真实"种群动态、体长频率组成和 LFD 数据的采样过程。研究采用基于体长混合效应的综合资源评估模型（LIME）作为操作模型（Rudd and Thorson, 2017）。LIME 的输入参数包括 VBGF 参数、自然死亡率、50% 性成熟体长或年龄等基本生

活史信息，输出结果为具有年龄结构的种群数量、体长组成、渔获量和丰度指数等，模型由
R 语言的 LIME 包实现。模型所需的生物学、渔业数据与相关建模参数如表 2-7-1 所示。

表 2-7-1　10 个目标物种的建模参数

物种	缩写	VBGF		体长-体重关系		性成熟	渔具选择性		自然死亡	寿命
		K/a^{-1}	L_∞/mm	a	b	$m50$	$S50$	$S95$	M	A
星康吉鳗	CM	0.24	931	2.0E-7	3.33	614	291	368	0.33	14
小黄鱼	LP	0.45	259	3.0E-5	2.84	108	122	130	0.42	8
斑尾鲴	PE	0.41	530	5.0E-6	3.03	259	220	260	0.63	8
扁裸颊鲷	LL	0.48	373	3.3E-5	2.88	203	109	145	0.72	7
纤鹦嘴鱼	LV	0.49	366	1.9E-5	2.97	151	136	181	0.74	7
扁舵鲣	AT	0.32	515	5.5E-6	3.17	300	285	370	0.49	10
显平鲉	SE	0.54	171	1.2E-4	2.69	121	94	108	0.44	11
秋刀鱼	CS	0.41	342	1.5E-6	3.18	194	130	145	0.63	8
红鳃裸颊鲷	LR	0.22	306	2.1E-5	2.98	214	232	268	0.15	31
侧牙鲈	VL	0.53	483	1.2E-5	3.05	285	208	274	0.60	8

LIME 模型中假设自然死亡率恒定，与大小或年龄无关。以 Logistic 函数描述性成熟度
和捕捞选择性随体长的变化。模型中设置相对较低的捕捞死亡系数（$F=0.2\mathrm{a}^{-1}$）代表管理
良好的渔业。以 Beverton-Holt 模型模拟补充过程，陡度参数设为 1.0，即补充量相对稳
定。利用 LIME 模拟种群 20 年的动态，取最末一年的 LFD 数据用于 ELEFAN 分析，代表了
短时间序列数据的情景。此外，模拟了逐月采样过程，每月获取 1 000 个样本，全年共 12 000
个样本构成体长频率数据，代表了中等规模的渔业资源调查（等同于每个航次 20 个调查站位，
每个站位留取 50 个样本）。总体而言，本研究的模拟代表了低捕捞死亡率、恒定的补充量和中
等样本量的场景，旨在减少不确定性的来源，聚焦由个体生长变异性和组距设置引起的偏差。

2. 模拟评估

模拟了不同水平的生长变异性，考虑到同龄个体体长的差异可能会随着年龄的增长而
增加，通过设置恒定变异系数（CV）反映生长变异性，即

$$L_{t,i}=\overline{L_t}\cdot\varepsilon，\varepsilon\sim N（1，CV）$$

式中，$L_{t,i}$ 是 t 龄的样本 i 的体长，$\overline{L_t}$ 是由 VBGF 估算的 t 龄时的理论体长，ε 为正态
分布的误差项。

根据以往研究，目标物种之一星康吉鳗各年龄组的体长标准差随着年龄增长而增加，
CV 在 0.140～0.165，因此本研究中以 $CV=0.15$ 作为生长变异性的基准水平。此外模拟
了 5 个生长变异水平，分别为 $CV=0.05$、0.1、0.15、0.20、0.25。

利用 R 语言的 TrophFishR 包和 fishboot 包实现 Boostrap-ELEFAN。ELEFAN 中
采用了模拟退火（simulating annealing，SA）、遗传算法（genetic algorithm，GA）和响
应面分析（response surface analysis，RSA）3 种不同的优化算法。对每种物种设置了从
小到大的一系列分组组距进行测试，根据 Taylor 和 Mildenberger（2017）的经验法则设
定移动平均跨度，其他参数设置为默认值。研究中共设置了 243 个组距和生长变异性水平
的组合，对每个组合进行 200 次重复。

使用相对偏差（RB）评价 ELEFAN 估算结果与操作模型中"真实"值的接近程度，其公式为：$RB=(\hat{V}-V_{true})/V_{true}$。

其中，$\hat{V}$ 表示估算的生长方程参数值（L_∞，K），V_{true} 是操作模型中的对应参数。由于 L_∞ 和 K 的估计值之间一般具有明显的负相关性，使用两参数估算误差绝对值之和 $SRB=|RB_{L_\infty}|+|RB_K|$，表征 ELEFAN 总体的估算误差。

根据 SRB 的最小值确定最优的组距（OBS），分别评估各个物种在不同个体生长变异情景下的最优解。采用广义线性模型（GLM）分析了不同物种生活史特征与该物种 OBS 之间的关系，推导 ELEFAN 中组距设置的一般规则。在 GLM 中，OBS 为响应变量，生活史信息为解释变量，同时考虑了其线性和非线性的回归关系。

二、结果

对于星康吉鳗和小黄鱼两个物种，生长变异性会大大增加 VBGF 参数估计的偏差。低生长变异性水平下（$CV=0.05$），生长参数 L_∞ 和 K 的相对偏差（RB）均较小，前者 RB 中位数在 $-3.8\%\sim2.0\%$，后者相对较大，达到 $-20\%\sim35\%$。在中高水平的生长变异性下（$CV=0.10\sim0.25$），估算误差显著增加，RB_{L_∞} 在 $-9.6\%\sim13.9\%$，而 RB_K 从 -75.2% 到 86.9% 变化（图 2-7-1）。

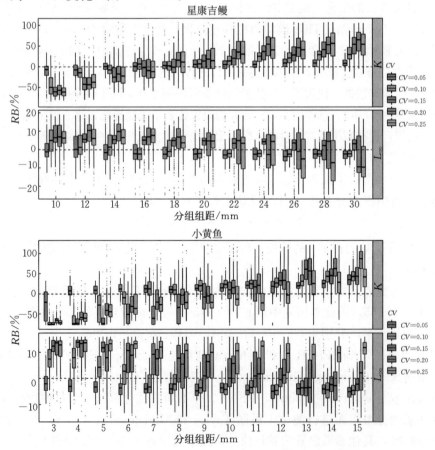

图 2-7-1　不同生长变异性水平下（CV）星康吉鳗和小黄鱼 VBGF 参数估计的相对偏差（RB）

组距设置对两个物种的参数估计具有重要影响。较小的组距导致 K 的低估和 L_∞ 的高估，反之亦然（图 2-7-1）。生长系数 K 的估算偏差对于组距的变化更为敏感，随着组距的增大，星康吉鳗 RB_K 从 -60% 逐渐增至 65%，小黄鱼 RB 从 -75% 增至 87%。L_∞ 敏感度相对较低，随组距的增大，星康吉鳗 RB_{L_∞} 的变化范围为 $-9.5\%\sim10.5\%$，小黄鱼 RB_{L_∞} 的变化范围为 $-5.1\%\sim13.9\%$。此外，在低 CV 水平下（0.05），RB 对组距的变化并不敏感，估算结果较为稳定。

其他 8 个物种也有类似的结果，即组距较小导致 K 的低估和 L_∞ 的高估，且 K 的偏差较大而 L_∞ 偏差相对较小（图 2-7-2）。在一定的生长变异水平下（$CV=0.15$），不同物种生长系数 K 的偏差与组距增大的趋势基本一致，但 L_∞ 显示出因物种而异的变化。如扁舵鲣（AT）和红鳃裸颊鲷（LR），在所有组距下均显示对 L_∞ 的高估。

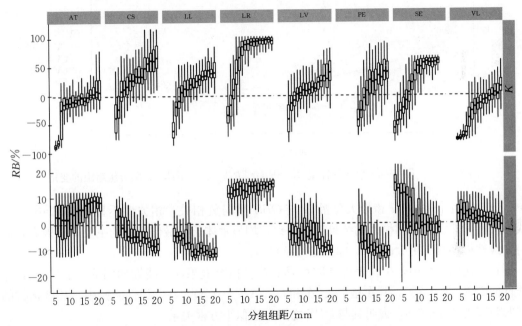

图 2-7-2　8 个物种在不同组距下 VBGF 参数估计的相对偏差（RB）

SRB 表征了 K 和 L_∞ 的总体估计偏差，在不同生长变异水平下，其值随组距的增加均呈凹形曲线（图 2-7-3），即在中等大小的组距下（如星康吉鳗 18 mm，小黄鱼 9 mm），ELEFAN 的总体估算偏差最小。当个体生长变异性水平较低时（$CV=0.05$），SRB 受组距变化的影响不大；而当生长变异性较大时，SRB 变化较为明显，即生长变异性增大了估计偏差的风险。此外，当生长变异性水平较高时，OBS 值略有增加，意味着在较高的生长变异性水平时应考虑增大分组组距。

对其他几个物种进行了相同的分析，结果表明不同物种的最优组距有明显差异。广义线性模型显示，各个物种的 OBS 与其生活史特征之间存在一定的相关性，回归斜率在 $-3.04\sim10.11$（表 2-7-2）。具体而言，OBS 与 L_∞ 和 L_{max} 等体长指标呈正相关，与 L_∞/A、L_{max}/A 和生长表现指数 φ（ELEFAN 估算指标）也具有显著的相关性（$R^2>0.55$，

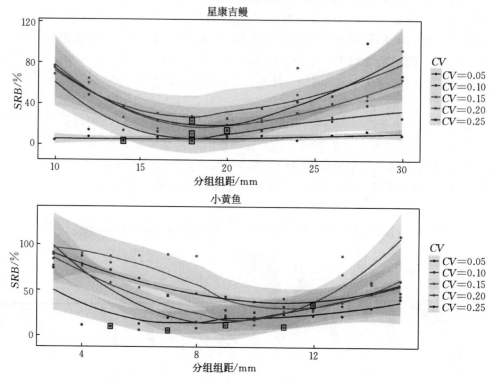

图 2-7-3　ELEFAN 总体估计偏差（$SRB = |RB_{L_\infty}| + |RB_K|$）随分组组距的变化

$p<0.01$）。生长系数 K 和最大年龄 A 与 OBS 呈弱负相关，相关性不显著（$p>0.05$）。线性模型和非线性回归模型的结果基本一致，均显示体长是最优组距的主要影响因素，同时非线性模型具有更大的 R^2，即更好的解释力。

在对比的参数中，生长表现指数 φ 具有最佳拟合效果，其线性回归 R^2 为 0.757，非线性回归 R^2 为 0.787，其次是 $L_{\max}/A$ 和 $L_{\max}$（$R^2>0.6$）。在非线性回归中，长度指数的回归斜率为 0.4～0.6，表明其与 OBS 之间是近似平方根关系。

表 2-7-2　最优组距（OBS）与生活史特征的回归分析

生活史参数	线性模型	p	R^2	非线性模型	p	R^2
L_∞	$y=0.016x+4.659$	0.005	0.607	$\ln y=0.617\ln x-1.293$	0.006	0.628
$L_{\max}$	$y=0.012x+4.617$	0.005	0.611	$\ln y=0.619\ln x-1.467$	0.006	0.629
K	$y=-3.04x+12.74$	0.821	0.007	$\ln y=0.026\ln x+2.409$	0.950	0.001
A	$y=-0.18x+13.56$	0.364	0.104	$\ln y=-0.282\ln x+3.032$	0.311	0.128
φ	$y=10.11x-36.70$	0.001	0.757	$\ln y=4.172\ln x-4.123$	0.001	0.787
L_∞/A	$y=0.163x+4.160$	0.008	0.559	$\ln y=0.447\ln x+0.746$	0.004	0.658
$L_{\max}/A$	$y=0.126x+4.127$	0.008	0.611	$\ln y=0.449\ln x+0.622$	0.018	0.660

三、讨论

体长数据的合理分组是体长频率分析方法中的关键环节。以往有研究探讨了组距设置的影响并提供了初步建议，如 Wolff（1989）根据其使用 ELEFAN 的经验，提出组距可以设为 $0.1 \times L_{max}/A$，其中 A 为最大年龄，但由于不同物种的生长特征各异，在数据贫乏的情况下很难找到适用于不同物种的有效处理方法，经验公式需要根据已知的"真实"生长参数进行检验。本研究将最优组距与鱼类的生长变异性联系起来，对这一问题进行了深入探究。研究结果证明了组距对 ELEFAN 的准确性有很大影响，在个体生长变异性较大时选择不合适的组距可能导致严重的估计偏差。不同物种的最优组距有较大差别，在生长变异性较大时估计结果对组距选择较为敏感，在使用 ELEFAN 方法进行评估时应予以重视。

本文所探讨的组距效应可归因于 ELEFAN 有限的处理噪声数据能力。ELEFAN 中原始体长频率数据需要重构，以反映各年龄对应的体长频率峰值，而不同的组距可能导致峰值识别的结果不同。具体而言，由于种群中大个体数量一般较少，难以形成明显峰值，其频率分布更易受随机性（如个体生长变异性）的影响，因此小的组距可能会错误地识别峰值。在这种情况下，适当增加组距可以使每个分组数据量增加，消除体长频率的不规则性，实现更好的参数估计。另外，较大的组距可能会模糊不同世代间体长的差异（特别是大龄个体），从而导致 LFD 数据的信息丢失。错误识别的峰值会影响生长曲线的拟合，由于较小组距会产生更多的峰值，拟合的生长曲线会穿过这些峰值对应的"伪世代"，导致生长曲线更为平缓，对应于 K 被低估。L_{∞} 的估算受其影响较小，但由于 L_{∞} 与 K 的负相关效应，L_{∞} 仍会被高估。因此，使用 ELEFAN 算法需要根据体长频率的不规则性进行权衡和调整，估算结果应该基于生物学知识进行检验，Rn 值不能作为参数估计的唯一指标。此外，其他影响因素如捕捞选择性、拖网调查的可捕性、采样或观测误差、有限空间覆盖度、自然/捕捞死亡率的动态变化、季节性生长率波动、环境/食物驱动、补充过程和产卵策略、非 VBGF 生长模式和空间异质性等，也可能导致 ELEFAN 的估算偏差，有待今后的研究进一步探讨。

本研究对于 ELEFAN 的实践应用具有一定的指导意义。例如，ELEFAN 的估计误差对最优组距值附近的变化不敏感，这意味着实践中选择次优组距并不会显著影响估算结果。此外，个体的生长变异水平受到一些生物学过程的控制，在许多鱼种中处于较低水平。如鱼类种群死亡率随个体大小而变化，种群中小个体的竞争力较低且容易被捕食，对应的自然死亡率一般相对较高；同时同一世代中较大个体更难从拖网等选择性网具中逃逸，遭受的捕捞死亡率更大。因此，偏大和偏小个体都面临较高的死亡率，从而使同一世代个体体长更为匀质，有利于 ELEFAN 应用的稳健性。实际的渔业种群中，许多鱼类的生长变异性水平较低，为 $0.03 \sim 0.10$（Then et al.，2015），很大程度上缓解了 ELEFAN 误用的风险，但对于大多数未经检查的物种，该风险仍然值得注意。本研究建议根据目标鱼类的生活史信息，如较易获得的 L_{max} 和 L_{max}/A 等，选择合适组距进行估算，并比较不同组距下估算结果的一致性。尽管这还是一种经验性方法，可能并不能给出准确的最优组距，但本研究强调组距的粗略调整也可以显著改善参数估计精度。

■ 小　结

　　鱼类个体生长的变异性可能导致体长频率分布中的峰值难以识别，对 ELEFAN 方法参数估算有重要影响。本节使用蒙特卡罗模拟框架评估了 ELEFAN 对 10 种鱼类的生长参数的估算性能，同时考虑了个体生长变异性和分组组距的影响，检验了是否可以通过选择适当组距来减少由于个体生长变异性引起的估计偏差。结果表明，若任意选择组距，生长变异可能导致生长参数估计的较大偏差。每个物种都有其最优组距，在高生长变异水平下也能进行无偏估计。本研究提出了根据鱼类最大体长和寿命选择最优组距的经验法则，以提高 VBGF 参数估计精度。研究降低了数据有限下渔业资源评估的不确定性，推动了基于体长频率的生长参数估算方法在数据有限资源评估中的应用。

第三章

有限数据的渔业资源评估与管理

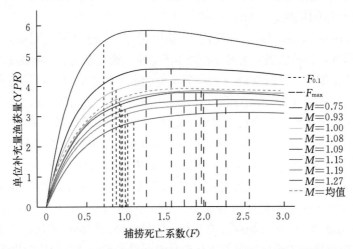

渔业管理的目标是实现资源的可持续利用，但由于渔业调查和监测数据量的制约，全球大多数鱼类种群未得到很好的评估，严重阻碍了可持续目标的实现。针对数据有限的渔业，构建可行的评估方法、制定适应性的管理策略是实现全球渔业可持续发展的重要一步。本章介绍了单位补充量模型、繁殖潜力比等几种数据有限条件下常用的生物学参考点估算方法，重点探讨了适用于有限数据的渔业管理规程，并分析了渔获数据、生活史参数、过程误差等不确定性对其稳健性的影响。

第一节　基于体长结构的单位补充量渔获量评估

渔业资源的可持续利用依赖于科学的种群评估和渔业管理。传统的资源评估需要大量数据支撑，如 CPUE 的时间序列、绝对或相对丰度指数以及年龄结构等。由于许多数据较难获取，传统方法在实际应用中受到很大限制。由于数据不足以支撑资源量化分析及估计当前种群状态，全球约 90% 的渔业处于数据贫乏的状态，对全球渔业的可持续利用造成了重大挑战。人们越来越认识到，需要开发基于有限数据的资源评估与管理方法，以应对全球渔业资源衰退的挑战。

口虾蛄（*Oratosquilla oratoria*）为多年生底栖甲壳类，广泛分布于我国近海海域，繁殖能力较强，资源量较大，目前已成为我国重要的经济物种。随着传统渔业资源逐渐衰退，口虾蛄承受的捕捞压力逐渐增大，根据 2011—2016 年《渔业统计年鉴》，其年产量约为 29 万 t，其中山东捕捞产量约 5.6 万 t。由于长期高强度开发，山东近海口虾蛄的产量已呈现下降趋势。目前，有关口虾蛄的研究多集中于生长、繁殖、摄食、资源分布等领域，关于对其生物学参数、种群动力学的认识等方面的研究较少，导致口虾蛄资源的开发利用缺乏科学支撑和有效管理。

单位补充量渔获量（yield per recruitment，YPR）模型基于 Beverton-Holt 动态综合模型，其主要功能为评估生长型过度捕捞和估算相关生物学参考点并给出管理建议。YPR 模型需要数据较少，适用于数据有限的渔业，近些年在国内已有了广泛应用。本研究根据 2016—2017 年山东近海 4 个航次渔业资源调查，测量口虾蛄样品的体长、体重，计算其生长和死亡参数，并构建基于体长结构的单位补充量渔获量模型，估算相应的生物学参考点和最适开捕规格，旨在完善口虾蛄的基础生物学资料，为口虾蛄资源的管理提供科学依据。

一、材料与方法

研究样品来自 2016—2017 年 4 个季度在山东近海进行的渔业资源底拖网调查，共采集口虾蛄样品 5 028 尾，体长范围为 2.8～17.6 cm。由于甲壳类生物年龄鉴定困难，研究中一般使用基于体长频率的方法估算生长参数。口虾蛄的生长规律与鱼类不同，呈现周期性蜕壳-生长节律，一般的生长方程较难拟合口虾蛄生长速率的变化。本研究考虑到口虾蛄生长的季节性变化，使用季节性生长方程：

$$L_t = L_\infty \left\{ 1 - e^{-K(t-t_0) - \frac{CK}{2\pi}\left[\sin 2\pi(t-t_s) - \sin 2\pi(t_0 - t_s)\right]} \right\}$$

式中，L_t 为 t 龄个体的平均体长（cm），L_∞ 为渐近体长（cm），K 为生长系数，t_0 为体长为零时的理论年龄，t_s 为夏季节点，表示一年中生长最快的时间，C 表示季节性生长的振幅强度。使用 ELEFAN 方法估算生长参数 L_∞、K、C、t_s。

利用体长转换的渔获曲线（length converted catch curves）计算总死亡系数（Z）：

$$\ln (N_t/\Delta t) = a + bt'$$

式中，N_t 为 t 体长组的尾数，体长组的划分同"生长系数"估算过程，Δt 为相应体长组下限生长到上限所需的时间，t' 为相应体长组对应的相对年龄。由于未全面补充年龄段和接近渐近体长年龄段不能用来回归，在体长组中选取用于拟合的数据点，拟合曲线斜率（$-b$）即为总死亡系数（Z）。

根据渔获曲线方程，推算线性回归中未被使用的各点对应的期望值 $\ln(N_t/\Delta t)$，计算每个点的观测值与期望值之比，即为对应的捕捞选择性系数（S）。使用 Logistic 模型描述捕捞选择性 S 与体长的关系：

$$S_L = \frac{1}{1+e^{-r(L-L_{50})}}$$

式中，L 表示体长，L_{50} 为选择性为 50% 对应的体长，r 为常数。

自然死亡系数（M）较难评估，一般采用经验公式的方法进行概算，而相关方法估算的准确度尚未有定论。考虑到不同方法的可靠性，本研究使用 8 种常见方法分别估算了自然死亡系数（表 3-1-1），根据其估值的变化范围和平均值设置本研究中的参数。经验公式中 T 为生长环境的平均水温，根据本次调查数据，山东近海的底层平均水温设为 14.92 ℃，T_{max} 为最大年龄，根据相关文献设为四龄。

捕捞死亡系数（F）根据总死亡系数与自然死亡系数之差求得：$F=Z-M$，开发率（E）根据捕捞死亡系数与总死亡系数的比值求得：$E=F/Z$。

表 3-1-1 口虾蛄自然死亡系数的估算方法

方法	公式	输入参数	自然死亡系数（M）
Pauly（1980）	$\ln M=-0.0066-0.279\ln L_\infty + 0.6543\ln K+0.4634\ln T$	$L_\infty=19.87$ $K=0.62,\ T=14.92$	1.09
Sekharan（1975）	$M=\dfrac{4.6}{T_{max}}$	$T_{max}=4$	1.15
Tanaka（1960）	$M=-\dfrac{\ln P}{T_{max}}$	$T_{max}=4$ $P=0.05$	0.75
Alverson et al.（1975）	$M=\dfrac{3K}{e^{0.38KT_{max}}-1}$	$K=0.62$ $T_{max}=4$	1.19
Zhang et al.（2006）	$M=\dfrac{bK}{e^{(0.393KT_{max}-t_0)}-1}$	$b=2.88,\ K=0.62$ $T_{max}=4,\ t_0=-0.59$	1.27
Cubillos（1999）	$M=4.31\left(t_0-\dfrac{\ln0.05}{K}\right)^{-1.01}$	$K=0.62$ $t_0=-0.59$	1.00
Hoenig（1983）	$M=e^{1.44-0.982\ln T_{max}}$	$T_{max}=4$	1.08
Jensen（1996）	$M=1.5K$	$K=0.62$	0.93

基于体长结构的 YPR 模型

YPR 模型基于 Beverton-Holt 动态综合模型，反映了一定补充量条件下产量与捕捞强度的关系。传统 YPR 模型通常基于年龄结构，但在实际应用中存在某些种类的年龄难以鉴定或数据获取成本较大等问题，因此模型受到一定限制。相对地，体长数据较易获取，可用于构建基于体长结构的 YPR 模型。

本研究通过定义体长组 L_j，以体长组代替年龄组，构建基于体长结构的 YPR 模型，模型公式包括：

$$d_j = L_{j+1} - L_j$$

$$\Delta T_j = \frac{1}{K} \ln \frac{L_\infty - L_j}{L_\infty - L_j - d_j}$$

$$N_j = Re^{-\sum\limits_{k=1}^{j-1}(S_k F + M)\Delta T_k}$$

$$C_j = N_j \frac{S_j F}{S_j F + M} \left[1 - e^{-(S_j F + M)\Delta T_j}\right]$$

$$Y = \sum_{j=1}^{n} W_j C_j$$

前两个公式中 ΔT_j 为 j 和 $j+1$ 体长组的生长间隔时间，d_j 为体长组距，其划分不必是等间距的，为方便计算，本研究统一以 0.5 cm 为组距构建模型。后 3 个公式分别计算 j 体长组的数量和产量（尾数）及渔获重量。综合上式可得：

$$\frac{Y}{R} = \sum_{j=1}^{n} \left(\frac{W_j S_j F}{S_j F + M} \left[1 - e^{-(S_j F + M)\Delta T_j}\right] e^{-\sum\limits_{k=1}^{j-1}(S_k F + M)\Delta T_k} \right)$$

式中，Y 为渔获量，R 为补充量，S_j、W_j 分别表示 j 体长组的捕捞选择性和平均重量。

本研究基于山东近海调查数据估算相关参数，构建基于体长结构的单位补充量渔获量模型，探讨了不同的自然死亡系数估算方法下 YPR 随 F 的变化情况，计算了 YPR 的最大值（YPR_{max}）及对应的 F_{max}，评估了 YPR 的增长率为初始 YPR 增长率（$F=0$）的 0.1 倍时对应的 $F_{0.1}$ 及 $YPR_{0.1}$，以及 F 一定时，YPR 随开捕体长（L_{50}）的变化情况。以上参数估算和模型构建均使用 R 语言"TropFishR"包完成。

二、结果

1. 生长参数

根据采集到样品的体长与体重数据，拟合了山东近海口虾蛄体长-体重关系为 $W = 0.014\,5\,L^{2.88}$（$R^2 = 0.93$）（图 3-1-1），其异速生长参数 $b < 3$，表明口虾蛄服从负异速生长规律。根据口虾蛄的体长频率分布，使用 ELEFAN 方法拟合生长曲线，估算口虾蛄

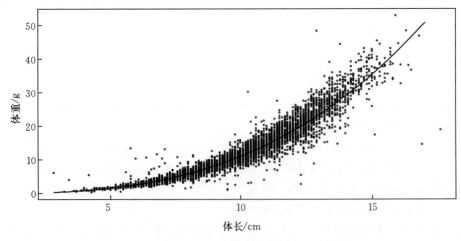

图 3-1-1　口虾蛄的体长-体重关系的拟合曲线

的生长参数。口虾蛄的渐近体长 L_∞ 为 19.87 cm，生长系数 K 为 $0.62/a^{-1}$，理论初始年龄 t_0 为 -0.59，季节性生长振幅强度 C 为 0.76，t_s 为 0.83。该结果表明口虾蛄季节性生长节律明显，生长最快时间约为 9 月、10 月。

2. 死亡参数

通过体长转换的渔获曲线计算口虾蛄的总死亡系数，选取最高点右侧的 9 个数据点进行回归分析（图 3-1-2），所得回归曲线的斜率即总死亡系数 $Z=3.24 a^{-1}$。

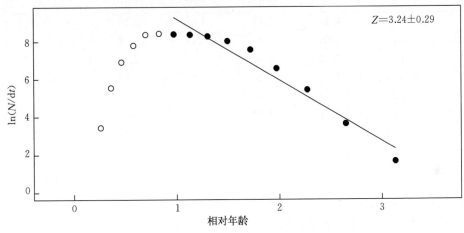

图 3-1-2　山东近海口虾蛄体长转换的渔获曲线

口虾蛄年自然死亡系数（M）的估算结果如表 3-1-1 所示，M 的取值范围为 0.75~1.27 a^{-1}，均值为 1.06a^{-1}。相应的，捕捞死亡系数 F 的取值范围为 1.96~2.49 a^{-1}，均值为 2.18a^{-1}；开发率 E 的取值范围为 0.61~0.77，均值为 0.67。根据渔获曲线求得山东近海口虾蛄的捕捞选择性曲线（图 3-1-3），当前开捕体长（L_{50}）为 8.11 cm。

3. 单位补充量渔获量

本研究以 0.5 cm 体长为间隔，构建体长结构的单位补充量渔获量（YPR）模型，并绘制 YPR 随捕捞死亡系数（F）和开捕体长（L_{50}）变化的趋势图（图 3-1-4）。随 F 的增大，YPR 呈现先上升后下降的趋势，且 M 的值越低，波动趋势越明显，对应的 YPR 峰值越高；随 M 估计值的增大，在相同的捕捞压力下，YPR 值呈现下降的趋势。

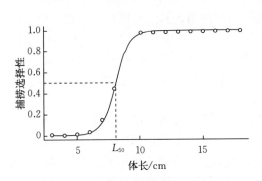

图 3-1-3　口虾蛄的捕捞选择性曲线

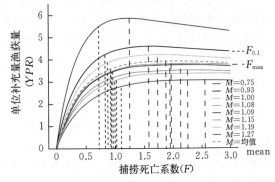

图 3-1-4　不同自然死亡系数条件下单位补充量渔获量随捕捞死亡系数的变化

在不同的自然死亡系数（M）条件下，相应的生物学参考点如表3-1-2所示，F_{max}的取值范围为1.25～2.55 a^{-1}，对应的YPR_{max}的取值范围为3.09～5.85；$F_{0.1}$的取值范围为0.73～1.10 a^{-1}，对应的YPR的取值范围为2.80～5.47。当M取平均值时，对应的F_{max}为1.88a^{-1}，YPR_{max}为3.92，$F_{0.1}$为0.92a^{-1}，$YPR_{0.1}$为3.59。

表3-1-2　基于不同自然死亡系数的口虾蛄的生物学参考点

编号	M	F_{cur}	YPR_{cur}	F_{max}	YPR_{max}	$F_{0.1}$	$YPR_{0.1}$
1	1.09	2.14	3.76	1.98	3.76	0.95	3.44
2	1.15	2.09	3.53	2.14	3.53	1.00	3.22
3	0.75	2.49	5.42	1.25	5.85	0.73	5.47
4	1.19	2.05	3.38	2.26	3.38	1.03	3.07
5	1.27	1.96	3.07	2.55	3.09	1.10	2.80
6	1.00	2.24	4.17	1.74	4.20	0.88	3.87
7	1.08	2.15	3.80	1.95	3.81	0.94	3.49
8	0.93	2.31	4.49	1.58	4.59	0.83	4.25
平均	1.06	2.18	3.90	1.88	3.92	0.92	3.59

维持捕捞压力一定，YPR随开捕体长的增加也表现为先上升后下降的趋势（图3-1-5），当前开捕体长（8.11 cm）低于获得YPR_{max}的开捕体长。若M取平均值且维持现有的捕捞压力，即$F=F_{cur}$时，调整开捕体长至10.74 cm可使YPR由3.90增至最大值4.30。当F维持在F_{max}水平时，调整开捕体长至10.50 cm可使YPR由3.92增至最大值

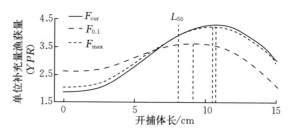

图3-1-5　不同捕捞压力下单位补充量渔获量随开捕体长的变化

4.22。当F维持在$F_{0.1}$水平时，调整开捕体长至9.14 cm可使YPR由3.59增至最大值3.63。

三、讨论

由于水温、饵料变化等原因，个体生长可能出现季节性波动，这在许多海洋鱼类、甲壳类动物中表现较为明显，使用季节性生长方程可更好地描述其生长模式。本研究中振幅强度C的值为0.76，说明口虾蛄生长的季节差异明显，10月生长最快（$t_s=0.83$），4月生长最慢，近乎停滞，这与实际观测结果较为一致。本研究估算的口虾蛄生长系数K为0.62a^{-1}，与香港地区口虾蛄的生长速率相比略低，这可能是由两区域间的纬度和栖息水域环境差异造成的。

自然死亡系数（M）是决定种群潜在生产力的关键因素，显著影响资源评估的结果。然而，对自然死亡系数的估计往往比较困难且成本较高，在数据有限的情况下通常使用经验性的估计方法，这些方法在实际应用中存在很大的不确定性。一些研究提出了改善建议，例如使用多种估算方法、考虑M的置信区间、取平均值等。根据这些建议，本研究选取8种经验模型方法取平均值作为M的参考值，以减小估算结果可能存在的偏差。需要指出的是，

这些经验模型往往是基于鱼类研究提出的，目前尚缺乏证据表明此类方法适合于甲壳类。而同时，本研究结果显示不同方法的估算结果有较高的一致性，在一定程度上说明相关估算方法的合理性。其中 Tanaka（1960）方法的估算结果相对较低，可能是由于该方法假设存活至最大年龄的概率 $p=0.05$，即有 5% 的个体可以达到最大年龄，这一假设可能不适用于口虾蛄。

自然死亡系数估算值由 0.75 增至 1.27 时，开发率由 0.77 减至 0.61，YPR 估算值由 5.42 减至 3.07，减少了 43%，表明自然死亡系数的不确定性对当前开发状况的估计有较大影响，可能导致种群发展潜力预测的偏差。在不同的自然死亡系数条件下，生物学参考点也存在显著变化，F_{max} 的变化范围为 $1.25 \sim 2.55 \ a^{-1}$，对渔业决策过程产生一定影响。同时，$F_{0.1}$ 的变化范围为 $0.73 \sim 1.10 \ a^{-1}$，变化相对较小，说明 $F_{0.1}$ 是一个相对稳定的参考点，受自然死亡系数不确定性的影响相对较小。总体而言，自然死亡系数的估算尚存在较大的不确定性，应作为今后的重要研究方向。在实际应用中，需综合比较和评估不同估算方法，而不是仅选用一种方法。同时，不同方法的一致性结果并不一定意味着估算的准确性，对 M 的取值仍需慎重，当条件允许时应结合直接的估计方法（例如遥感、标记重捕等）以提高估算的准确性。此外，自然死亡系数并不是恒定的，在个体发育的不同时期、不同性别、不同时空尺度上，M 存在差异，这有待未来进一步研究。

本研究结果能够为口虾蛄渔业的科学管理提供参考。口虾蛄的生物学参考点 $F_{0.1}$ 和 F_{max} 的值分别为 $0.92a^{-1}$ 和 $1.88a^{-1}$，而当前捕捞死亡系数（F_{cur}）为 $2.18a^{-1}$，表明口虾蛄资源已处在过度开发状态，不利于资源的可持续利用。根据单位补充量渔获量模型，将捕捞压力降至 F_{max}，对应 YPR 值基本保持不变，即在降低捕捞强度的同时，产量可以保持相对稳定。口虾蛄初次性成熟体长一般认为是 $7 \sim 8 \ cm$，现行渔业下的开捕体长为 8.11 cm，有相当比例的未生殖群体被捕获，这可能会影响口虾蛄群体的补充能力。本研究结果显示，仅通过调整开捕体长单位补充量渔获量就会有较大程度的增加，增幅可达 10%。综上所述，降低捕捞死亡率、提高开捕体长是目前口虾蛄渔业资源管理的合理手段，能够在降低捕捞压力的同时维持较高的渔获量。本研究建议将口虾蛄的开捕体长设置为 $9.5 \sim 10.5 \ cm$，以提高渔获产量和质量，获取最大效益。此外，今后的研究还需综合考虑生物量与产量之间的权衡，评价种群的繁殖潜力，防止补充型过度捕捞。

■ 小　结

本节根据 2016—2017 年山东近海渔业资源底拖网调查的口虾蛄体长、体重数据，估算了口虾蛄的生长、死亡参数，构建了基于体长结构的单位补充量渔获量（YPR）模型。口虾蛄的生长表现出明显的季节性变化规律，渐近体长 L_∞ 为 19.87cm，生长系数 K 为 $0.62a^{-1}$，生长参数的季节振幅 C 为 0.76。通过体长转换的渔获曲线估算的总死亡系数 Z 为 $3.24a^{-1}$，根据不同方法估算自然死亡系数 M 的范围为 $0.75 \sim 1.27 \ a^{-1}$，捕捞死亡系数 F 的估算范围为 $1.96 \sim 2.49 \ a^{-1}$，开发率的均值为 0.67。YPR 模型结果显示，口虾蛄生物学参考点 $F_{0.1}$ 和 F_{max} 的值分别为 $0.92a^{-1}$ 和 $1.88a^{-1}$，当前口虾蛄资源处于过度开发的状态。今后渔业管理应降低捕捞压力、调整开捕体长，以维持口虾蛄渔业资源量和渔获量。

第二节 基于体长结构的繁殖潜力比评估

繁殖潜力比（SPR）是近年开发的一种有限数据的资源评估方法，作为 Ricker 和 Beverton‐Holt等亲体‐补充模型的替代方法，SPR 提供了一种相对简单的方法来检验捕捞对补充潜力的影响。与传统的补充量模型不同，SPR 计算的是受捕捞与未捕捞种群补充量的比值，不要求长期亲体生物量与补充量的数据，仅需生长、死亡率和繁殖力等较易在短时间内收集的生物学数据，因此评估成本较低，更适用于数据贫乏的小规模渔业。SPR 能够为数据贫乏渔业提供重要的管理参考点，以评估和避免补充型过度捕捞。需要注意的是，SPR 是一种参数驱动的方法，无模型拟合过程，对生长和死亡率等参数的变化非常敏感，因此准确估计物种的生活史参数对于 SPR 方法非常重要。

因此，尽管 SPR 方法灵活且应用广泛，但由于种群特征的复杂性，该方法在实践中也面临许多的不确定性。例如资源评估中一般以产卵群体生物量（SSB）表征种群的繁殖潜力，但这忽略了个体间繁殖力的差异。受环境变化或不同表型的调控，同一种群个体的发育过程和身体状况有所不同，导致鱼类的繁殖力在个体间有很大差别，极大地影响了 SPR 的估算。一项对 342 种海洋鱼类的汇总分析表明，鱼类的繁殖力和总生殖能量与雌性体重呈超几何比例关系（Barneche et al.，2018），意味着许多补充模型可能低估了大个体雌性对种群补充的贡献，对繁殖力与 SSB 成比例的普遍假设提出了重大挑战。因此，SSB 是实际产卵潜力的粗略指数，在数据有限的渔业资源评估中，特别是对短生命的鱼类或生长速率变异性较大的物种而言，直接使用 SSB 估算 SPR 时可能存在较大偏差。

另一方面，近年来气候变化引发了海洋生态系统状态的转变和许多物种生物学特征的变化，特别是在人类活动频繁、环境特征复杂的近海地区更是如此。这些生态环境的变化可能影响鱼类繁殖等生活史特征，导致种群生产力和生物学参考点的评估出现偏差，并进一步影响了渔业管理决策过程。因此，在制定管理策略时，忽视海洋环境的改变及生物参考点随时间的变动可能导致不利的管理后果。在未来几十年中，气候变化驱动的物理化学过程将进一步对渔业产生重大影响，渔业资源的可持续性将取决于管理系统如何应对不断变化的外在条件。在这种背景下，了解鱼类个体差异如何影响繁殖潜力，有助于应对不断变化的海洋环境，为数据有限渔业的稳健管理策略提供支撑。

本研究通过分析星康吉鳗的性成熟度和繁殖力，建立体长结构的单位补充模型，以估计种群的 SPR。此外，研究进一步评估了不同捕捞策略对繁殖相关生物参考点估计的影响，以及使用种群总 SSB 估算 SPR 的偏差。本研究旨在加深对海洋鳗类繁殖力动态的理解，推动数据贫乏渔业的科学管理。

一、材料与方法

星康吉鳗样品来自 2016—2019 东黄海渔业资源调查，采集方法如前所述。测量了每个标本的总体长（TL）、体重（W）、内脏重和肝脏重，根据耳石轮纹进行了年龄鉴定。通过性腺切片判定性别和性腺发育阶段，共 459 个雌性样本用于 SPR 分析。

1. 鱼类个体状况

个体状况（fish condition）与繁殖力和成熟度紧密相关，但其定义较为复杂。鱼类的个体状况可以通过形态、生理和生化等指标来表示。其中形态计量指数（Kn）是个体能量储备的简易指标，由体长和体重数据计算而得，但不太能够表征营养状况。生化指标，如脂质和蛋白质水平，是表示个体状况的精确方法，但指标测量较为复杂，难以获取一定规模的数据。生理条件指标，如肝指数（HSI），也可以表征鱼类能量储备，比形态计量信息更准确，同时在数据收集方面比生化指标更简单。对于许多鱼类来说，HSI 最能反映肝脏和肌肉的脂质水平，与繁殖力紧密相关。考虑到该指标易于测量，适应海上大量采样，本研究使用 HSI 反映鱼类个体状况，定义为 $HSI=$ 肝脏重/纯体重$\times 100$。

2. 性成熟度

所选的 459 个样本在一龄到六龄之间，卵巢经固定、切片和染色后镜检，根据性腺组织切片的结构判断成熟期，其中染色质核仁期、核仁外周期、脂滴期和卵黄发生初期为未成熟期，卵黄发生二期及之后为成熟期。据此标准，451 条鱼中有 342 条鱼是未成熟个体，其余为成熟个体。

使用 Logistic 函数描述性成熟度（P）与年龄以及体长的关系：

$$\hat{P}_a=\frac{1}{1+e^{-\delta(age-A_{50\%})}}$$

$$\hat{P}_l=\frac{1}{1+e^{-\delta(TL-TL_{50\%})}}$$

其中，$\hat{P}_a$ 和 $\hat{P}_l$ 分别是各年龄和体长对应的成熟比例，δ 是 logistic 曲线的斜率，$A_{50\%}$ 和 $TL_{50\%}$ 分别是 50% 性成熟对应的年龄和体长。

3. 繁殖力

选取黄海 22 个和东海 38 个性成熟个体进行繁殖力分析，其全长范围为 530～827 mm。使用容积法估计繁殖力，该方法适用于高繁殖力物种的卵母细胞计数。将卵巢浸入 2% 醋酸溶液中，每天晃动容器一次，直到卵母细胞与卵巢组织分离。搅拌以获得均匀的卵母细胞悬浮液，从容器中心取 1 mL 样本计数卵母细胞数量。卵母细胞计数重复 3 次，将计算出的平均值乘以稀释因子，以得到繁殖力的估算值。

进一步评估繁殖力与个体大小及 HSI 的关系，利用广义线性模型（GLM）解析繁殖力的影响因素，使用协方差分析（ANCOVA）检验不同地区间繁殖力的差异显著性。此外，根据 GLM 的回归系数阐释相关变量的效应，并提供对繁殖力的经验估计，使用 R 语言中的 "effect" 包展示体长 TL 和肝指数 HSI 对繁殖力的影响。对 TL 和 HSI 进行皮尔逊相关分析，以避免多重共线性（$r=0.05$）。同样使用 GLM 拟合相对繁殖力（总繁殖力/体重）与体重的关系。

4. 繁殖潜力比

采用体长结构的单位补充模型分析星康吉鳗种群的 SPR。单位补充模型一般基于年龄结构，但星康吉鳗的成熟度和繁殖力与体长有密切关联，而与年龄相关性较弱，因此体长结构模型应该更适合星康吉鳗评估。该模型将生长率、死亡率、繁殖力和性成熟等过程相结合，评估繁殖潜力，其中的关键生活史参数如表 3-2-1 所示。

表 3 - 2 - 1　星康吉鳗主要生活史参数

过程	参数	来源
生长方程	$L_\infty = 1\,026$ mm；$K = 0.226\mathrm{a}^{-1}$	Mu et al.，2019
体长-体重	$\ln W = -7.80 + 3.29\ln(TL)$	Mu et al.，2019
性成熟度（p）	$p = \dfrac{1}{1 + \mathrm{e}^{-1.05(TL-64)}}$	本研究
繁殖力（Fc）	$\ln(Fc) = 8.43 + (0.096 \times HSI + 1.32) \times \ln(TL)$	本研究
自然死亡系数（M）	$0.33\mathrm{a}^{-1}$	Ma et al.，2018
开发率	56%	本研究

生长参数和自然死亡系数（M）由之前研究估算而得，渔具选择性符合逻辑斯蒂模型，其中选择性系数（γ）为 0.50，开捕体长（$SL_{50\%}$）约为 30 cm。由于鳗类一般终生单次产卵，模型中假设其繁殖后死亡。使用渔获曲线法估算总死亡系数 $Z = 0.75\mathrm{a}^{-1}$，捕捞死亡系数 $F = Z - M = 0.42\mathrm{a}^{-1}$，开发率 $u = F/Z \times (1 - \mathrm{e}^{-z}) = 0.30$。

通过对年龄结构模型的重新参数化，构建体长结构的单位补充量模型。如上节所述，该模型将补充体长至最大体长的间隔分为 n 段，$i = 1，\cdots，n$，每段 i 对应的间距为 $d_i = L_{i+1} - L_i$。个体从 L_i 生长到 L_{i+1} 所需的时间为 ΔT_i，可通过 VBGF 生长函数进行估算：

$$\Delta T_i = \frac{1}{K}\ln\frac{L_\infty - L_i}{L_\infty - L_i - d_i}$$

式中，K 和 L_∞ 是 von Bertalanffy 生长函数中的参数。

种群繁殖潜力（P）根据单位补充量在生活史周期内的平均产卵量进行估算：

$$P = \sum_{a=1}^{n} \mathrm{e}^{\sum_{i=1}^{a-1} -M\Delta T_i} E_i \prod_{i=1}^{a-1}(1 - S_i u_i)(1 - m_i)$$

式中，n 是种群中的体长组数量，E_i 为体长组 i 中雌性个体的平均繁殖力，S_i 为渔具选择性，u_i 为开发率，m_i 为性成熟比例。

根据繁殖潜力（P）可进一步分析繁殖潜力比 $SPR = P_{\mathrm{fished}}/P_{\mathrm{unfished}}$，即已捕捞和未捕捞的种群中单位补充量可产生的成熟卵数之比。根据 SPR 定义了两个生物参考点 $F_{40\%}$ 和 $F_{50\%}$，分别对应于 SPR 为 40% 和 50% 的捕捞死亡系数，与当前捕捞死亡系数（F_{curr}）下的繁殖潜力（P_{cur}）和繁殖潜力比（SPR_{cur}）进行比较。此外，基于 SPR 评估了星康吉鳗两项渔业管理策略的效果。根据中国近海的星康吉鳗的渔业特点，选取了两项管理策略为最小限制尺寸（MLL）和渔具的网目选择性（$SL_{50\%}$）。通过模拟 MLL 和 $SL_{50\%}$ 在 37～52 cm 的变化，评估了一系列渔业开发率和选择性条件下 SPR 的估计值。

此外，为评估鱼类个体状况导致 SPR 估算的不确定性，研究模拟了不同水平的 HSI 并计算了相应的繁殖潜力和管理参考点。星康吉鳗的 HSI 在不同年份之间差异很大，在调查期间平均值在 0.62～2.29，据此设置了 HSI 的 5 个水平，0.6、0.9、1.2、1.5 和 1.8。另外基于 SSB 计算了 SPR，评估了相应的参考点 $F_{40\%}$ 和 $F_{50\%}$，并比较了基于 HSI 和 SSB 两种方法估计参考点的差异。

二、结果

本研究中 117 个成熟雌性个体的年龄为二至六龄，全长在 $55\sim83$ cm。分别拟合了年龄和体长的 Logistic 性成熟度模型，结果表明星康吉鳗的 50% 性成熟体长为 64 cm，性成熟年龄为五龄。与年龄模型（$R^2=0.28$）相比，性成熟度与体长（$R^2=0.48$）的相关性更强（图 $3-2-1$）。

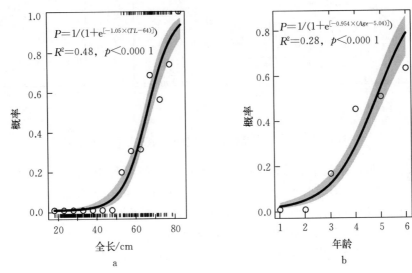

图 $3-2-1$　星康吉鳗全长 a 和年龄 b 的性成熟曲线

性腺分析表明，星康吉鳗的个体绝对繁殖力为 $1.01\times10^6\sim2.87\times10^6$ 卵粒。GLM 中区域和体长的交互项并不显著（$p=0.19$），表明繁殖力与体长间的关系在不同采样区域之间具有一致性。ANCOVA 分析也表明，不同地理区域的繁殖力没有显著差异（$p=0.65$）。繁殖力与 TL 和 W 呈显著正相关，而加入 HSI 显著提高了繁殖力模型的解释率（R^2）（表 $3-2-2$）。

表 $3-2-2$　星康吉鳗繁殖力最优拟合模型

模型	变量	估计值	标准差	p	校正 R^2
	截距	8.43	0.652	<0.001	0.674
全长模型	TL	1.32	0.160	<0.001	
	$HSI\times TL$	0.096	0.018	<0.001	
	截距	11.57	0.357	<0.001	0.613
体重模型	W	0.39	0.063	<0.001	
	$HSI\times W$	0.066	0.014	<0.001	

注：HSI 为肝指数，$HSI\times TL$ 和 $HSI\times W$ 分别为 HSI 与全长和体重之间的交互作用项。

TL 和 HSI 与繁殖力的经验关系为 $F_c=e^{8.43}\times TL^{0.096\times HSI+1.32}$（$R^2=0.67$），体重 W 和 HIS 与繁殖力的经验关系为 $F_c=e^{11.57}\times W^{0.066\times HSI+0.39}$（$R^2=0.61$）。$HSI$ 从 0.6 增加到

1.8，对应繁殖力增加 61.5％（图 3-2-2）。个体相对繁殖力范围为 $2.95 \times 10^3 \sim 4.68 \times 10^3$ 卵粒/g，随个体体重而降低，如 222 g 个体的相对繁殖力为 4.68×10^3 卵粒/g，919 g 个体的相对繁殖力为 2.95×10^3 卵粒/g。

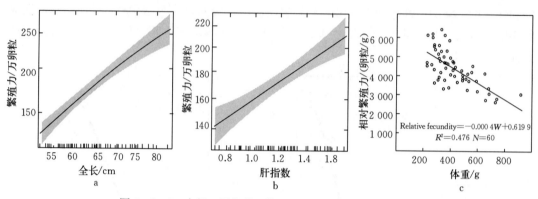

图 3-2-2　全长、肝指数和体重对星康吉鳗繁殖力的影响

SPR 模型表明，在没有限制最小可捕体长时，星鳗种群的 $F_{40\%}$ 和 $F_{50\%}$ 分别为 $0.166a^{-1}$ 和 $0.126a^{-1}$，均远低于当前的捕捞死亡水平 $0.30a^{-1}$（$SPR_{cur}=19.89\%$）。当限制可捕体长时，MLL 和 $SL_{50\%}$ 两种方式均可使 SPR 显著增加（图 3-2-3）。当 MLL 或 $SL_{50\%}$ 小于 42 cm 时，当前的捕捞强度 F_{cur} 仍将超过 $F_{40\%}$（$SPR_{cur}<40\%$）；当 MLL 或 $SL_{50\%}$ 为 52 cm 时，当前捕捞强度将低于 $F_{50\%}$，对应 SPR 远高于 50％。

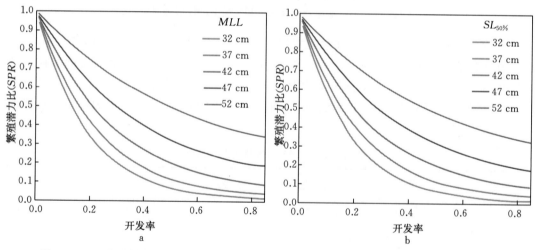

图 3-2-3　基于最小可捕体长（MLL）和开捕体长（$SL_{50\%}$）管理的星康吉鳗繁殖潜力比

$F_{40\%}$、$F_{50\%}$ 和 P_{cur} 受 HSI 的较大影响，表明个体状况对参考点估算和渔业管理的重要影响。当 HSI 从 0.6 增加到 1.8 时，$F_{40\%}$、$F_{50\%}$ 和 P_{cur} 分别增加了 67％～91％、98％～120％ 和 58％～59％（图 3-2-4）。当可捕体长受到限制时，其影响更为显著，如 $MLL=52$ cm 场景下，$HSI=0.6$ 对应的 $F_{40\%}$ 为 $0.49a^{-1}$，而在 $HSI=1.8$ 时达到 $0.94a^{-1}$。在 $SL_{50\%}$ 的管理下，种群繁殖潜力也有类似变化，在 HSI 从 0.6 增加到 1.8 时，$F_{40\%}$、$F_{50\%}$ 和 P_{cur} 分别增加了 68％～89％、100％～117％ 和 58％～59％。

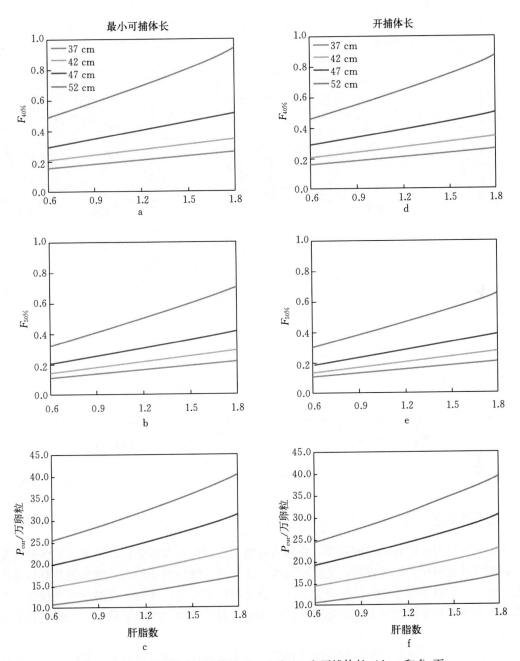

图 3 - 2 - 4 不同最小可捕体长（a、b 和 c）和开捕体长（d、e 和 f）下
肝指数（*HSI*）对生物学参考点的影响

在单位补充模型中使用 *SSB* 代替繁殖力可能导致 SPR 模型估算结果的显著偏差。在 *MLL* 为 37 cm 和 52 cm 的场景中，采用 *SSB* 估算的 $F_{40\%}$ 分别下降了 12% 和 23%（图 3 - 2 - 5），$F_{50\%}$ 的估计值分别下降了 12% 和 25%。类似的，在 $SL_{50\%}$ 的不同取值下，使用 *SSB* 代替繁殖力导致 $F_{40\%}$ 的估算值下降了 10%～20%，$F_{50\%}$ 下降了 10%～25%。

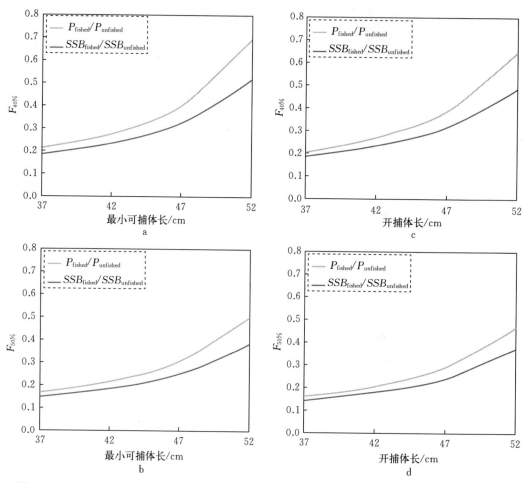

图 3-2-5　基于种群繁殖力（P）和繁殖群体生物量（SSB）估算星康吉鳗生物学参考点的差异

三、讨论

本研究是对星康吉鳗的成熟度、繁殖力和繁殖潜力比的首次估计，结果表明该种群受到补充型过度捕捞的风险较高，适度增大可捕体长对于维持渔业的可持续发展具有显著作用。此外，生物学参考点的估计值受个体肝指数的影响很大，体现了在渔业资源评估中考虑鱼类繁殖力和个体状况变化的必要性，结果对今后该物种的评估和科学管理研究具有参考价值。

本研究中性成熟度与个体全长紧密相关，其关联性比年龄更为显著，验证了体长依赖性性成熟的假设。该现象在鳗鲡等鱼类中较为常见，如许多研究认为体长是美洲鳗鲡产卵迁徙的主要决定因素。星康吉鳗等鱼类洄游数千千米抵达产卵场，在该过程中需要储存必要的能量，使其能够完成长时间的迁徙，因此体长相对于年龄是更为重要的决定因子。东海、黄海雌性星康吉鳗的成熟年龄从二龄到八龄不等，反映了其个体发育速率的差异，达到最适体长所需的时间有所不同。本研究强调，鱼类成熟时间可能受到许多因素的影响，如种群密度、生长、捕食风险、营养和繁殖成本等，因此成熟度与体长和年龄的相关性可能较低，这为 SPR 分析带来更多的不确定性，在资源评估与管理中应予以考虑。

星康吉鳗的绝对繁殖力也与全长密切相关，但其相对繁殖力随着体重的增加而降低，与大多数海洋物种相对繁殖力随着体型的增大而增加有显著不同。但也有类似报道，如美国鳗鲡也存在相对繁殖力降低的情况。这种现象可能与洄游和繁殖之间的权衡有关。通常鳗鱼的生殖洄游需要在不进食的情况下洄游数千千米，该过程中游动、身体维持和基础代谢等所需的能量必须在洄游之前完成积累。因此，鳗鱼用于洄游的能量相对更多，而用于繁殖的能量则相对减少，以确保繁殖洄游的成功。另一方面，相对繁殖力下降意味着种群繁殖力随 SSB 线性增加的假设是不合适的，可能高估大型个体对种群补充的贡献。本研究结果显示，基于 SSB 的分析低估了 $F_{40\%}$ 和 $F_{50\%}$ 参考点，但相对于资源调查采样等方面的不确定性而言其差异并不大（为 $10\% \sim 25\%$）。因此，当繁殖力信息无法获取时，采用 SSB 也可以近似估算 SPR 相关的生物学参考点。

总体而言，由于个体发育过程和状况的不同，鱼类的繁殖力在个体间可能有很大差异，很大程度上影响了 SPR 生物参考点的估算。对于海洋生物而言，短期环境波动和长期气候趋势都会直接影响鱼类生理过程，导致鱼类个体状况的变化。近年来，由于气候变化和渔业捕捞导致海洋生态系统变化，使得鱼类个体状况的变化更为普遍。若鱼类生物学特征在当前或未来条件下发生变化，渔业资源管理和养护的目标与策略可能需要适应性的调整。因此本研究强调鱼类个体状况应是渔业监测的重要方面，在系统数据的基础上更为准确地预测渔业种群动态，提供针对不断变化海洋环境的有效管理策略。

▋ 小　结

繁殖潜力比（SPR）是渔业管理常用的生物学参考点，但繁殖力可能会随着鱼类个体状况的不同而发生显著变化，对于渔业管理产生重大影响。本节解析了星康吉鳗的成熟度、繁殖力的时空变化，并进一步评估了 SPR。星鳗的绝对繁殖力随着体长和肝指数（HSI）的增加而增加，而相对繁殖力（绝对繁殖力/体重）随着体重的增加而降低，繁殖力与体长和个体状况紧密相关。利用体长结构的单位补充量模型估算了 SPR，表明星康吉鳗种群受补充型过度捕捞的风险较高，个体状况对 SPR 生物学参考点的估计有很大影响。当 HSI 从 0.6 上升到 1.8 时，$F_{40\%}$ 上升了 91%。此外，使用产卵群体的总生物量（SSB）计算 $F_{40\%}$ 可能会产生明显偏差。本研究强调在渔业资源评估中应关注鱼类繁殖力和个体状况的相应变化，这对于气候变化下渔业的有效管理具有重要意义。

第三节　适用于有限数据的渔业管理规程

全球大部分渔业均存在数据不足的问题，即便渔业管理较为发达的美国、欧盟和新西兰等，也认定数据有限渔业分别占本国（地区）渔业种群的 59%、61% 和 80%。为科学管理这些渔业，数据有限的管理方法（data - limited methods，DLM）被广泛运用，DLM主要通过输入控制（控制捕捞努力量）和输出控制（控制捕捞量）等相对简单的管理规程

(management procedure，MP) 对捕捞进行管控，操作上更具灵活性。美国、欧盟和新西兰已经对许多数据有限的渔业进行了基于 MP 的管理，有效避免了过度捕捞；南非的渔业管理者将数据充足方法和数据有限方法相结合，每年进行 DLM 评估调整捕捞努力量的同时，相隔几年进行一次数据充足的评估以调整参考点，在较低成本下取得了较好的管理效果。

我国大多数渔业都存在数据不足的情况，但目前在 DLM 领域的研究依然较少，缺乏 DLM 的应用实例。本研究选取了海州湾海域的 4 种经济鱼类，利用管理策略评估 (MSE) 的方法，模拟了多种 MP 的管理效果，旨在探究基于 DLM 的适应性管理策略及其对于不同目标的权衡，以期为管理部门提供科学依据，推动我国渔业管理技术的发展。

一、材料与方法

1. DLMtool

使用 R 语言的 DLMtool (data - limited methods toolkit) 进行管理策略评估。DLMtool 由哥伦比亚大学和自然保护协会 (Natural Resources Defense Council，NRDC) 共同开发，是一种用来进行渔业数据分析、输出控制规则及制定管理措施的定量方法。这一方法可以对处于有限数据状况下的渔业进行评估，计算管理的参考点，例如过度捕捞阈值、可允许捕捞水平、易受影响指标等，并且不需要进行完整的、结构性的资源评估。DLM 可分为 4 个步骤：①确定研究渔业数据的丰富程度；②选择合适的评估方法；③进行资源现状评估；④管理策略评估。

其中，管理策略评估 (management strategy evaluation，MSE) 是一种用来评估和比较多种渔业管理方案、指导管理决策的有效方法。在渔业管理中经常涉及不同策略的比较，要求决策者根据具体的管理目标进行权衡。然而，即使在相对成熟的渔业管理中，种群动态仍然存在很大程度的不确定性，管理策略的实际效果需要经过长时间、大范围的检验，这在实际渔业生产过程中往往很难实现。MSE 通过模拟的方式来评估不同管理方案的表现，权衡不同管理目标，指导决策过程。MSE 一般包括 3 个部分：

(1) 操作模型 (operating model，OM)。OM 主要用于模拟种群动态和捕捞的影响，以及模拟实际管理中资源监测数据的偏差 (或单独作为观测模型)，整体上反映渔业的动态。DLMtool 中 OM 包含 3 个组分：种群子模型 (stock)、捕捞子模型 (fleet) 和观测模型 (observation)。Stock 组分包含种群的生物学参数和种群数量动态等特征，Fleet 组分包括渔具选择性、捕捞努力量等特征，Observation 组分包含了观测偏差、操作误差等过程。

(2) 管理模型 (management model)。管理模型一般包括资源的评估与管理两个方面，即根据观测模型获取的数据进行资源评估，再根据渔获控制规则 (HCR) 调整管理措施，支持管理决策。DLMtool 中可略过资源评估部分，根据观测数据直接指导管理，相应措施即称为管理规程，包括输入控制 (input control) 和输出控制 (output control) 等，例如年总允许可捕量 (total allowable catch，TAC)、调整可捕体长、相对捕捞努力量等参数作为管理控制。

(3) 评价准则（performance metrics）。除两个主要模型组分外，MSE 需要具体的管理目标和评价标准，对各管理方案进行多方面的权衡考虑，并对管理过程的不确定性和敏感性进行分析。DLMtool 中常用的评价准则包括产卵群体生物量水平、资源开发水平、渔获量稳定性和过度捕捞风险等。

2. 模拟分析

本研究选取的 4 种经济鱼类为银鲳、小黄鱼、大泷六线鱼和长蛇鲻，样本来自海州湾底拖网调查。使用扫海面积法评估 4 个鱼种当前生物量，其中银鲳捕获率设为 0.25，小黄鱼、大泷六线鱼和长蛇鲻捕获率都为 0.5。

DLMtool 中鱼类生活史参数主要包括体长-体重关系、von Bertalanffy 生长参数、死亡率、最大年龄和性成熟度。其中体长-体重关系基于调查样品进行估算；性成熟度由逻辑斯蒂模型描述，通过对样本性腺分析获得；生长、死亡参数和最大年龄通过相关文献获得；假设当前补充量恒定，对 4 个物种的初始补充量进行调谐。

假设当前 4 种鱼类的渔业均处于平衡状态，根据生活史参数模拟种群动力学过程。为模拟种群的随机性误差，通过在均匀分布中随机抽样，获得种群动力学和数据观测过程相关参数，分别对 4 个物种进行了 2 000 次 MSE 模拟。设定模拟期限为 10 年，反映 DLM 在中等时间尺度上的表现。

本研究共选择了 4 种 MP 进行评估，其中 CurE 和 CurE75 两种措施均基于捕捞努力量，分别保持当前的捕捞努力量和当前的捕捞努力量 75%；matlenlim 和 minlenLopt 基于可捕渔获体长，前者设定将网具选择性曲线调整至与性成熟曲线重合，后者调整网具选择性曲线至最适生物量体长（lopt），即种群在未受捕捞时（达到最大生物量）的个体平均体长。

对 4 种鱼类的初始产量和产卵亲体生物量（SSB）进行评估。初始产量由 Baranov 公式求得：

$$C = \sum \frac{F}{F+M}[1 - e^{-(F+M)}] \times N_i$$

式中，C 为产量，由各年龄组产量求和获得；F 为捕捞死亡系数；M 为自然死亡系数；N_i 为各年龄组个体数。

SSB 为种群产卵亲体生物量，一般用于反映渔业种群的可持续性。初始 SSB 由如下公式求得：

$$SSB = \sum mat_i \times N_i \times W_i$$

式中，mat_i 为各年龄组性成熟比例，W_i 为各年龄组个体质量。初始 SSB 由各年龄组 SSB 求和获得。

从 3 个方面对 MSE 模拟结果进行评估：①分析各个 MP 在渔获产量与过度捕捞概率间的权衡，以筛选最优 MP，其中过度捕捞参考点为最大可持续产量（MSY）对应的 F_{MSY}。②比较了 4 种鱼类当前和 MP 管理后的 SSB，以反映渔业资源的可持续性。③比较了 4 种鱼类的渔业当前和经过管理后的产量，以反映渔业的短期收益。

二、结果

1. 管理目标的权衡

matlenlim 和 minlenLopt 两种基于体长的 MP 管理效果良好，在保持相对较高产量的同时不易产生过度捕捞。基于努力量的 curE 和 curE75 能够有效避免过度捕捞，但是对生物量保护效果逊色于基于体长的 MP，且产量相对较低（图 3-3-1）。4 种鱼类在管理 10 年后发生过度捕捞的可能性降低到 20%～30%，生物量低于 MSY 水平的可能性低于 40%。

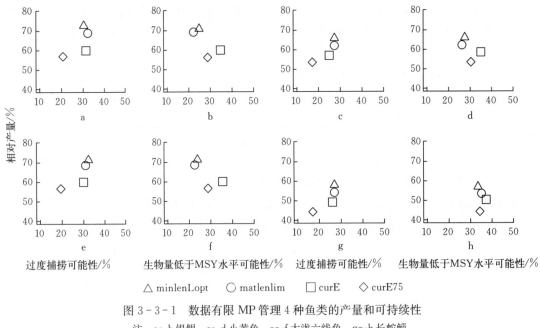

△ minlenLopt ○ matlenlim □ curE ◇ curE75

图 3-3-1 数据有限 MP 管理 4 种鱼类的产量和可持续性
注：a～b 银鲳，c～d 小黄鱼，e～f 大泷六线鱼，g～h 长蛇鲻。

2. 产卵亲体生物量

在管理 10 年后 4 种鱼类的 SSB 水平和当前 SSB 水平比较如图 3-3-2 所示，4 种鱼类的 SSB 均有 50% 以上的概率保持或高于当前水平，银鲳和长蛇鲻的 SSB 下降的可能性仅有不到 25%，大泷六线鱼的 SSB 不存在下降可能，且有 10% 可能显著恢复，表明 4 种 MP 管理能够有效修复当前渔业。总体上，基于体长的 MP 对 4 种鱼类的 SSB 的恢复效果均优于基于努力量的 MP。

3. 产量

管理 10 年后 4 种鱼类的产量和当前产量表现出巨大的种间差异（图 3-3-3）。其中，银鲳和小黄鱼产量分别为 90% 和 75% 的可能性显著下降；大泷六线鱼产量的差异不显著，但其绝对产量也有所下降；长蛇鲻的产量则出现增长，有 50% 以上的概率超过当前产量水平，并有较大的可能性达到当前产量的两倍。总体上，4 种鱼类在基于体长的 MP 管理下产量高于基于努力量 MP 的产量。

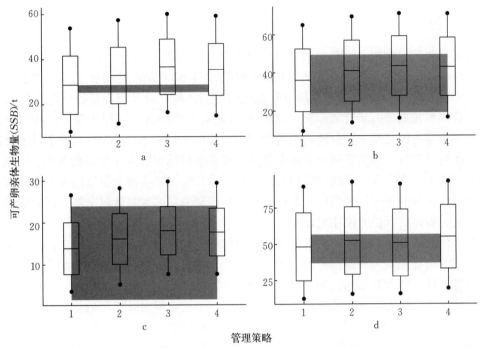

图 3-3-2 数据有限 MP 对 4 种鱼类的繁殖亲体生物量的管理效果

a. 银鲳 b. 小黄鱼 c. 大泷六线鱼 d. 长蛇鲻

注：横坐标轴代表的管理策略依次为 curE、curE75、matenlim 和 minlenLopt。

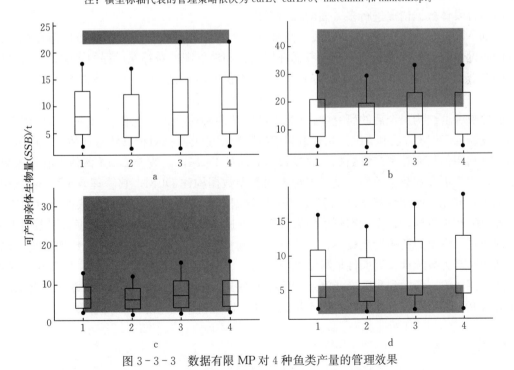

图 3-3-3 数据有限 MP 对 4 种鱼类产量的管理效果

a. 银鲳 b. 小黄鱼 c. 大泷六线鱼 d. 长蛇鲻

注：横坐标轴代表的管理策略依次为 curE、curE75、matenlim 和 minlenLopt，阴影为估算的置信区间。

三、讨论

本研究表明，银鲳、小黄鱼和大泷六线鱼处于过度捕捞状态，应通过降低产量恢复 SSB，相反，长蛇鲻资源并未充分开发，经过管理后 SSB 和产量均能提升。由于小黄鱼和大泷六线鱼的初始 SSB 和产量具有较宽泛的置信区间，对其资源量评估存在较大不确定性，应谨慎控制进一步资源开发。DLM 通过相对简单的管理规程实现了对捕捞的合理管控，在中等时间尺度上有效地避免过度捕捞，特别是基于体长的 MP 在避免过度捕捞的同时，维持了产量，提高了繁殖亲体生物量，在多个目标间取得了较好的权衡。不同 MP 管理效果的差异可归因于不同的管理方式。基于体长的 MP 实质上是通过对产卵群体的保护，保证了种群的补充，进而提升了产量；而基于努力量的 MP 针对全部个体的捕捞努力量，对补充群体的保护力度相对较弱。

基于体长的 MP 与传统资源管理方法的原理相同，但方式上存在不同之处。传统方法通过资源评估确定最大可持续产量（MSY），基于 SSB 的参考点制定可捕量，兼顾了产量和可持续性。而 MP 则通过调整渔具选择性以维持 SSB，更易于实施，但不能准确评估开发状态，无法确定最优的开发水平，只能确定"效果相对较好"的策略。本研究中 4 种鱼类 SSB 和产量的结果表明，基于体长的 MP 更适用于修复过度开发的渔业，而对于开发程度较低的渔业（如长蛇鲻），则不能促成资源的充分利用。在本研究中，基于努力量的 MP 效果虽逊色于基于体长的 MP，但该方法具有进一步提升的空间，如与 CPUE 数据结合后，能够建立基于可捕量的 MP，实现资源动态管理。因此，数据有限 MP 在应用中应结合具体数据情况进行多方面的综合考虑。

DLM 方法也存在一些不确定性，尚待进一步探讨。例如，模型中平衡状态且补充稳定的假设忽视了世代间的差异，未考虑环境因素和种群密度对补充过程的影响。另外，底拖网调查具有特定选择性和固定作业水深，捕获个体不能全面反映种群结构。未来的 DLM 研究应当充分考虑鱼类补充的不确定性，同时采用多种调查方式提供更多的数据以全面反映种群结构。今后的研究中，DLM 可以从两种途径进行优化。第一是利用现有数据开发新的 DLM 方法和 MP，充分地利用有限数据能够降低对种群状态评估的不确定性。如充分利用体长频数和产量数据，改良或建立新的 DLM，以改善 DLM 评估和管理效果。第二是积累更多的数据类型，基于多种不同类型数据构建 DLM，其管理效果可能接近甚至优于数据充足的评估模型。如引入 CPUE 数据、资源群体未开发时的状态、时间序列的各年龄产量数据，建立动态管理模型。第一种途径能够在短期内解决数据有限条件下的管理问题，需要的资源投入较少；第二种途径则需要建立长期的、完善的数据采集机制，包括捕捞努力量统计，周期性地科学调查，渔船、渔港、市场的长期监测，以及对海洋保护区的评估等。考虑到我国渔业管理的需求和发展，未来应同时在这两个方向推动 DLM 相关研究，逐渐改善我国渔业数据不足的现状，实现科学的渔业评估与管理。

■ 小 结

本节以海州湾银鲳、小黄鱼、大泷六线鱼和长蛇鲻为例，通过 DLMtool 模拟对基于数据有限方法的管理策略进行了评估。银鲳和大泷六线鱼处于过度捕捞状态，小黄鱼种群规模具有较大波动性和不确定性，而长蛇鲻种群未遭受过度捕捞。基于体长的管理规程能够在维持产量和避免过度捕捞间取得较好的权衡，其效果优于基于捕捞努力量的管理规程。基于 DLM 方法的管理策略可以在避免过度捕捞的同时维持渔获产量、恢复产卵群体生物量、实现渔业的可持续性，在数据有限渔业中具有广泛的应用前景。

第四节　渔获数据不确定性对管理规程的影响

蓝点马鲛（*Scomberomorus niphonius*）为多年生暖温性中上层鱼类，是黄渤海的主要经济鱼种，在我国海洋捕捞渔业中占有重要地位。近年来，蓝点马鲛的捕捞压力逐渐增大，出现了捕捞努力量增加、作业方式多样化、渔场扩张等现象。高强度捕捞使蓝点马鲛资源特性发生了一定的变化，例如生长速率加快、性成熟提前、群体结构发生改变等。与此同时，蓝点马鲛渔业的产量目前仍然处于较为稳定的状态，近年来我国的蓝点马鲛渔获量持续维持在 45 万 t 左右，其资源维持机制尚不明确。解析蓝点马鲛资源动态、评估其管理策略，对于维持蓝点马鲛渔业的可持续发展具有重要意义。

由于蓝点马鲛具有分布范围广、洄游距离远、生命周期长以及渔业数据统计不足等特点，对蓝点马鲛的资源评估较为困难，相关研究较少。目前我国蓝点马鲛渔业缺乏相关数据，造成了渔业资源评估和管理上的障碍。由于相关研究和管理政策方面的关注不足，蓝点马鲛捕捞统计数据存在较大问题，其数值和变化趋势均具有很大的不确定性，在统计上表现为观测数据的误差（error）和偏差（bias）。

本节聚焦于渔获数据的不确定性，考虑到传统的渔业资源评估不适用于蓝点马鲛渔业，采用了 DLM 方法，评估了 6 种不同的管理规程（MP），检验了其对于蓝点马鲛渔业管理的适用性。本研究旨在提高蓝点马鲛渔业管理的准确性，促进蓝点马鲛以及相关渔业资源的可持续利用，同时为数据稀缺性渔业资源提供适合的管理规程、评价方法和决策依据。

一、材料与方法

本研究使用 R 的 Data‐Limited Methods Toolkit（DLMtool）软件包中实现管理策略评估。蓝点马鲛的生物学特征已有较多的研究，本研究从相关文献中获取主要模型参数。DLMtool 在构建模型时的参数如表 3‐4‐1 所示。通过从均匀分布中随机抽样，表示模型参数的不确定性和可能变化范围。

表 3‐4‐1　操作模型参数设置

参数	意义	不同研究估算的数值（来源略）
L_{inf}	渐近体长/cm	70.9，74.6，77.7
b	体型指数系数	2.67～2.94，2.81，2.82，2.40

（续）

参数	意义	不同研究估算的数值（来源略）
a	生长条件因子 $\times 10^{-5}$	$1.07 \sim 2.30$，2.3，3，10.0
K	生长曲线曲率/a^{-1}	0.53，$0.460\,6$，0.39
$Maxage$	最大年龄/a	4，4，11，5
t_0	体长为零的理论年龄/a	-0.7，-0.733，-1.06，-0.86
LFS	最小可捕体长/cm	35.3，16
M	自然死亡系数	$0.411\,2$，0.35，0.64，$.77$
R_0	初始补充量 $\times 10^8$/尾	$1.35 \sim 5.65$
F	捕捞死亡系数/a^{-1}	$2.642\,3$、$2.704\,5$、$2.600\,1$、$2.622\,3$
D	种群消耗水平/% （$B_{current}/B_{unfished}$）	4.72、4.43、4.92、4.81、4.72
L_{50}	50%性成熟体长/cm	529 ± 3，480 ± 8，424 ± 2，410 ± 6，380 ± 23
V_{maxlen}	最大个体可捕性/%	0.75

1. MP 的选择

根据蓝点马鲛数据的可获得性，本研究选取了 DLMtool 中 6 种 MP 进行了分析，包括 DD（delay - difference stock assessment）、AvC（average catch）、SPMSY（catch trend surplus production MSY）、CC4（constant catch 4）、curE75（fishing at 75 per cent of current effort levels）、minlenLopt1（minimum length of fish caught）。其中 DD、SPMSY、CC4、AvC 为输出控制（output control），给出 TAC 作为管理建议；minlen - Lopt1、curE75 为输入控制（input control），以可捕体长、相对捕捞努力量等参数作为管理建议。其具体定义：

（1）DD。一种简单的时滞差分（delay - difference）评估方法，使用渔获量和相对丰度指数预测总可捕量（total allowable catch，TAC）。DD 方法需要资源补充函数、年龄选择曲线、自然死亡率等数据，可估算最大可持续产量的生物量 B_{MSY} 和捕捞死亡系数 F_{MSY}。

（2）SPMSY。一种基于剩余产量模型的方法，根据最大可持续产量（MSY）确定过度捕捞限制（overfishing limits，OFL）。该方法根据渔获量数据拟合资源量变化曲线，得出环境容纳量（carrying capacity，K）、最大种群增长率（maximum rate of population increase，r）、资源消耗率（depletion，D）；利用 Schaefer 产量模型计算 OFL，即 OFL＝$D \times (1-D) \times r \times K \times 2$。

（3）minlenLopt1。根据生长参数来计算最佳可捕体长，旨在限制对较小个体的捕捞，恢复种群的生物量。

$$L_{opt} = \frac{b}{M/K + b}$$

其中 b 为体长-体重关系幂指数系数，约等于 3，M 为自然死亡率，K 为生长系数，M/K 称为 Beverton-Holt life-history invariant，在不同物种间取值较为稳定。

（4）AvC。以最近 5 年渔获量水平的平均值作为 TAC。

（5）CC4。以最近 5 年渔获量平均值的 70% 作为 TAC。

（6）curE75。以目前捕捞努力量水平的 75% 作为管理目标。

2. 模拟与评价

DLM 中不确定性来源于多方面，自然死亡率、补充量、捕捞参数等均对模拟结果有较大影响。蓝点马鲛相关数据中，产量统计数据的精确度往往相对较低，显著影响渔业资源评估过程，因此，本研究主要针对产量数据的偏差和误差分析了捕捞数据的不确定性对 MP 效果的影响。DLMtool 主要通过两个参数模拟捕捞数据的不确定性，即 Cobs（observation bias）和 Cbiascv（observation error），分别表示渔获量的观测偏差（趋势性变化）和观测误差（无趋势随机变化）。在模拟过程中，设 Cobs 取值范围为 0.1～10，模拟了观测的渔获量数据为真实值的 0.1～10 倍；Cbiascv 值设置为 0～0.5，模拟了不同水平的观测误差。其他模型参数在模拟过程中维持不变。每一种 MP 模拟 1 000 次，预测年数为 20 年，资源评估间隔为 2 年。

本研究根据渔业管理中的不同目标，选取了以下 4 种准则对 MP 进行评价：①生物量小于 50% 最大可持续生物量的可能性，即 $B < 0.5B_{MSY}$ 的概率；②过度捕捞可能性，即 $F > F_{MSY}$ 的概率；③长期和短期产量相对于最大可持续产量的比例；④产量的年间变化，即渔业的波动性。

利用敏感性分析评估对模型精度影响较大的数据，为模型改进提供参考依据，使用 DLMtool 中 Value of Information（VOI）函数对操作模型中各 MP 的表现进行了敏感性分析，以相对长期产量为指标评估 OM 模型中参数影响的相对大小。

二、结果

1. 渔获量数据的误差

以相对产量为评价指标，当观测误差值 Cbiascv 在 0.00～0.50 范围内时，CC4 对于观测误差的变化最为敏感（图 3-4-1）。当 $Cbiascv=0$，即渔获量不存在观测误差时，CC4 获得的产量最大，随着观测误差的增大相对产量逐渐降低，当 Cbiascv 增加到 0.50 时相对产量下降 23.45%。AvC 和 SPMSY 对 Cbiascv 的响应相对较弱，在 $Cbiascv=0.05$ 时相对产量最大，随着观测误差的增大相对产量稍有降低，变化幅度 <10%。DD 受渔获量观测误差影响较小，随着渔获量观测误差的增大相对产量变化不明显。渔获量数据观测误差对 curE75、min-lenLopt1 等输入控制 MP 影响很小。

以过度捕捞可能性为评价指标，AvC 对观测误差的变化最为敏感，随着观测误差的增大，过度捕捞可能性整体呈现逐渐下降的趋势（图 3-4-1）。curE75、CC4、minlenLopt1、SPMSY、DD 等 5 种 MP 受渔获量观测误差的影响较小，随着观测误差的增大，过捕可能性变化不大。以生物量水平为评价指标，随着观测偏差值的增大，CC4、curE75 和 minlenLopt1 的变化趋势较为一致，Cbiascv 在 0.00～0.45 区间范围影响不明显，当 $Cbiascv > 0.45$ 时，$B < 0.5B_{MSY}$ 的概率出现明显上升。SPMSY、DD 和 AvC 的变化趋势

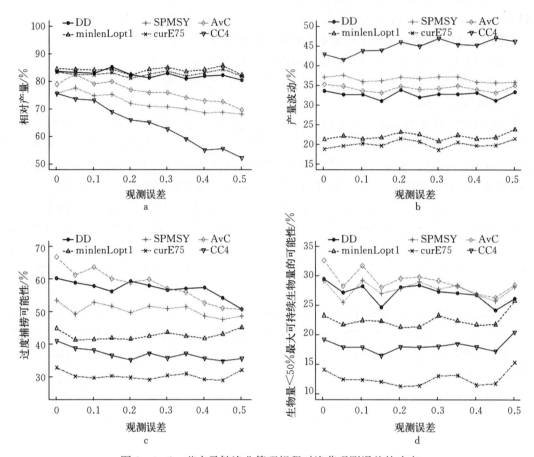

图 3-4-1 蓝点马鲛渔业管理规程对渔获观测误差的响应

较为一致，在 Cbiascv 区间范围 0.00~0.20 内波动较为明显。

2. 渔获量数据的偏差

以产量为评价指标，当观测偏差（Cobs）取值范围为 0.10~1.00 时，即渔获量观测值小于真实值时，各 MP 受观测偏差影响较小；当 Cobs 取值范围为 1.00~10.00 时，即渔获量观测值大于真实值时，随着观测偏差增大，CC4 获得的产量明显减少（图 3-4-2）。AvC、SPMSY 和 DD 对观测偏差的响应较弱，获得的产量随着观测偏差的增大稍有下降。观测偏差对 curE75、minlenLopt1 的影响较小。以产量波动为评价指标，当 Cobs 取值范围为 0.10~1.00 时，CC4 的产量波动最为明显，整体呈现先上升后下降的趋势，在 Cobs 取值为 2.0 时，产量波动最大。DD 产量波动随着观测偏差的变化稍有上升，其余 4 种 MP 产量波动对观测偏差的响应较弱。

以过度捕捞可能性为评价指标，CC4、SPMSY 和 AvC 对 Cobs 的变化较为敏感，随着 Cobs 增大，过度捕捞可能性逐渐降低（图 3-4-2）。DD 方法在 Cobs 的取值范围为 0.63~10.00 时受偏差影响较大，随着观测偏差的增大，过度捕捞可能性呈现上升趋势。以生物量水平为评价指标，SPMSY、AvC、CC4 对观测偏差较为敏感且变化较一致，B<

$0.5B_{MSY}$ 的概率随观测偏差增大逐渐下降。DD 生物量水平变化趋势与其相反，$B<0.5B_{MSY}$ 的概率逐渐上升。curE75 和 minlenLopt1 受观测偏差影响较小，过度捕捞可能性、生物量水平变化均不明显。

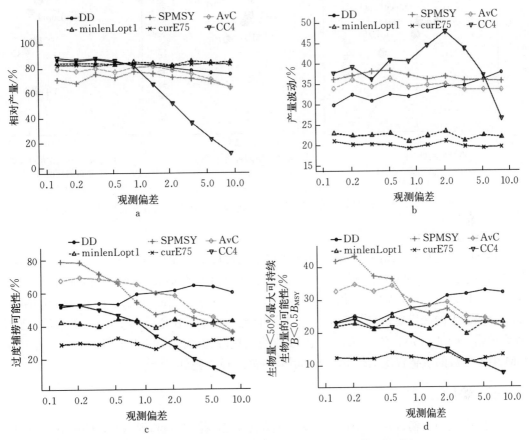

图 3-4-2　蓝点马鲛渔业管理规程对渔获观测偏差的响应

3. 管理策略综合比较

为综合评价各 MP 的表现，设置了中等水平的渔获数据观测误差与观测偏差 $Cbiascv=0.40$，$Cobs=(0.75\sim1.33)$，对 DD、SPMSY、CC4、AvC、minlenLopt1 和 curE75 进行评估（图 3-4-3）。结果表明，应用 AvC、DD 进行渔业管理虽然能维持当前的产量水平，但不利于种群生物量的恢复；相反的，SPMSY 虽然能维持当前的生物量水平，但不能维持产量。minlenLopt1 方法基本能维持目前的产量和生物量水平，而 CC4 能使生物量维持在较好的水平，但提供的产量相对较低。curE75 能在维持目前产量的同时使生物量恢复到较高水平。

比较各 MP 的过度捕捞可能性和产量波动可以看出，curE75 维持 50% 最大可持续生物量的可能性较高，长期产量输出好，过度捕捞的可能性较低，产量波动小，因此权衡不同管理目标，curE75 较适用于目前的蓝点马鲛渔业资源管理。

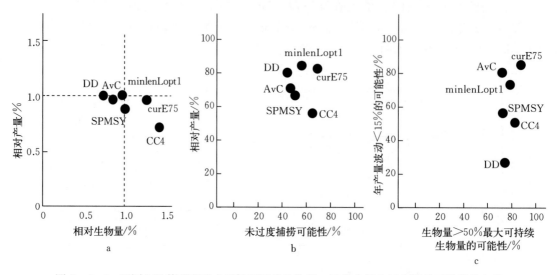

图 3-4-3 不同 MP 管理下蓝点马鲛种群的生物量、渔业产量和过度捕捞可能性的权衡

4. 敏感性分析

各 MP 获得的产量对 OM 中主要参数有不同程度的敏感性（图 3-4-4）。若相对产量波动标准差＞10％认为敏感，则 SPMSY、AvC 和 DD 对最大可持续生物量与未开发的生物量的比值（B_{MSY}/B_0）、补充关系的陡度（steepness of the stock recruit relationship, hs）、MSY 下的捕捞死亡率（F_{MSY}），及其与自然死亡率的比值（F_{MSY}/M）等参数的变化较为敏感。CC4 对 hs、B_{MSY}/B_0、F_{MSY} 参数的变化较为敏感，minlen-Lopt1、curE75 对 OM 中各参数的敏感程度均较低，表明其管理效果较为稳健。

三、讨论

本研究表明，输入控制 MP 不易受到渔获量数据观测误差和观测偏差的影响，而输出控制 MP 对观测误差与观测偏差有一定程度的响应，其中 CC4 随着观测误差的增大变化最为明显，相对产量逐渐降低。CC4、AvC 和 SPMSY 受观测偏差的影响时，相对产量、过度捕捞可能性、$B<0.5B_{MSY}$ 的变化较为明显。在输出控制 MP 中，DD 受渔获量数据不确定性的影响相对较小，能够在一定程度上降低渔业管理风险。综合比较各项指标，curE75 在各个方面较为稳健，能提供较高的产量，同时使生物量维持在较好的水平，过度捕捞可能性较低、产量波动小，较适用于蓝点马鲛渔业资源管理。应注意，应用 curE75 管理蓝点马鲛渔业时，需要较为准确的历史捕捞努力量数据、渔获量数据及最大年龄等生物学数据，同时 MP 的选择也要考虑实际对管理目标的权衡，例如提高产量、资源修复，或维持产量稳定等。

Carruthers 等利用 MSE 对多种管理规程进行了比较，其中包括 DD 和 CC4。其研究表明，若要维持长期产量和种群恢复，DD 方法较适用于太平洋鲱（*Clupea pallasi*）、金枪鱼（*Thunnus thynnus*）以及鲷科（Sparidae）鱼类的渔业管理，与本研究的结论有所差异。这与不同鱼类的生物学参数、资源开发现状存在的差异有关，特别是本研究所聚焦

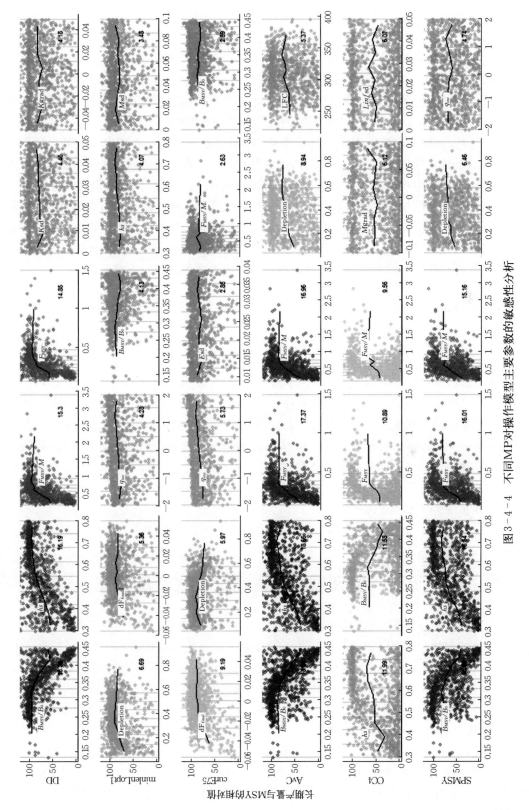

图 3 - 4 - 4　不同 MP 对操作模型主要参数的敏感性分析

的渔获量数据不确定性问题，在这些渔业中很少发生。该研究还指出 CC4 方法在渔获产量方面效果较差，这与本研究的结论相符。Carruthers 等也指出输出控制的 MP 能够获得较高产量，但同时易造成过度捕捞。本研究中使用的 CC4、DD、SPMSY、AvC 等均属于此类，除 CC4 外其余 3 种 MP 的过度捕捞可能性均＞50%，与该研究结果相符。

敏感性分析表明各管理规程对操控模型的主要参数有不同程度的敏感性，其中 SPMSY、AvC、DD、CC4 等 MP 的主要影响因素并非捕捞数据的偏差或误差，而是 B_{MSY}/B_0、hs、F_{MSY}、F_{MSY}/M 等参数，因此在以后的研究中需要认真考虑，在蓝点马鲛的生物学特征数据等方面优化模型。在进行蓝点马鲛渔业管理时，还需要考虑到我国目前蓝点马鲛渔业状况及蓝点马鲛生物学特征。如气候变化等环境条件对蓝点马鲛渔业资源产生重要影响，特别是蓝点马鲛早期发育过程受栖息地温度、盐度和水团等因子的影响显著，严重影响蓝点马鲛的早期成活率。随着近海生态系统结构的变化，饵料生物组成和数量改变，蓝点马鲛资源特性也发生相应改变。此外，该鱼种具有分布范围广、洄游距离远、生命周期长等特点，存在跨国境洄游和资源共享等特点，在应用管理规程时也需要注意。

■ 小　结

蓝点马鲛是黄渤海的主要经济鱼种，在我国海洋渔业中占有重要地位，但目前缺乏相关渔业数据，在捕捞量统计数据等方面存在一定问题，对渔业评估和管理造成了阻碍。本节采用 6 种基于有限数据的渔业管理规程（MP）对蓝点马鲛资源进行管理，针对渔获量观测数据的误差和偏差对这 6 种 MP 进行了管理策略评估和敏感性分析。输出控制 MP 中 CC4、SPMSY 和 AvC 受到渔获量观测偏差和误差不同程度的影响，而 DD 对渔获量不确定性的响应相对较弱。输入控制 MP 中 minlenLopt1 及 curE75 受渔获量的不确定性的影响较小，对操作模型中主要参数敏感度较低。总体而言，输入控制 MP 比输出控制 MP 更不易受到观测误差和观测偏差的影响，curE75 对于蓝点马鲛资源的开发和保护两个方面有着较好的权衡。

第五节　管理规程对生活史参数的敏感性

数据有限方法（DLM）是弥补传统资源评估方法的一种途径，在许多发达国家已得到应用。与数据丰富的评估方法相比，DLM 方法可能缺少完善的理论基础，但其应用较为简单，且具有不错的管理效果。但需要注意的是，不同的 DLM 方法针对不同的数据限制条件，一定程度上缺乏通用性。因此在管理措施实施之前，应根据输入数据的情况对其效果进行评估。

DLM 方法涉及许多生活史参数，参数一般来自相关研究，而这些参数的准确性对于评估与管理的影响目前尚缺乏系统研究。由于鱼类生活史特征具有时空异质性，特别是气候变化的驱动下，不同研究、不同时间地点的同一物种的生活史参数可能具有较大差异。因此，参数估算不准确或采用其他研究的参数，可能产生较大的不确定性，对 DLM 的评估与管理造成影响。以往研究检验了参数误差对于 DLM 方法的影响，但未进一步考虑其实际的误差来源，即估算方法的可靠性，这对 DLM 的应用也是一个巨大的障碍。

本研究以小黄鱼为例，基于其年龄与体长频率数据设计了 6 个评估流程，估算其主要生活史参数，评估了种群的繁殖潜力比（SPR）和渔获控制规则（HCR），并探讨了评估结果对生活史参数估计的敏感性。本研究旨在阐明生活史参数估计方法对于数据有限渔业管理的重要性，推动了 DLM 方法的进一步完善。

一、材料与方法

本研究使用了 2011 年海州湾小黄鱼的体长频率数据进行分析。2011 年的 5 次调查共获得小黄鱼样本 923 尾，测量其体长，以 5 mm 为分组组距将其转换为体长频率数据。由于过度捕捞的影响，捕获的小黄鱼大多数为低龄个体，对于体长频率分析有一定影响，因此在评估中同时考虑了年龄数据，通过耳石进行年龄鉴定。除体长之外研究还测量其他基本生物学指标，包括体重和性成熟度。分析中不包含渔业统计数据，反映了我国数据有限渔业的一般情况。

1. 生活史参数的估算方法

DLM 方法中包含大量参数，本研究根据数据的可用性，聚焦于渐近体长（L_{inf}）、生长系数（K）以及自然死亡率（M）的参数估算。这些参数的估算均基于体长频率数据，本研究根据几种常用方法的组合，共设计了 6 个平行的评估流程（表 3-5-1），这些方法已有广泛应用。

表 3-5-1　主要生活史参数估计的工作流程

流程	渐近体长（L_{inf}）	生长系数（K）	自然死亡系数（M）
WF1	ELEFAN	ELEFAN	基于 T_{max}
WF2	ELEFAN G. A.	ELEFAN G. A.	基于 T_{max}
WF3	Joint analysis	Joint analysis	基于 T_{max}
WF4	ELEFAN	ELEFAN	基于 Growth
WF5	ELEFAN G. A.	ELEFAN G. A.	基于 Growth
WF6	Joint analysis	Joint analysis	基于 Growth

表的前两项对应 VBGF 参数估算的 3 种方法，包括 ELEFAN 的趋势面方法、遗传算法（ELEFAN G. A.）和联合分析（Joint analysis）。前两种方法前文已有描述，最后一种联合分析结合了 ELEFAN 和年龄-体长多项式拟合，旨在利用年龄数据优化 VBGF 的估计。联合分析通过最大化 score 值来确定最佳参数。

$$score = d_1 \times ESP/ASP + d_2 \times Pa$$

其中，ESP/ASP 为解释峰值之和/可用峰值之和，即 ELEFAN 的拟合优度（Rn），Pa 表示年龄-体长数据拟合生长曲线的解释率，d_1 和 d_2 代表两种方法的相对权重，在本研究中均设为 1，即权重相同。

最后一项自然死亡系数（M）采用两种经验性方法进行估算，分别基于最大年龄（T_{max}）和生长系数。M 与 T_{max} 的关系较为简单，由幂函数给出：

$$M = 4.899 \times T_{\max}^{0.916}$$

基于生长的方法描述了 M 与生长系数的幂函数关系：

$$M = 4.118 \times K^{0.73} \times L_{\inf}^{0.33}$$

此外，总死亡系数在所有评估流程中均通过渔获曲线法进行估算：

$$\ln(N_t) = \ln(N_0) + Zt$$

式中，N_t 为时间 t 时的种群数量，N_0 为补充时的种群数量。捕捞死亡系数 F 是通过从 Z 中减去 M 而得，$F = Z - M$。

2. 繁殖潜力比（SPR）

SPR 方法在前文已有介绍，定义为已开发种群繁殖力相对于未开发种群繁殖力之比。在数据丰富的情况下，SPR 一般基于年龄结构模型进行估算，需要有年龄结构的性成熟度、死亡率和雌性个体丰度等数据。在数据有限的情况下，这些参数往往难以获取。Hordyk 等（2015）提出了一种基于 F/M 和 M/K 比率的 SPR 计算方法：

$$SPR = \frac{\sum_t (1 - \tilde{L}_t)^{\frac{M}{K}(\frac{F}{M}+1)} \tilde{L}_t^b}{\sum_t (1 - \tilde{L}_t)^{\frac{M}{K}} \tilde{L}_t^b}$$

式中，t 为相对于最大年龄的标准化年龄，最小值对应成熟年龄，最大值为 1 对应最大年龄。b 是体长-体重关系指数，$\tilde{L}_t$ 为 t 龄个体相对于渐近体长的标准化体长，可由以下公式估算：

$$\tilde{L}_t = 1 - p_m^{\frac{K}{M}t}$$

式中，p_m 为存活至最大年龄的个体比例（设为 1%）。该方法基于刀锋型选择曲线和性成熟曲线等假设，可以使用生活史参数的比率而非具体参数值进行繁殖潜力评估。这些生活史参数的比值在不同物种间可能有相似的取值，因此也称为生活史不变量（BH-LHI），如 M/K 的值较易从相关的研究中获得，但同时也可能导致 SPR 的不确定性，因此需对其稳健性进行检验。

3. 渔获控制规则（HCR）

渔获控制规则是根据当前种群状态决定未来渔业管理措施的适应性方案。在数据丰富的渔业中，HCR 一般根据评估得到的资源量（stock biomass）设置未来的捕捞死亡系数或渔获量；而在数据有限的渔业中，资源量难以评估，但可基于体长数据设置管理规则（即管理规程）。本研究采用了 3 种基于体长数据的 HCR（表 3-5-2）。其中 "minlen-Lopt" 通过设置最小可捕体长，防止个体在体长较小时被捕捞；"EtargetLopt" 根据种群平均体长与最优体长（L_{opt}）的差异，调整捕捞努力量；"slotlim" 通过设置最大可捕体长，保护产卵群体和维持补充量水平。前两种方法的基础均为种群最优体长，定义为一个不受渔业影响的世代达到理论最大生物量时对应的平均体长。L_{opt} 可根据 LFI 简单估算：

$$\tilde{L}_{\mathrm{opt}} = \frac{b}{M/K + b}$$

式中，$\tilde{L}_{\mathrm{opt}}$ 为 L_{opt} 对应的标准化体长。

表 3 - 5 - 2　基于体长的渔获控制规则

HCR	定义	计算公式
minlenLopt1	根据 L_{opt} 设置最小可捕体长	$LR_{100} = L_{opt} \times (0.7 + buffer)$ $LR_{50} = 0.9 \times LR_{100}$
EtargetLopt	根据平均体长与 L_{opt} 的差异调整捕捞努力量	$Effort = (1 - buffer) \times (0.5 + 0.5L/L_{opt})$
slotlim	根据 L_{inf} 设置最大可捕体长 MLL	$LR_{100} = 1.1 \times L_{50}$ $LR_{50} = 0.95 \times L_{100}$ $MLL = LR_{100} + 0.75 (L_{inf} - LR_{100})$

注：LR_{100} 和 LR_{50} 表示 100% 和 50% 的留存率对应体长。$Buffer$ 为调整项，设置为 0.1，L_{50} 为 50% 性成熟体长。

4. 管理策略评估 MSE

利用管理策略评估的模拟框架分析 HCR 对小黄鱼的管理效果。本研究检验了 3 个 HCR 在 6 个评估流程下对输入参数的敏感性，共 18 个并行模拟场景，分别编码为 EtargetLopt WF1 - 6、minlenLopt WF1 - 6 和 slotlim WF1 - 6。

MSE 框架中以操作模型（operating model）模拟种群动态，假设种群服从 VBGF 生长模型，且自然死亡率恒定。模型中主要生活史参数收集自相关文献，假设服从均匀分布，通过随机抽样模拟过程误差。捕捞强度根据 HCR 确定，并模拟了捕捞强度的偏差以及观测误差。利用 3 个指标衡量管理策略的效果，即渔获产量、过度捕捞风险和种群生物量。以最大可持续产量（MSY）为参考点，评估种群是否处于过度捕捞状态，以及种群处在不同状态对应的比例。模拟 30 年的种群动态、评估和管理过程，整个流程重复 2 000 次。使用 R 语言的"TropFishR"包估算生活史参数，使用 DLMtool 包进行 HCR 和 MSE 的分析。

二、结果

6 种评估流程对生活史参数的估算结果有一定差异（表 3 - 5 - 3），其中 WF1、WF2、WF4 和 WF5 对于生长参数的估计值较为一致，而 WF3 和 WF6 中 VBGF 参数值明显偏大。对于 M 的估计值，前 3 个流程明显高于其他流程。

表 3 - 5 - 3　不同估算流程（WF1～WF6）估计的生活史参数

参数	WF1	WF2	WF3	WF4	WF5	WF6
L_{inf}/mm	250.9	253.2	259.9	250.9	253.2	259.9
K/a^{-1}	0.27	0.26	0.37	0.27	0.26	0.37
M/a^{-1}	0.44	0.44	0.44	0.26	0.25	0.32
Z/a^{-1}	1.04	1.04	1.25	1.04	1.04	1.25
F/a^{-1}	0.60	0.60	0.81	0.78	0.79	0.93
A_{mature}/a	2.70	2.76	1.86	2.70	2.76	1.86

在不同假设条件下，*SPR* 的估计值大多低于 10%，表明海州湾小黄鱼种群衰退较为严重。数据有限和数据丰富条件下 *SPR* 的估计结果有较大差异（表 3-5-4），前者对 WF 敏感性较高。与数据丰富方法相比，数据有限条件下 WF1、WF2 和 WF3 导致 *SPR* 低估，WF4、WF5 和 WF6 导致 *SPR* 高估，该偏差主要是由于 *M* 的估计方法造成的。采用 WF1 和 WF2 两种流程时，数据有限和数据丰富方法的差异相对较小，可认为是更为稳健的评估方法。相对的，WF4 和 WF5 的结果过于保守，对于渔业管理的参考价值较低。

表 3-5-4　海州湾小黄鱼繁殖潜力比的估算

评估流程	刀锋型选择性		Logistic 选择性	
	数据有限	数据丰富	数据有限	数据丰富
WF1	10.90%	8.70%	8.10%	6.50%
WF2	10.60%	8.50%	7.90%	6.30%
WF3	14.40%	8.20%	6.50%	5.20%
WF4	4.70%	8.30%	1.20%	2.00%
WF5	4.40%	8.00%	1.20%	1.80%
WF6	5.50%	9.70%	2.70%	2.70%

各 WF 中 L_{opt} 的估计值差异很大，范围为 160.36～200.77 mm，该差异产生了不同的渔获控制措施。其中 WF1 和 WF2 的 L_{opt} 估计值较接近，且相较于其他 WF 的结果更小（表 3-5-5），据此估计的 LR_{100} 和 LR_{50} 相对较小，意味着对小个体的开发力度将增大。相对的，WF6 估算的 L_{opt} 值最大，对应最保守的体长控制规则。另一方面最大可捕体长 *MLL* 在 WF 中基本一致，表明 slotlim 管理策略较少受评估方法的影响，结果更为稳健。

表 3-5-5　不同估算流程（WF1～WF6）估计的体长管理阈值

参考点	WF1	WF2	WF3	WF4	WF5	WF6
L_{opt}/mm	161.36	160.66	184.99	188.95	190.98	200.77
LR_{100}/mm	129.09	128.53	147.99	151.16	152.62	160.62
LR_{50}/mm	116.18	115.68	133.19	136.04	137.36	144.56
MLL/mm	232.24	233.99	238.99	232.24	233.99	238.99

MSE 的模拟中，种群在 30 年达到平衡状态，因此选择最后 10 年的模拟结果进行敏感性分析。结果表明不同的管理措施在相对长期产量和过度捕捞风险之间存在权衡（图 3-5-1），其中 WF6 产生的 HCR 管理效果最佳，实现了最低的过度捕捞风险（$F > F_{MSY}$，$B < B_{MSY}$）和最高相对产量（图 3-5-2）。3 个控制规则中 slotlim 导致了最低的渔获量和最高的产卵群体生物量水平，同时捕捞死亡系数维持在较高水平，这与其狭窄的体长选择范围有关。

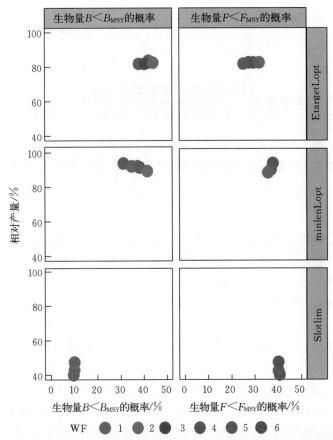

图 3-5-1 不同评估流程得出的渔获控制规则（HCR）在长期产量和过度捕捞风险间的权衡

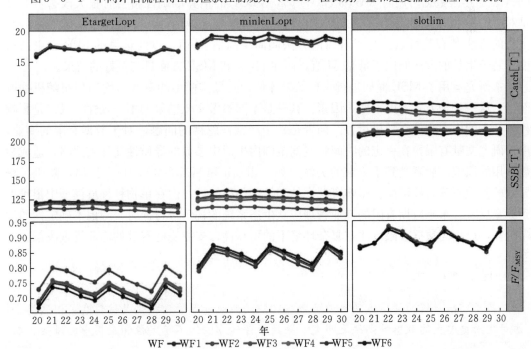

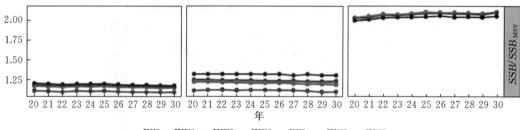

图 3-5-2　不同评估流程对应 HCR 的年捕获量、产卵群体生物量（SSB）、F/F_{MSY} 和 SSB/SSB_{MSY}

三、讨论

本研究揭示了数据有限评估与管理方法对生活史参数的敏感性，为有限数据的渔业管理提供了参考。研究结果表明，不同估算流程得出的参数对 SPR 和 HCR 的影响非常明显，可能导致对种群状态的错误判断和管理效果的巨大差异。本研究中 WF1 和 WF2 在数据有限条件下的精度较高，建议用于 SPR 估计。在具备年龄数据的情况下，WF6 能够较好地支持 HCR，实现生产力和可持续性的较好平衡。本研究强调有限数据条件下参数的借用是普遍存在的问题，在今后研究中需对其风险加以评估，以防实际渔业管理决策的失误。

本研究为选择参数估计的方法提供了参考。例如，VBGF 参数估算的基因算法（ELEFAN G. A.）是对传统 ELEFAN 的一大改进，在本研究中 WF2 和 WF4 中使用优化的 ELEFAN G. A.，WF1 和 WF3 中使用了传统方法，前者计算过程以及初始输入的复杂性有所降低。根据整体的评估结果，本研究建议使用 ELEFAN G. A. 支持基于体长的 DLM。当年龄数据可用时（WF3 和 WF6），VBGF 的估算准确性将会有很大改善，尤其是对生长参数 K 的估计。另一方面，自然死亡率很难准确估计，本研究中基于寿命的和生长的方法各有其特点：基于寿命的方法倾向于高估 M 值，以此估算的 SPR 有更高精度；基于生长的方法倾向于低估 M 值，而在 HCR 和 MSE 方面具有更好的效果。

本研究运用了 MSE 框架进行管理效果评估，其操作模型的参数由均匀分布随机抽取而得，这一处理方式考虑了两个因素：其一是不同参考文献结果的不一致性，其二是影响种群动态的内在和外在随机过程。前者是一个经常被忽视的问题，对于数据有限的渔业，由于研究文献有限，在一定的时间和空间范围内生活史参数的异质性往往被忽略，造成参数误用的风险。后者受到了一定的关注，如 Hilborn 和 Walters（2013）指出，随机过程导致的参数不确定性可能会影响资源评估和管理的稳健性，但在单物种种群模型中很难得到完全反映。未来数据有限的渔业管理应从生态系统的视角进行探讨，考虑不确定性的发生机制，以提高数据有限方法在复杂环境下的可靠性，支撑稳健有效的渔业管理决策。

■ 小　结

基于有限数据的评估方法可以为数据稀缺的渔业资源管理提供关键信息，但这类方法对生活史参数的敏感性尚缺乏研究，导致了评估方法的不确定性和应用中的风险。本节设计了 6 个平行的评估流程，将多种常用的生活史参数估算方法相结合，研究了它们对海州湾小黄鱼资源评估与管理的影响。本研究从两个方面进行了探讨，即基于繁殖潜力比（SPR）的种群状态评估和不同渔获控制规则的管理效果评估。结果表明，两个方面均对生活史参数的评估流程有较强的敏感性，因此依赖于经验或参考文献的参数获取方法存在一定风险。本研究探讨了数据有限渔业在不同目标下最适的评估方案，为复杂环境下的渔业管理提供了支持。

第六节 管理规程对数据类型的依赖性

数据有限评估方法（DLM）及相应管理规程（MPs）目前被广泛采用，与数据丰富的评估方法相比，DLM 和 MPs 建立在更简单的模型和假设之上，对数据的要求更低，同时可以提供明确的渔获或努力量建议，在管理实践中使用方便。近年来，DLM 在世界许多国家和地区广泛使用，成为渔业管理系统的重要组成部分。大量研究致力于改进 DLM方法，并评估其应用于不同生活史模式、数据源和不确定性方面的表现。

在数据有限渔业中，数据往往不足以支持种群状况评估和管理参考点的估算，因此充分利用可获得数据变得更为重要。同时，不同数据类型对于渔业管理的作用是不同的，有的数据信息量更大，能够更好地支持管理策略。因此，比较不同数据类型的信息量、了解其对渔业管理的作用，对于有效地利用数据有重要意义，能够为未来调查和监测计划提供指导。许多相关研究指出了渔业数据的信息价值的差异，如有年龄结构的渔获量和丰度指数包含较为完整的种群信息，是信息量最大的数据类型；具有显著变动模式的长期丰度观测数据反映了不同渔业状态，也具有重要价值。此外，种群个体大小组成和生活史特征能够提供生长、死亡率等信息，对于资源评估也是必要的数据。

为了更好地理解数据有限的管理策略的有效性，本研究提出了两个问题：①应用DLM 和 MP 是否可以保障渔业的长期可持续；②哪些类型的数据对渔业管理更具信息性。本研究选择了一个数据丰富的种群，即缅因湾的大西洋鳕鱼（*Gadus morhua*）作为研究案例，将其资源评估结果作为渔业可持续性的参考，同时利用模拟数据进行 DLM 的管理策略评估（MSE）。研究中将所有可用数据进行分类并构建数据可获得性的不同场景，以代表数据有限渔业的几种常用情况，使用完整数据的子集来模拟不同的数据可用性级别。在该框架下评估了 39 个 MP 策略，并对比其管理效果与数据丰富管理策略的差异，以期为渔业数据的有效获取和充分利用提供理论指导。

一、材料与方法

1. 数据类型

根据渔业数据的可用性将常见数据分为六大类，代表不同的数据可用性级别。这 6 类数据包括渔获量、生活史特征、种群数量、种群状态、调查指数和管理指标（表 3-6-1），其中管理指标定义为管理目标的量化值或阈值参考点。本研究将数据的获取方式分为观测、估计和独立调查 3 种。具体而言，通过渔业观测或简单测量可直接获得的数据为观测数据，通过评估方法间接估算获得的数据为估算数据，通过独立调查获得的数据即丰度指数。

表 3 - 6 - 1 本研究所用渔业数据的分类

渔业数据	定义	获取方式	类型
CAA	分年龄的渔获量数据	观测	渔获量
Cat	总渔获量	观测	渔获量
L_{50}	50%性成熟体长	观测	生活史特征
L_{95}	95%性成熟体长	观测	生活史特征
M	自然死亡系数	估算	生活史特征
Steep	补充曲线陡度	估算	生活史特征
L_{inf}	VBGF 渐近体长	估算	生活史特征
K	VBGF 生长系数	估算	生活史特征
t_0	VBGF 体长为 0 的时间	估算	生活史特征
a	体长-体重关系系数	估算	生活史特征
b	体长-体重关系指数	估算	生活史特征
Abun	种群绝对生物量	估算	种群数量
Dt	5 年消耗水平	估算	种群状态
Dep	与未开发种群的相对消耗	估算	种群状态
E	当前捕捞努力量	估算	种群状态
Ind	丰度指数	独立调查	调查指数
C_{ref}	渔获参考点	估算	管理指标
B_{MSY}/B_0	MSY 下生物量与 B_0 之比	估算	管理指标
F_{MSY}/M	F_{MSY} 与自然死亡系数之比	估算	管理指标

本研究构建了分级系统描述数据的可用性，其中第 1 级中 6 类数据均可用，第 6 级仅 1 种数据可用（图 3 - 6 - 1）。MP 对不同类型数据的利用率有所差异，其中渔获量和生活史特征是使用最广的数据，支持超过 25 个 MP；管理目标和种群数量仅在 18 和 10 个 MP 中使用。

2. 管理策略评估框架

本研究构建的 MSE 框架由 3 个模块组成：实施模块、数据丰富的管理模块和数据有限的管理模块（图 3 - 6 - 2），通过两条数据流分别模拟数据丰富和数据有限的渔业管理。实施模块根据两个管理模块提供的捕捞限额作为输入，控制操作模型中种群动态，并产生观测数据；观测数据进一步输入管理模块，用于资源评估和捕捞限额的设定，构成一个循环。

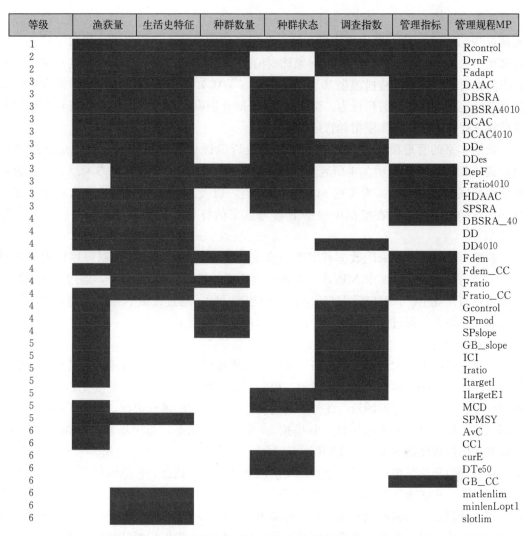

图 3-6-1 不同管理规程 MP 需要的数据类型及对应的数据
可用性等级（MP 的定义详见 DLMtool 软件包）

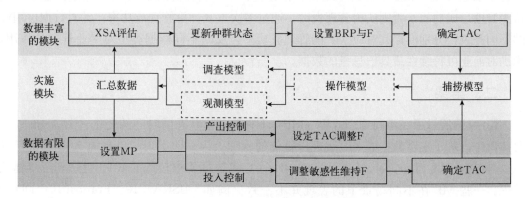

图 3-6-2 管理策略评估框架流程

实施模块模拟了种群动态、捕捞活动和数据观测过程，分别通过操作模型、捕捞模型和调查/观测模型实现。其中操作模型是一个年龄结构的种群动态模型，模拟了补充、生长和死亡等过程。模型采用了 Ricker 亲体-补充关系，设置了具有年龄结构的成熟度、死亡率和生长率等参数。捕捞模型基于总可捕量（TAC）的管理措施而构建，假设捕捞渔船具有稳定的选择性和捕捞行为。调查/观察模型分别模拟了独立的渔业调查和数据观测及估算过程，连接了操作模型和管理模块。

数据丰富的管理模块中，通过正式的渔业资源评估获取种群状态，确定管理参考点，提供相应的捕捞限额。本研究选择了 3 个基于捕捞死亡率的生物参考点：F_{crash} 为种群崩溃的阈值参考，F_{MSY} 为实现 MSY 的参考点，以及 $F_{40\%}$ 为繁殖潜力比（SPR）等于 40％的预防性参考点。在模拟中根据 F 参考点来估算相应的渔获量限额，设定下一年的 TAC。

数据有限管理模块采用数据有限下的渔业管理规程，根据不同数据可用性水平选择 MP。本研究共考虑了 39 个 MPs，可大致分为两种类型：输出控制 MP，通过直接限制捕获量来控制渔业生产，对应 TAC 策略；输出控制 MP，通过改变总捕捞努力量或选择性来限制渔业投入，通过调整捕捞努力量实现对产量的控制。

3. 模拟分析

本研究以缅因湾大西洋鳕鱼为研究案例进行模拟研究。为检验在不同种群状态下的管理效果，通过在操作模型中的参数设置，模拟了种群数量上升和下降的变化趋势，代表了种群崩溃、重建和稳定的场景。此外，通过操作模型参数的随机取样，模拟了种群补充和数据获取等过程存在的不确定性。共模拟 50 年的渔业动态，每个场景进行 400 次重复。模拟和评估过程使用 R 软件包 FLR 和 DLMtool 完成。

在管理效果评估中选用了 3 个指标反映渔业和种群的状态，包括渔获量、产卵群体生物量（SSB）和捕捞强度（F_{full}）。使用 Kobe 图展示在不同管理措施下各个指标的变动轨迹，结合种群数量和捕捞死亡率（F）的参考点，Kobe 图将种群分为 4 个开发状态，表征其过度捕捞情况。此外，考虑到模型不确定性的影响，根据模拟结果对管理效果进行了风险评估。风险评估参考了两个阈值，其一为 $SSB_{40\%}$，即 $SPR=40\%$ 时对应的 SSB；其二为 SSB_{MSY}，即 MSY 对应的 SSB。在模拟过程中，当种群的 SSB 达到以上阈值时，则认为管理是成功的，否则认为管理失败，通过多次重复计算管理成功率。针对数据可用性的不同等级，分别模拟其对应 MP 的管理成功率，反映不同数据类型对渔业管理的作用，识别对渔业可持续性最具信息量的数据。

二、结果

Kobe 图展示了在不同管理规程（MP）下种群开发状态随时间的变化（图 3-6-3）。总体而言，基于丰富数据的 MP 表现出更佳的管理效果，即实现了更高的 SSB 和更低的 F_{full}；同时，ICI、Itarget1、SPMSY 和 GB_CC 等数据要求较低的 MPs 也达到了不错的效果。一些 MP 在不同场景下的表现并不一致。例如 DBSRA4010、Fratio4010、DD 和 DD4010 等 MP 对稳定和重建中的种群管理效果类似，但对于崩溃种群的管理效果则差别较大。一些 MP 在一定的开发状态下产生的结果较为特别（与其他场景不同），如种群重建情景下的 SP_slope 和 AvC，以及种群稳定情景下的 DBSRA4010 和 DCAC。

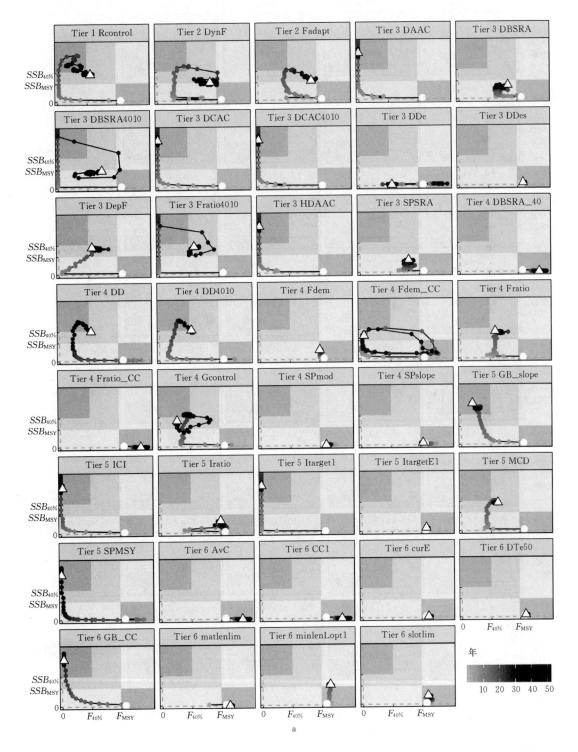

a

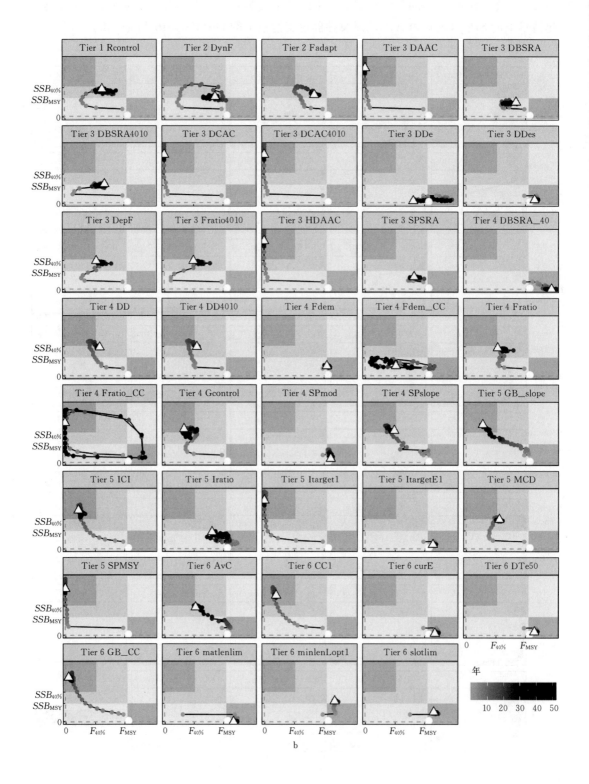

b

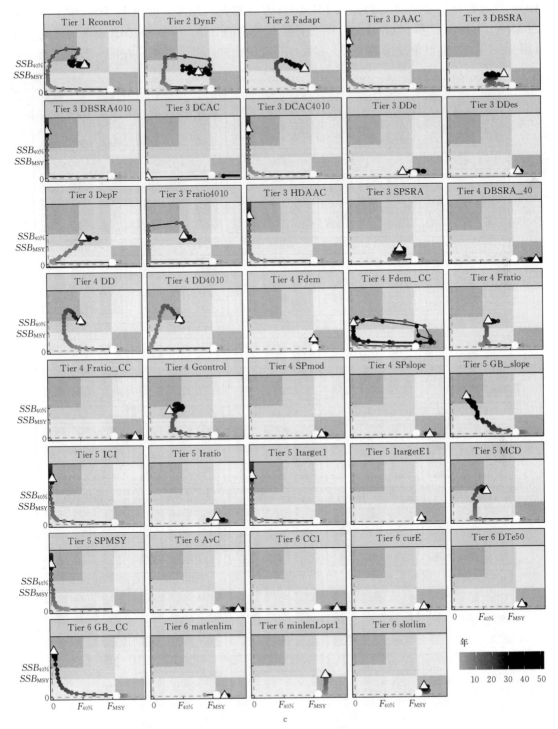

图 3-6-3　39 种管理规程（MP）管理效果的 Kobe 图

注：图中点的灰度代表时间变化，末年以三角形表示，a、b、c 分别展示了种群的衰退、重建和稳定状态的场景。

　　风险分析表明，使用较多数据的 MP 实现成功管理的可能性更大，但同时 DDe 和 DDes 等需数据较多（第 3 级）的 MP 仍有很高的失败风险，而 ICI、Itarget1、MCD、SPMSY、GB＿CC 和 minlenLopt1 等依赖数据稀少的（第 5～6 级）MP 表现也可能较好（图 3 - 6 - 4）。种群重建场景中的大多数 MP 表现出较高的成功率。在同一数据等级中，

图 3 - 6 - 4　各管理规程在不同种群状态下的管理成功率

不同数据类型的组合在不同情景下也可能导致不同的效果，如第 3 级中捕获量-生活史参数-管理目标组合，以及渔获量-种群数量-调查指数组合，在种群重建场景中成功率显著较高。总体而言，基于种群数量和管理目标数据的 MP 实现 $SSB_{40\%}$ 的概率达到 70%，是信息量最大的数据（表 3-6-2）。

表 3-6-2 在 39 个管理规程中各个数据类型对应的管理成功率

模拟场景	管理效果	渔获量	生活史特征	种群数量	种群状态	调查指标	管理目标
	失败%	30	29	22	35	34	19
种群崩溃	达到 SSB_{MSY}	8	12	8	9	5	11
	达到 $SSB_{40\%}$	62	59	70	56	61	70
	失败%	17	23	10	33	27	9
种群重建	达到 SSB_{MSY}	12	17	12	15	7	18
	达到 $SSB_{40\%}$	71	60	78	52	66	73
	失败%	33	31	23	38	37	22
种群稳定	达到 SSB_{MSY}	7	13	9	10	4	12
	达到 $SSB_{40\%}$	60	56	68	52	59	66

三、讨论

本研究表明，39 个 MP 中有 19 个能够支持对 MSY 的成功管理，当仅有一两种类型的数据可用时，minlenLopt1、SPMSY、MCD、Itarget1 和 ICI 等仍能获得较高的管理成功率。此外，基于种群数量和管理目标数据的 MP 实现成果管理的概率最高，是信息量最大的数据。因此，不同类型的数据对数据有限的渔业管理的信息量并不相同，即使数据极其稀缺（仅 1 种可用），选择适当的管理策略仍可实现渔业的可持续发展。研究结果为数据有限的渔业管理提供了策略指导，同时为未来的渔业监测方案优化提供参考。

相关研究表明，DLM 算法对可持续性目标的实现有重要影响，基于自适应算法的 MP 能够有效提高管理成功率。而本研究表明，复杂的 MP 不一定比简单的、经验性的 MP 表现更好。如基于产量模型和种群动态模型的 SPmod 等，在数据有限的情况下管理成功率不理想；而当同样的数据用于相对简单的 DAAC 等时，管理成功率大大提高。该对比表明，MP 的合理选择与数据可用性对于渔业管理同样重要。需要注意的是，由于 MP 的有效性和数据的信息性受到多重条件的制约，如数据质量、数据体量、种群状态和鱼类生物学等方面的差异，因此不存在一种通用的方案消除数据有限渔业的管理风险，应谨慎地对待个案研究的结论。此外，在数据收集中还应考虑调查成本和潜在偏差。例如信息量最大的种群数量和管理目标数据，往往可以通过经验信息或相关研究等途径获得，成本相对较低，但同时这些信息存在很大的不确定性，可能会影响数据的可信度。实际的数据可用性条件可能涉及行政、社会和经济问题而十分复杂，在本研究的模拟场景中未得到充分反映，还待在未来研究中进一步探讨。

本研究为数据有限渔业管理策略的选择提供了有益参考。例如，本研究表明在数据极为稀缺的情况下，基于体长选择性的管理是一种简单而有效的方法。这种方法只需要生活史数据就可以推断出最佳捕捞体长，通过设置渔获选择性确保种群有足够的产卵生物量。使用管理目标和种群状态数据可以实现更精准的渔业管理，但在大多数情况下，这类数据的估算可能存在较大偏差。在 MP 算法中加入预防性缓冲是应对种群波动和其他不确定性的可行方法，如通过简单调整可捕体长来保护幼鱼，可以极大地提高管理效率。未来的研究中，将经验方法、专家意见和模拟研究相结合，可以进一步帮助我们理解在不确定性情况下这些数据对实际管理的价值。此外，本研究表明数据有限 MP 的管理成功率与种群的历史动态密切相关，因此对种群的历史动态的认识有助于更有效地使用数据，更好地识别潜在风险，应作为未来有限数据渔业管理的一个重要参考条件。

总体而言，了解数据的信息性和管理目标的最低数据要求，有助于指导数据有限渔业的管理决策。从长远来看，渔业管理的数据收集工作，不仅要考虑渔业本身，还应考虑潜在的生物、社会经济和行政等方面的现实情况。未来的数据获取过程应有利益相关者的参与，通过效益诊断和成本分析，评估不同类型和水平的数据限制，明确不同数据的价值和作用，建立监控、评估和决策规则和系统标准，实现数据的高效利用。

■ 小　结

可持续性渔业通常建立在有效的管理策略和丰富数据的基础之上，对于数据有限的渔业，哪种类型的数据对于渔业管理更为重要是尚待探讨的问题。本节以大西洋鳕鱼为例，根据该种群的丰富数据构建模型，对数据有限的渔业管理策略进行评估，并将基于有限数据的管理规程（MPs）与基于丰富数据的管理策略进行了比较。此外，根据不同的数据可用性等级，研究了数据有限情况下 6 种数据类型的信息特性，评估了它们对成功管理的影响。在有限的数据下选择适当的 MP 可以实现最大可持续产量（MSY），而不同数据类型对可持续目标的实现具有不同的贡献。基于种群数量数据和量化目标的 MP 具有最高的成功率。minlenLopt1、SPMSY、MCD、Itarget1 和 ICI 等对数据要求较低，同时具有较好的管理效果。MP 的表现与资源开发历史和数据可用性水平密切相关，应作为数据有限渔业管理中的重要参考条件。

第七节　过程与实施误差下的稳健管理策略

长期以来，最大可持续产量（MSY）一直是渔业管理的主要目标。MSY 具有理论上的合理性，但由于渔业动态中存在各种不确定性，这一概念在实践中往往难以实现。渔业中不确定性普遍存在，来自不同过程，表现为多种形式，妨碍了观测数据的精度（观测误差）、种群动态的描述（模型误差）、未来趋势的预测（过程误差）和渔业监管的有效性（实施误差）。例如，大多资源评估研究中采用了固定的生活史参数，但近年来随着气候变化、捕捞压力的影响，许多渔业种群出现自然死亡率增加、补充量减少，以及作业模式变化、管理监管不力等情况，成为全球渔业可持续性的重要威胁。在渔业中忽略这些不确定性可能导致管理失败，因此研究渔业中的不确定性对于维持渔业的可持续发展具有重要意义。

渔业管理策略包括输入控制、输出控制和时间-空间禁渔等几种主要措施。前两者易与产量和收入等目标相联系，通常作为主要渔业管理措施。后者通常用于保护关键栖息地和鱼类生活史阶段，避免非目标物种的捕捞，以及服务社会经济需求，通常作为生态和生物多样性保护措施。为应对渔业管理中多重目标需求，不同管理措施也可以相互组合，构成更有效的策略（或措施组合）。本研究探讨了以 B_{MSY} 为目标的两种渔业管理途径：其一是通过资源评估，严格按照 F_{MSY} 水平（或其对应产量）进行捕捞，在该目标下将输入控制、输出控制、时空休渔措施相结合作为一种综合管理策略，旨在消除过度捕捞，本研究中这种途径称为"MSY 方法"。其二采用渔获控制规则（HCR），在种群生物量指标和控制措施（捕捞配额或努力量限制）之间建立直接关系，不考虑种群的短期状态，仅以长期 B_{MSY} 为管理目标，在本研究中称为"HCR 方法"。HCR 的一个优点是不需复杂模型就可对种群数量变化做出响应，尽管可能引发暂时的过度捕捞，但长期来看能将种群数量导向 B_{MSY}。这两种方法在许多渔业中都有着成功应用，如前者应用于缅因湾龙虾渔业、阿拉斯加大比目鱼渔业，后者应用于太平洋沙丁鱼、南非鳕鱼和南非沙丁鱼渔业。

前节研究表明，渔业管理策略的效果很大程度上取决于渔业的历史开发状态。MSY 方法和 HCR 方法均能针对渔业的不确定性制定稳健的管理策略，降低种群崩溃风险，但对已受到过度捕捞、呈现枯竭状态的渔业，两种方法在重建渔业方面的有效性尚缺乏评估。本研究通过模拟分析，比较了上述两种方法在 4 种负面的不确定性条件下，将种群恢复到 B_{MSY} 水平的可能性。4 种不确定性包括了自然死亡率、补充量和作业模式 3 种过程误差，以及管理措施的实施误差。本研究以海州湾小黄鱼为例，应用管理策略评估（MSE）框架，模拟了输入控制、输出控制和禁渔等管理措施以及措施的组合，评估了 4 种不确定性对渔业管理的影响。本研究旨在揭示 MSY 方法和 HCR 方法两种管理策略的效果与潜在风险，提出应对渔业中确定性的稳健管理措施。

一、材料和方法

本研究基于 MSE 的流程构建了一个模拟框架，该框架由 4 个模块构成，分别模拟了种群动态（操作模型 Operating model）、捕捞过程（实施模型 implementation model）、管理决策（管理模型 management model）和不确定性（不确定性模型 uncertainty model）。与常规 MSE 不同，该框架跳过了种群评估过程，在管理决策过程中考虑了不确定性的影响。

1. 操作模型

操作模型模拟了海州湾小黄鱼的种群动态。海州湾小黄鱼渔业采用了休渔和输入控制相结合的方式进行管理，但缺少长期管理目标，资源呈现过度开发状态。本研究的操作模型是一个年龄结构模型，模拟了每个年龄组的数量动态，其丰度和渔获量由以下公式计算：

$$N_{a,y+1} = \begin{cases} N_{a-1,y} \cdot e^{Z_{a-1,y}} & a < max \\ N_{a-1,y} \cdot e^{Z_{a-1,y}} + N_{a,y} \cdot e^{Z_{a,y}} & a = max \end{cases}$$

$$C_y = \sum_{a=1}^{max} \frac{N_{a,y} \cdot F_{a,y}(1-e^{-Z_{a,y}})}{Z_{a,y}}$$

其中，max 为最大年龄，本研究中设为 9 龄，$N_{a,y}$ 表示 y 年 a 龄鱼类群体数量。小黄鱼的种群补充动态由 Beverton‐Holt 模型描述：

$$R=\frac{a \cdot SSB}{1+b \cdot SSB} \cdot \varepsilon$$

式中，ε 表示补充强度不确定性的误差项。

自然死亡率中也加入了误差项：

$$Z_{a,y}=M \cdot \varepsilon_{a,y}+F_{a,y}$$

式中，M 表示所有年龄组的自然死亡率，设置为 $0.2a^{-1}$。操作模型的时间步长设为 1 月，以模拟季节性休渔和洄游。此外，利用该模型设计了种群在空间上的斑块结构，以模拟空间休渔措施。将种群的空间结构简化为两个区域，其中一个区域开放捕捞，另一个区域禁渔，即 F 设为零，两个区域间通过可迁移的亚种群相互连接。

2. 管理模型

管理模型模拟了实现 MSY 的管理决策过程，分别采用了 MSY 方法和 HCR 方法设定年度捕捞配额、捕捞努力量或休渔策略（表 3‐7‐1）。

表 3‐7‐1　本研究模拟的两大类 14 种管理策略

分类	管理策略	描述
MSY 方法		
A.1 单一措施	A.1.1 Effort	调整捕捞努力量至 F_{MSY} 水平
	A.1.2 Catch	调整产量至 MSY 水平
	A.1.3 Spatial	区域休渔
A.2 两种措施结合	A.2.1 Effort＋spatial	A.1.1 与海洋保护区相结合
	A.2.2 Catch＋spatial	A.1.2 与海洋保护区相结合
	A.2.3 Effort＋temporal	A.1.1 与伏季休渔相结合
	A.2.4 Catch＋temporal	A.1.2 与伏季休渔相结合
	A.2.5 Spatial＋temporal	A.1.3 与伏季休渔相结合
A.3 三种措施结合	A.3.1 Effort＋spatial＋temporal	A.2.1 与伏季休渔相结合
	A.3.2 Catch＋spatial＋temporal	A.2.2 与伏季休渔相结合
HCR 方法		
B.1 静态 HCR 措施	B.1.1 Effort‐based	调整捕捞努力量达到与 F_{MSY} 相同的长期效果
	B.1.2 Catch‐based	调整产量达到与 MSY 相同的长期效果
B.2 动态 HCR 措施	B.2.1 Effort‐based	B.1.1 动态调整在短期内趋近 F_{MSY}
	B.2.2 Catch‐based	B.1.2 动态调整在短期内趋近 MSY

MSY 方法综合了输入控制、输出控制、区域休渔和季节休渔。其中 Effort 控制措施（A.1.1）通过调整捕捞努力量至最适开发水平（F_{MSY}），Catch 控制措施通过调整捕捞配额达到 MSY 水平；Spatial 控制措施通过调整可捕区域和禁捕区域的相对大小，实现长期

B_{MSY}。这些管理措施相互结合，构成了两项和三项的结合策略（表 3-7-1 的 A.2 和 A.3）。

HCR 方法根据种群生物量水平，直接对捕捞死亡率进行控制，在种群数量较低时限制捕捞，在种群数量较高时适当提高开发水平，实现资源的充分利用。HCR 根据预防性参考点避免过度捕捞的发生，旨在实现长期 B_{MSY}，而不考虑短期的 F_{MSY}，因此捕捞死亡率可能远低于 F_{MSY} 而造成产量的损失。本研究构建了两类 HCR 措施，静态 HCR 和动态 HCR。前者采用常规 HCR 折线设置目标捕捞死亡率，折线斜率经优化，使种群在 30 年的模拟期内达到 B_{MSY} 水平。后者在 HCR 折线的基础上进行了一定调整，通过逐年计算参考点 B_{ref}，调整捕捞死亡率在短期内趋近 F_{MSY}，其中 B_{ref} 的数值根据 F_{MSY} 的模拟的种群产生。在动态 HCR 下，一旦种群生物量偏离短期目标，捕捞强度能做出更及时的调整。

3. 实施模型

实施模型将操作模型与管理模型联系起来，模拟在一定管理决策下捕捞努力量的实现过程。本研究中种群动态的时间步长为 1 个月，管理决策的时间步长为 1 年，通过实施模型将渔获量和努力量的目标分配到各个月份中。假设渔获量和捕捞努力量服从高斯分布，$f(m)=a \cdot e^{-\frac{(m-b)^2}{2c^2}}$，其中，$m$ 表示月份，a 表示年最大渔获量或努力量水平，b 表示捕捞强度最高的月份。在区域性休渔策略中，实施模型通过控制捕捞和休渔区域的比例实现目标效果。该比例无法通过直接估算，本研究利用模拟方法，以长期 B_{MSY} 为目标优化比例系数而得出。

4. 不确定性过程

不确定性过程用于模拟补充量、自然死亡率、作业时间、执行误差 4 种不确定性对整个渔业管理过程的影响。不确定性过程并非单独建模，而是通过在其他子模型中修改相关参数而实现。通过在亲体-补充关系函数中添加偏差项（ε）模拟补充量的下降，假设该误差项服从均匀分布，最大值设置为 1，最小值随时间线性减小，设置了 6 个水平的下降速率，代表不同的资源衰退幅度。利用类似方法模拟自然死亡率的增大，在操作模型中设置了均匀分布的随机误差，其最小值设定为 1，最大值随时间线性增加，也包含了 6 个水平的变化速率。通过在实施模型中改变高斯分布函数的 ε 值模拟作业时间的集中程度，即年捕捞努力量或渔获量在各个月份间分配的均匀度。通过在实施模型中添加误差项，模拟执行误差，反映了由于各种原因实际渔业生产与管理目标的偏差。该误差项也服从均匀分布，最大值为 1，最小值在 6 个不确定性水平中分别设置。根据以上方法，每个场景进行 1 000 次重复。

5. 管理效果评估

本研究将实现长期 B_{MSY} 作为管理成功的参考标准，而由于不确定性的存在，每个管理策略都具有一定的失败风险。在模拟中选择 30 年后的生物量作为指标，计算其与 B_{MSY} 的比值（B/B_{MSY}）。以 $B/B_{MSY}=0.95$ 作为种群恢复阈值，代表管理策略能够取得成功；以 0.75 作为管理失败阈值，低于该值代表管理有较大可能失败。通过比较各个管理策略实现的 B/B_{MSY} 水平和管理成功的概率，评估管理策略的稳健性，并比较不同类型不确定性对渔业管理的影响。

二、结果

1. MSY 方法

三种单一措施（A.1.1、A.1.2 和 A.1.3）的管理效果（B/B_{MSY}）均受到不确定性的显著影响。随着补充强度的降低，三种措施表现近似，B/B_{MSY} 均有相当幅度的下降（图3-7-1），而基于渔获量的措施 A.1.2 比基于努力量的 A.1.1 和基于空间的 A.1.3 下降幅度更大。自然死亡率增加的效应与前者相似，造成了 A.1.2 与其他两种策略之间更大的差异。在执行误差的影响下，A.1.3 受到的影响较小，比 A.1.1 和 A.1.2 中 B/B_{MSY} 下降幅度小得多。作业集中度导致了 3 种措施管理效果的很大差异，当捕捞强度的分布较为均匀时，A.1.2 效果迅速下降，而 A.1.1 和 A.1.3 对该变化并不敏感（微有上升）。总的来说，基于渔获量的策略对各种不确定性更为敏感，表明捕捞配额的管理存在较大风险。

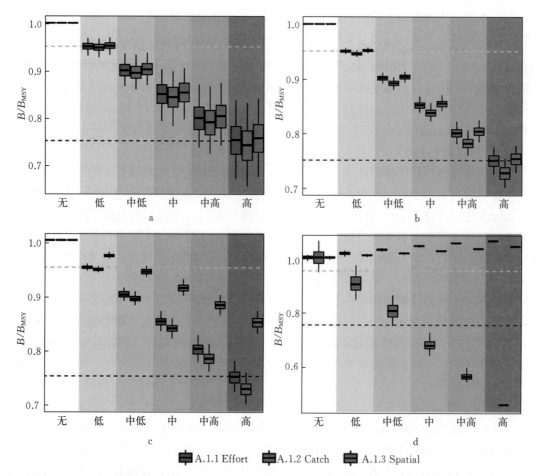

图 3-7-1　单一措施 MSY 方法（A.1.1、A.1.2 和 A.1.3）在 4 种不确定性条件下的管理效果
a. 补充量下降　b. 自然死亡率增大　c. 执行误差　d. 作业时间集中

两种措施结合的管理策略（A.2.1 至 A.2.5）表现出了与单一措施相似的结果，均对

4 种不确定性有着显著响应，且基于渔获量的方法表现出更大的敏感性。总体而言，单个措施和两种措施结合的管理效果差别不大，表明加入时间-空间休渔并不能显著提高基于渔获量和努力量策略的有效性（图 3-7-2）。

　　与前述措施相比，三种措施相结合的管理效果也没有显著改善，基于努力量的措施（A.3.1）受到的影响相对较小，且在不同作业集中度场景下长期效果大致保持不变，而基于渔获量的措施（A.3.2）在各个不确定性水平下 B/B_{MSY} 均有较大下降（图 3-7-3）。

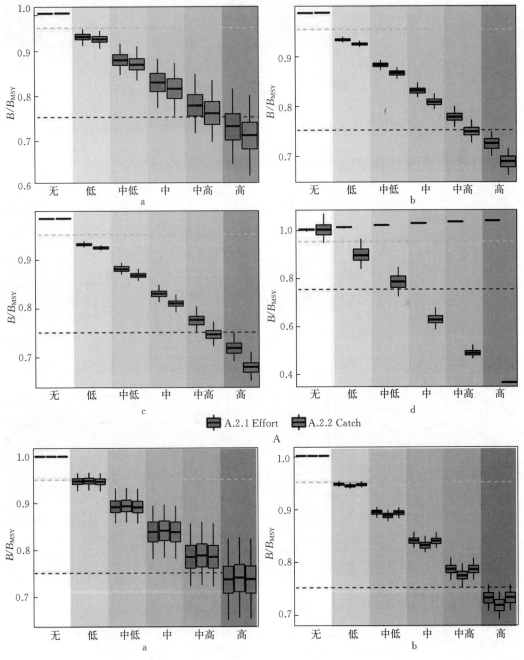

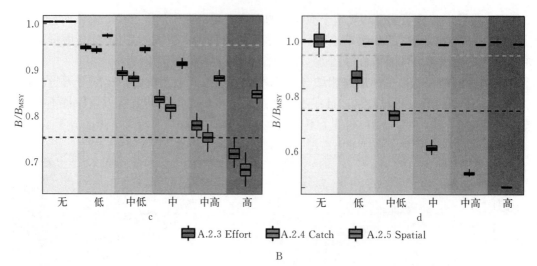

图 3-7-2 两种措施结合的 MSY 方法（A.2.1 至 A.2.5）在 4 种不确定性条件下的管理效果

A. 措施 1　B. 措施 2

a. 补充量下降　b. 自然死亡率增大　c. 执行误差　d. 作业时间集中

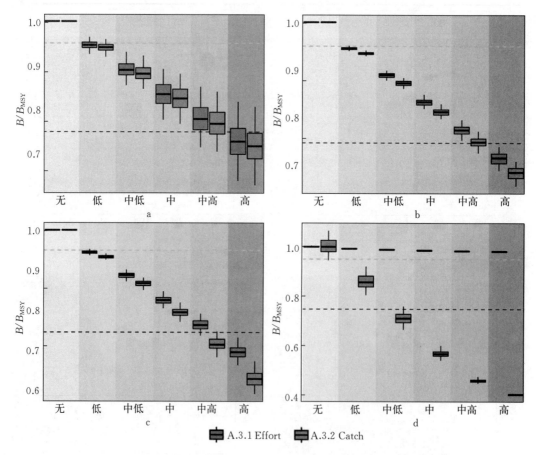

图 3-7-3 三种措施结合的 MSY 方法在 4 种不确定性条件下的管理效果

a. 补充量下降　b. 自然死亡率增大　c. 执行误差　d. 作业时间集中

2. HCR 方法

在 4 种不确定性因素的影响下，HCR 方法效果的变化与 MSY 方法相似，B/B_{MSY} 表现出显著地下降，且基于渔获量的方法（B.1.2）下降更为明显。与单一措施的 MSY 方法相比，静态 HCR 略微提高了各个不确定性水平下的长期 B/B_{MSY}，在应对不确定性时有更优表现（图 3-7-4）。

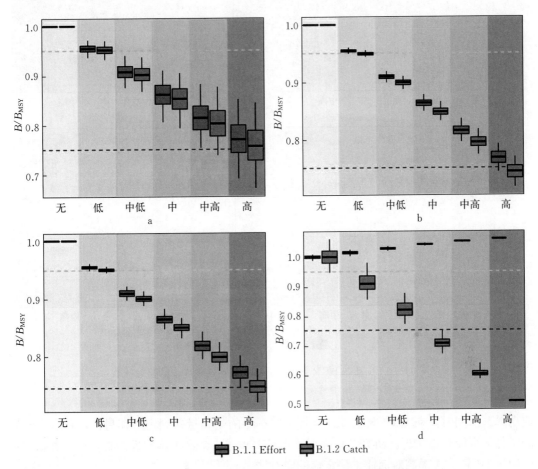

图 3-7-4　静态 HCR 方法在 4 种不确定性条件下的管理效果

a. 补充量下降　b. 自然死亡率增大　c. 执行误差　d. 作业时间集中

在所有不确定性条件下，动态 HCR 均显著提高了长期 B/B_{MSY}，即使在高水平的不确定性下，管理失败的概率（$B/B_{MSY}<0.75$）仍降低到 0（图 3-7-5）。同时，基于渔获量措施（B.2.2）的管理效果仍然相对低于基于努力的措施（B.2.1）。

三、讨论

本研究表明，不确定性的存在对渔业管理构成了重大威胁，特别是对于 MSY 方法，无论是单一管理措施或多种措施结合，都很难在较高不确定性水平下保证管理成功率。相比之下，HCR 策略的表现较好，特别是动态 HCR 综合了长期和短期目标能够显著提高

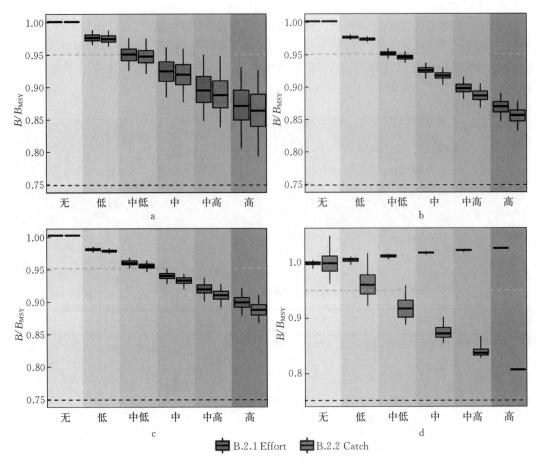

图 3 - 7 - 5　动态 HCR 方法在 4 种不确定性条件下的管理效果

a. 补充量下降　b. 自然死亡率增大　c. 执行误差　d. 作业时间集中

成功率。但同时，动态 HCR 需要准确评估每一年的生物量并制定短期目标，在数据有限的条件下可能难以实现。研究结果强调了在种群重建中考虑不确定性的必要性，并指出可以通过 HCR 方法提高对渔业不确定性的应对能力。

在多种管理策略中，渔获量管控措施的效果均逊于努力量管控措施，实现种群重建的成功率更低，对于 4 种不确定性因子更为敏感。究其原因，渔获量管控措施通过从种群中移除固定数量的个体达到 B_{MSY}，但在自然死亡率的增加和补充量降低的情况下，种群总体数量减少，导致实际移除比例偏大，最终种群数量低于预期目标。相反，努力量和空间管控措施按照预定比例移除个体，在种群数量下降的情况下移除数量相应下降，因此比渔获量管控措施更为保守。此外，渔获量管控措施对执行误差和作业集中度的敏感性也与种群数量的变化有关。由于管理措施是在月度上实施的，因此在一年的前几个月，由于两种误差导致渔获量的增加，显著减少了种群规模，因此捕捞死亡率将偏大。努力量管控措施可以避免该误差的影响，但需要注意的是本研究在此处做了一定简化，假设努力量与捕捞死亡率是线性相关的，而非线性或不确定的关系可能导致不同结果，也是未来研究中值得关注的问题。

　　本研究所探讨的几种不确定性代表了当前渔业资源面临的常见问题。其中，影响自然死亡的潜在机制极其复杂，其值很难准确估计，因此在种群评估中通常作为一个常数。而实际上自然死亡率存在动态的变化，导致模型估算偏差以及进一步的过度捕捞，通过采用预防性的措施，降低努力量或渔获量可能弥补其长期影响。补充过程的动态变化也会导致管理目标的偏差，本研究补充量减少的场景中长期 B_{MSY} 可能降低 40% 以上，该值虽然仅反映了一种理论上的可能性，但在全球气候变化和区域栖息地退化的影响下，未来渔业种群的补充过程与自然死亡难免面临更多的不确定性。另一方面，管理措施的执行误差和作业集中度是人为因素造成的，可以在一定程度上避免。当执行误差仅是偶然和随机发生时，其长期影响并不明显，但若管理体制存在问题时执行误差可能持续存在，导致长期过度捕捞。执行误差的水平取决于管理部门对具体措施的执行力，而不同管理策略的执行成本差异很大，这也是管理决策中应考虑的问题。最后，作业集中度严重影响了种群生物量的变动趋势，本研究假设捕捞强度的峰值发生在补充之后，因此当捕捞作业更为均匀地分布在各个月时，产卵季节之前产生的渔获量将增加，导致产卵群体生物量的损失，从而影响补充过程。在大多数渔业中，渔民会自动调整作业时间以获得更高的产量，这种渔业动态对种群数量的影响是未知的。另一方面，在数据有限的渔业中调整作业时间也可作为一种有效的管理措施。

　　此外，许多不确定性来源在本研究中未做考虑，也可能会降低渔业管理的有效性，如渔业监测和采样中的观测误差、不同形式的亲体-补充关系、生长参数的异质性、物种繁殖习性的变化等。未来还需进一步探究不同的不确定性类型、作用机制，以及不同生活史特征的种群对这些不确定性的响应，以加深对渔业管理策略实际效果的理解。

■ 小　结

　　受环境变化和人类活动的影响，渔业管理中面临种群动态、补充波动和捕捞强度变化等多种不确定性，但在实践中多重不确定性对管理效果的影响仍有待研究。本节探讨了渔业管理的两大类方法：最大可持续产量（MSY）方法（通过努力量控制、渔获量配额、空间-时间休渔等措施，将捕捞强度控制在 F_{MSY} 水平）和渔获控制规则（HCR）方法（基于短期或长期目标，根据种群生物量指标直接制定管理规则）。本研究应用管理策略评估框架，评估了以上方法在补充量降低、自然死亡率增加、策略执行失误，以及渔获作业的聚集等 4 种不确定性条件下的管理效果。MSY 方法在应对不确定时表现不佳，而结合短期和长期目标的动态 HCR 可以减轻不确定性的不利影响，基于渔获量配额的措施比基于努力量控制的措施更容易受各种不确定性的影响。不论采用哪种方法，种群的重建只能通过降低产量来实现，在自然死亡率和补充量不确定性的情况下应设置更大的缓冲范围。本研究揭示了当前管理实践中存在潜在风险，为有限数据下的渔业管理提供了参考。

第四章

渔业生态系统的管理与保护

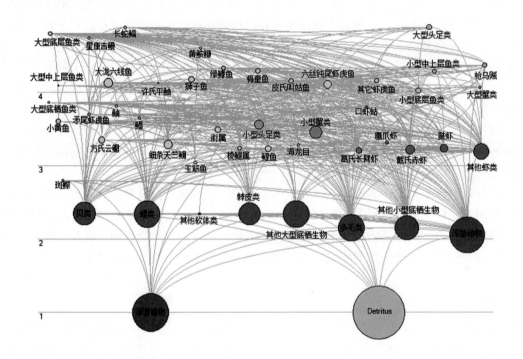

渔业生物是海洋生态系统的组成部分，维护海洋生态系统的结构与功能是渔业可持续发展的必要条件。随着人们对海洋生态系统认识的逐渐深入，基于生态系统的渔业管理得到了广泛共识。本章从渔业生态系统的视角出发，介绍了气候变化的效应以及多物种MSY、多物种总可捕量等管理方法，探讨了海洋保护区在选划布局过程中面临的挑战，阐述了综合社会-生态信息的空间保护方案评估框架，以及在保护区规划中种群、社会、经济等保护目标的权衡。

第一节　厄尔尼诺事件对渔业生态系统的影响

厄尔尼诺（El Niño）是海气耦合系统内部振荡的一种现象，尽管其主要特征体现在太平洋中部和东部的气温上升，但它是一种"全球异常模式"，对全球海洋生态系统均产生了强烈影响，许多研究报道了大洋区、上升流、珊瑚礁、极地、河口和近岸等生态系统对厄尔尼诺的响应。同时，生态系统对厄尔尼诺响应的趋势和强度也是不同的，有些地区厄尔尼诺导致了初级和次级生产力突然下降、生态系统规模缩小，以及能量途径的改变等，而在另一些地区，厄尔尼诺提高了初级生产力、物种丰富度和底栖生物群落的多样性。因此，海洋生态系统对厄尔尼诺及其驱动下区域性环境条件的响应仍待进一步探究。

在我国近海海域，厄尔尼诺事件表现出了多种理化和生物学效应，如海表温度上升、海平面温度降低、洋流异常、季风减弱和降雨带南移等。特别是 2015 年发生了一次强烈的全球厄尔尼诺事件，对中国海洋产生了重大影响，其间，热带太平洋中部地区的海表温度（SST）偏高，12 月热带太平洋地区的海表温度距海平面达＋2.9 ℃（Niño－3.4），是过去 36 年中最强的厄尔尼诺事件。环境变化极大地影响了从浮游生物到渔业资源的海洋生物丰度与分布，一些小型中上层鱼类如鲱鱼、马鲛和鳀等表现出在暖水环境下数量增加，在冷水环境下数量减少。由于理化环境和海洋生物量的剧烈变化，厄尔尼诺事件可能在短期内造成海洋生态系统的巨大改变，对渔业管理构成巨大挑战。

有鉴于此，相关研究探讨了在生态系统层次评估厄尔尼诺效应的可靠方法。其中生态网络分析（ENA）是评估生态系统状态的一种有效工具，揭示了生态系统对外界压力的反应，在过去几十年中有广泛应用，如在欧盟海洋战略框架指令（marine strategy framework directive）中，ENA 指标被用于评估环境状况。此外，ENA 指标可以用于营养结构分析、关键物种分析、能量流分析、路径分析、系统开发和生长分析等，揭示生态系统内隐藏的关系。同时这些指标在应用中也存在一定问题。首先，ENA 指标简化了生态系统内部的生态过程，无法全面反映复杂的环境和生物相互作用，导致指标对生态系统的变化不够敏感。其次，ENA 指标通常从 Ecopath 模型推导而得，而 Ecopath 模型的构建依赖于准确且有代表性的数据，在一些情况下这些数据可能具有高度的不确定性，影响最终的模型输出和 ENA 指标估算。许多研究者有"对模型过度信赖"的趋势，在应用相关指标和预测结果时未对 Ecopath 模型的质量进行检验，可能会导致渔业管理中不可预见的后果。为保证模型在管理决策中的合理应用，需对 ENA 指标进行评估，解析其对生态系统变化的响应以及对模型误差的稳健性，这是基于生态系统的渔业管理（EBFM）中需要考虑的重要因素。

本研究针对 2015 年厄尔尼诺期间海洋环境的显著变化，评估了海州湾生态系统的食物网结构，检验了环境条件的迅速变化对生态系统结构的驱动作用。通过构建 Ecopath 营养结构模型，评估生态系统参数对厄尔尼诺事件的响应，并根据敏感性、稳健性和统计效能等方面的综合分析，筛选有效反映厄尔尼诺事件的 ENA 指标。本研究旨在为渔业生态系统研究中 ENA 指标的选择提供指导，促进 EBFM 在管理实践中的应用。

一、材料与方法

研究区域为海州湾，是典型的开放海湾，海水相对较浅，受气候变化的影响较为显著。2015 年厄尔尼诺年期间，海州湾的年平均海表温度显著高于多年均值（图 4-1-1）。

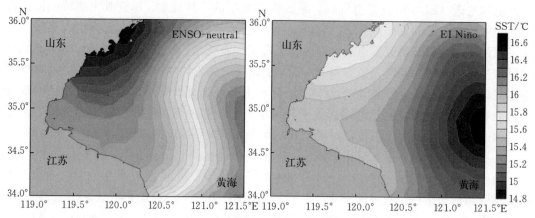

图 4-1-1　ENSO 中性年（2013 年）和厄尔尼诺年（2015 年）海州湾年平均海表温度（SST）

1. Ecopath 模型

Ecopath 模型基于质量平衡假设，反映了生态系统的食物网结构，量化功能群之间的能量流和营养相互作用。Ecopath 模型包含两个主方程，分别描述了系统生产力和功能群间的能量平衡：

$$B_i \left(\frac{P}{B}\right)_i EE_i = \sum_{j=1}^{n} B_j \left(\frac{Q}{B}\right)_j DC_{ji} + Y_i + E_i + BA_i + E_i$$

式中，i 为被捕食者，j 为捕食者，B 为生物量，P/B 为生产量/生物量，Q/B 为消耗量/生物量，EE 为生态营养效率，DC_{ij} 为捕食者 j 饵料组成中与物种 i 的比例。Y 为渔业产量，E 为净迁移率，BA 为生物量积累率。

$$Q_i = P_i + R_i + U_i$$

式中，Q_i、P_i、R_i 和 U_i 分别代表功能组 i 的消耗、生产、呼吸和未同化食物量。

本研究利用 Ecopath with Ecosim 软件（version 6.5）构建了两个 Ecopath 模型，分别代表了在 ENSO 中性（2013 年）和厄尔尼诺（2015 年）条件下的海州湾生态系统。两个模型采用相同的食物网结构，以排除不同拓扑结构对评估结果的潜在影响。基于摄食生态、体型、渔业重要性和温度偏好等生物学和生态学特征，将食物网划分为 26 个功能群，包括碎屑、浮游植物、浮游动物、4 个底栖生物组分、4 个甲壳动物组分、2 个头足类组分和 13 个鱼类组分（表 4-1-1）。

表 4-1-1　海州湾 Ecopath 模型的功能群划分及主要种类组成

组分	功能组	种类组成
1	狗母鱼类	长蛇鲻
2	玉筋鱼类	玉筋鱼

（续）

组分	功能组	种类组成
3	星康吉鳗	星康吉鳗
4	六线鱼类	大泷六线鱼
5	云鳚类	方氏云鳚
6	红娘鱼类	小眼绿鳍鱼
7	虾虎鱼类	六丝钝尾虾虎鱼、矛尾虾虎鱼、长丝虾虎鱼、小头栉孔虾虎鱼
8	石首鱼类	小黄鱼、鮸、棘头梅童、皮氏叫姑鱼、黄姑鱼
9	鲆鲽类	短吻红舌鳎、角木叶鲽、半滑舌鳎、带纹条鳎
10	中上层鱼类	赤鼻棱鳀、蓝圆鲹、黄鲫、斑鰶、油魛、鳀
11	冷温性底层鱼类	孔鳐、太平洋鳕
12	大型暖水底层鱼类	鲬、黄鮟鱇、海鳗、带鱼
13	小型暖水底层鱼类	细条天竺鲷、绿鳍马面鲀、绯鲻、铠平鲉、鲝鳚
14	小型头足类	四盘耳乌贼、双喙耳乌贼
15	大型头足类	短蛸、金乌贼、枪乌贼、长蛸
16	虾类	戴氏赤虾、鹰爪虾、脊腹褐虾、葛氏长臂虾、日本鼓虾、哈氏仿对虾
17	梭子蟹类	三疣梭子蟹
18	其他蟹类	日本蟳、强壮菱蟹、双斑蟳、枯瘦突眼蟹、寄居蟹、日本关公蟹、隆背黄道蟹
19	口虾蛄	口虾蛄
20	底层软体类	栉江珧、密鳞牡蛎、脉红螺、舟形长带蛤、皮氏蛾螺、毛蚶、广大扁玉螺、管角螺、魁蚶、沟纹鬘螺
21	其他底栖无脊椎动物	茗荷、海仙人掌、沙鸡子、光背节鞭水虱
22	棘皮类	哈氏刻肋海胆、细雕刻肋海胆、海燕、砂海星、紫蛇尾
23	多毛类	澳洲鳞沙蚕、软背鳞虫、短毛海鳞虫
24	浮游动物	中华哲水蚤、小拟哲水蚤、太平洋纺锤水蚤、近缘大眼剑水蚤
25	浮游植物	密联角毛藻、中肋骨条藻、尖叶原甲藻、卡氏角毛藻、辐射圆筛藻
26	碎屑	

　　模型的关键输入数据包括每个功能群的生物量（B）、生产量/生物量（P/B）、消耗量/生物量（Q/B）、饵料组成矩阵（DC）、生态营养效率（EE）和渔获量（Y）。生物量数据主要来自 2013 年春、秋季（ENSO 中性年）和 2015 年（厄尔尼诺年）在海州湾进行的渔业资源调查。鱼类、头足类和甲壳类动物的生物量通过扫海面积法估算，底栖生物使用 $0.1\ m^2$ 的箱式取样器进行采样和生物量估算，浮游动物和浮游植物通过浮游生物网Ⅰ和Ⅱ的垂直拖网收集和生物量估算。根据 Lin 等（2013）相关研究估算碎屑的生物量，参考海州湾及其附近生态系统的相关研究获取 P/B 和 Q/B。

　　通过渔获样品胃含物分析来估计大多数鱼类的饵料组成。由于缺少统计数据，渔获量由 $Y=FB$ 估算，其中生物量 B 根据调查数据估算得出，捕捞死亡率系数 F 从相关文献中获得。当所有功能群的 EE 值小于 1 时，主要功能群的 P/Q 值在 $0.1\sim0.3$ 时，认为模型达到平衡。

　　2. 生态网络分析

　　ENA 是一种系统生态学的方法，用于评估生态系统的结构特性和变化。本研究考虑了 15 种 ENA 指标，分别表征生态系统的增长、发展和总体状态，以反映 ENSO 中性年和厄尔尼诺年期间生态系统结构和功能的变化。这些指标分为 4 类，定义如表 4-1-2 所示。

（1）总体指标。它是表征生态系统的一般性质，包括系统总通量（TST）、总初级生产力（TPP）、总生物量（TB）、总初级生产量/总呼吸量（TPP/TR）和总初级生产量/总生物量（TPP/TB）。

（2）路径分析指标。它表征生态系统的直接和间接路径数，包括系统循环总通量（TST_c）、系统非循环总通量（TST_s）、Finn 循环指数（FCI）和平均路径长度（APL）。

（3）网络不确定性指标。表征整个网络交互相关状态，包括平均交互信息（AMI）、条件不确定性（DR）、实际不确定性（RU）和约束效率（CE）。

（4）系统的发展和增长指标。它包括优势度（A）和发育度（AC）。

表 4-1-2　生态网络指标的定义

分类	指标	符号	定义
总体指标	系统总通量	TST	呼吸、消耗、输入和输出的所有流量之和，表征系统的"规模"
	总初级生产力	TPP	所有生产者的初级生产总量
	总生物量	TB	所有个体的生物量总和
	总初级生产量/总呼吸量	TPP/TR	生态系统中总初级生产力和总呼吸之间的比率，反映生态系统的成熟度
	总初级生产量/总生物量	TPP/TB	初级生产力与总生物量之间的比率，反映生态系统成熟度
路径分析指标	系统总循环通量	TST_c	系统内循环通量的总和
	系统总非循环通量	TST_s	$TST_s = TST - TST_c$
	Finn 循环指数	FCI	$FCI = \dfrac{TST_c}{TST}$ 系统循环通量占总通量的比例
	平均路径长度	APL	$APL = \dfrac{TST}{\sum_i Exports + \sum_i Respiration}$ 表征一个碳原子通过的平均功能群数
网络不确定性指标	平均交互信息	AMI	$AMI = \sum_{ij} \dfrac{T_{ij}}{TST} lg_2 \dfrac{T_{ij} TST}{T_i T_j}$ 表征功能群间交流程度，是组织复杂度的度量，其中 T 为流通量
	条件不确定性	DR	$DR = HR - AMI$，AMI 的上限（HR）与其实际 AMI 间的差异，用来衡量系统稳定程度
	实际不确定性	RU	$RU = \dfrac{AMI}{HR}$，AMI 网络结构的不确定性占总不确定性的比例，表征系统的约束程度
	约束效率	CE	$CE = \dfrac{H_c}{H_{max}}$，网络内在的约束（$H_c$）与网络中的最大不确定性（Hmax）的比例
系统的发展和增长指标	优势度	A	$A = AMI \times TST$，生态系统组织性（AMI）和规模（TST）的综合量化指标
	发育度	AC	$AC = \dfrac{A}{DC}$ 表征系统组织的比例，反映系统的发育程度

研究对 ENA 指标的灵敏度、稳健性和统计效力进行了检验，评估其表征厄尔尼诺事件的性能。其中敏感度通过 ENSO 中性年和厄尔尼诺年的相对变化来表示，即

$$S = \frac{\left| C2 - C1 \right|}{C1}$$

式中，$C1$ 和 $C2$ 分别代表 ENSO 中性年和厄尔尼诺年的 ENA 指标值，相对变化较大的指标被认为更敏感。

稳健性是指 ENA 指标在 Ecopath 模型不确定性影响下的表现。本研究仅评估了参数误差的不确定性，不涉及模型结构的不确定性。Ecopath 模型中包含大量输入参数，按照不确定性的性质可大致分为两类：其一为认知不确定性，包括鱼类生活史和代谢等参数的估算偏差；另一类为随机不确定性，指环境变量和观测引起的参数随机误差。本研究考虑了 Ecopath 模型的 4 种输入参数：

① 生物量（B）。受观测误差的影响具有随机不确定性。由于大多数功能组的生物量通过调查估算获得，其结果较为准确，因此设其不确定性水平相对较低（不确定性水平≤40%）。

② 生产量/生物量（P/B）。每个物种具有特定的 P/B 值但难以估算，因此具有认知不确定性。模型中大多数功能群的 P/B 参考了其他研究，不确定性较高（80%≤不确定性水平≤100%）。

③ 消耗量/生物量（Q/B）。同样高度保守且具有认知不确定性。Q/B 的估计值来自类似生态系统的相关研究，因此具有中等到较高的不确定性（40%<不确定性水平<80%）。

④ 摄食组成（DC）。受环境条件波动等的影响，在同一物种中摄食组成也具有高度可变性，因此具有随机不确定性。DC 通过胃含物定量分析获得，具有中等到高水平的不确定性（40%<不确定性水平<80%）。

针对以上参数的不确定性，设计了 4 个单独参数场景及其合并场景共 5 个模拟场景，在每个场景下，相应参数的不确定性水平以 10% 为间隔从 0% 增加到 100%。使用蒙特卡罗模拟方法，从设定的不确定性范围内根据对数正态分布进行采样，在每个不确定性水平上生成 1 000 个 Ecopath 模型。模拟过程使用 matlab（8.6.0）中的"ecopath_matlab"工具箱（Kearney，2017）执行。

基于模拟结果检验 ENA 指标对模型参数误差的稳健性，评估各个参数对模型不确定性的贡献，确定主要的不确定性来源。根据 1 000 次运行结果计算了各不确定度水平下 ENA 指标的变异系数（CV），将 CV 与不确定性水平进行线性回归，计算线性回归斜率，斜率较低的指标认为更稳健。此外，对不同模拟场景的结果进行统计显著性检验，评估 ENA 指标的统计效力，即在哪个参数误差水平下两种气候条件对应的 ENA 指标差异显著（$p < 0.05$）。

二、结果

海州湾生态系统总生物量 TB 在 ENSO 中性年为 45.45 t/km²，在厄尔尼诺年下降到 25.41 t/km²。同时在厄尔尼诺年浮游植物大量减少，物种组成和生物量发生了很大变化，玉筋鱼、星康吉鳗、小眼绿鳍鱼、虾虎鱼、头足类、口虾蛄、浮游植物和冷温性底层鱼类

的生物量明显下降，长蛇鲻、石首鱼类、暖温性底层鱼类、中上层鱼类和梭子蟹的生物量增加（图4-1-2）。

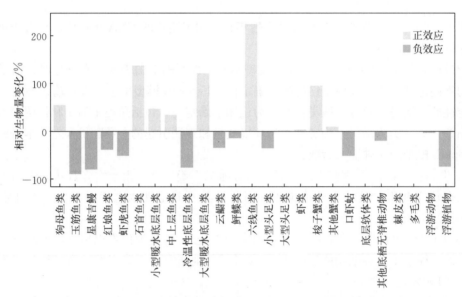

图4-1-2 2015年厄尔尼诺事件下海州湾生态系统各功能群生物量的相对变化

在厄尔尼诺年生态系统的能量流动发生了明显变化，系统总通量显著减少了64.2%（表4-1-3）。在厄尔尼诺事件期间，高营养级的能量流比例增加，低营养级的贡献减少。不同功能群对系统总通量的贡献也有显著变化，捕食者的消耗量从15.58%增加到42.12%，呼吸量从9.21%增加到24.89%，而输出和流向碎屑的比例分别从34.26%和40.95%降至7.45%和25.54%。

表4-1-3 海州湾生态系统在不同气候条件下能量流动的变化

能流	ENSO 中性年		厄尔尼诺年	
	流量/[t/(km² · a)]	比例/%	流量/[t/(km² · a)]	比例/%
消耗	1 505.35	15.58	1 456.45	42.12
输出	3 309.81	34.26	257.4	7.45
呼吸	889.73	9.21	860.53	24.89
碎屑	3 956.46	40.95	883.06	25.54
总通量	9 661.35		3 457.45	

在5个模拟场景中各个ENA指标的不确定性如图4-1-3所示。参数不确定性的增加均导致ENA指标的置信区间（CI）扩大，但不同参数造成的影响各不相同。在相同的不确定性水平下，参数B和P/B对结果的影响最大，其次是Q/B，而DC的影响最小。不同参数的组合可得到类似的结果。

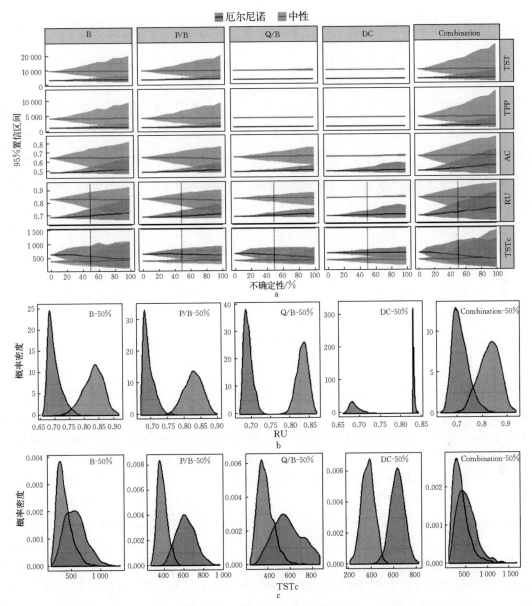

图 4-1-3　ENSO 中性年和厄尔尼诺年期间 5 种情景中 ENA 指标的不确定性分析
a. ENA 指标的 95% 置信区间　b. 50% 不确定性水平下，指标 RU 概率分布
c. 50% 不确定性水平下，指标 TST_c 概率分布

　　图 4-1-4 显示了 ENA 指标的敏感性和稳健性。在 15 个指标中，TPP/TR 在大多数情景下的稳健性最低，在较低的参数不确定性水平下也可能有较大波动。同样，TST_c 的 CV 和不确定性水平之间的回归斜率也较高，随模型误差的增大变化更为迅速。FCI 指标对生态系统变化最敏感，相对变化值接近其他指标的 3 倍。CE 对生态系统变化的敏感性最低，变化幅度较小（0.35%），表明该指标难以捕捉生态系统的变化。

　　厄尔尼诺事件下 ENA 指标的变化如表 4-1-3 所示。在厄尔尼诺年期间，TST 下降

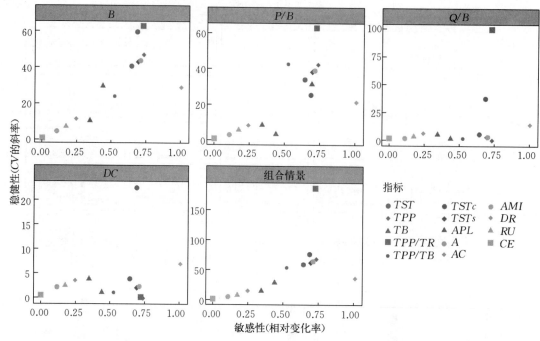

图 4-1-4　ENA 指标的稳健性和敏感性分析

了 64.21%，流向碎屑和输出的能量减少，TB 和 TPP 分别下降了 44.09% 和 73.38%。路径指标中 TST 减少、FCI 和 APL 增大，表明生态系统对碎屑的依赖性更大，能流效率也更高。DR 从 0.328 增加到 0.659，系统约束程度 RU 下降了 17.57%。系统发育和增长指标 A 和 AC 下降，意味着厄尔尼诺年的生态系统复杂度下降。

　　两种气候条件下 ENA 的差异性分析表明，在 4 个参数（B、P/B、Q/B 和 DC）的不确定性大于 100%，其组合的不确定性大于 70% 的水平下，TST、TPP、TST 和 A 四个指标仍可显示显著差异（表 4-1-4）。在参考水平（见方法）和参数组合 50% 的不确定水平下，FCI、APL、TB、DR、RU 和 AC 六个指标能显示出显著差异。尽管 TPP/TR、CE 和 TSTc 表现出显著差异，但其稳健性较低，不是理想的生态系统指标。总的来说，TST、TPP、TST 和 A 在敏感性和稳健性方面表现均较好，在高不确定性水平下呈现显著差异。FCI、APL、TB、DR、RU 和 AC 次之，在参考的不确定度水平内表现出显著差异，也是可接受的指标。

表 4-1-4　ENSO 中性年和厄尔尼诺年 ENA 指标的统计比较

分类	指标	ENSO 中性年	厄尔尼诺年	统计效力				
				B	P/B	Q/B	DC	组合
	$TST/[t/(km^2 \cdot a)]$	9 661.3	3 457.4	≥100	≥100	≥100	≥100	70
	$TB/(t/km^2)$	45.4	25.4	90	≥100	≥100	≥100	90
总体指标	TPP/TB	92.4	44.0	90	60	≥100	≥100	40
	TPP/TR	4.72	1.299	70	90	70	≥100	40
	$TPP/[t/(km^2 \cdot a)]$	4 199.5	1 117.9	≥100	≥100	≥100	≥100	70

（续）

分类	指标	ENSO中性年	厄尔尼诺年	统计效力				
				B	P/B	Q/B	DC	组合
路径分析指标	$TSTc/[\mathrm{t}/(\mathrm{km}^2 \cdot \mathrm{a})]$	378.18	637.7	30	70	40	≥100	20
	$TSTs/[\mathrm{t}/(\mathrm{km}^2 \cdot \mathrm{a})]$	9 283.2	2 819.8	≥100	≥100	≥100	≥100	70
	FCI（比例）	0.039	0.184	70	≥100	≥100	≥100	50
	APL（比例）	2.301	3.093	70	≥100	≥100	≥100	50
网络不确定性指标	AMI	1.619	1.435	70	90	≥100	≥100	50
	DR	0.328	0.659	80	≥100	≥100	≥100	50
	RU	0.831	0.685	80	≥100	≥100	≥100	50
	CE	0.665	0.667	10	10	10	10	0
系统发育与增长指标	A	22 439.7	6 565.2	≥100	≥100	≥100	≥100	70
	AC	0.647	0.488	80	≥100	≥100	≥100	50

三、讨论

厄尔尼诺条件下生态系统的急剧变化给 EBFM 带来了巨大挑战，了解生态系统对厄尔尼诺事件的响应对于适应性的渔业管理具有重要意义。本研究基于 Ecopath 模型和 ENA 指标评估了厄尔尼诺事件下海州湾生态系统的结构变化。结构表明，在厄尔尼诺期间生态系统的总生物量减少，初级生产力显著减少。许多研究也证明，厄尔尼诺事件通过自下而上的作用导致整个生态系统的巨大变化。有研究表明厄尔尼诺可能是驱动黄渤海浮游植物年际变化的主导因素之一：在厄尔尼诺事件期间，东亚夏季风减弱并向南移动，中国北方的降水量减少，导致由内陆向海域的径流和营养输入减少。此外，厄尔尼诺年的平均海面温度偏高，可能使表层海水的层化加强，限制硅藻的生长。营养物质限制和异常暖温可能是初级生产力及其他生物能量供应减少的主要原因。

厄尔尼诺事件导致了海州湾生态系统功能群的组成和生物量的显著变化。在厄尔尼诺条件下，许多冷温性物种（如玉筋鱼和方氏云鳚）的生物量下降。根据渔业统计数据，厄尔尼诺期间海州湾玉筋鱼产量与其他年均相比减少了约22%。温度升高可能会对这些物种的产卵活动和生长产生负面影响，同时冷温性鱼类会向北迁徙，以避免不利的气候条件。另一方面，厄尔尼诺现象对石首鱼类、梭子蟹等暖温性物种有正面作用，1982/1983年和1997/1998年厄尔尼诺期间，在温带和亚热带地区也观察到了类似的积极影响。这些功能群数量的波动可能通过营养相互作用对其他物种产生间接影响，如 Ecopath 表明，玉筋鱼与中上层鱼类的营养重叠程度最高，两个功能组对食物资源具有高度竞争力，因此玉筋鱼的减少可能导致中上层鱼类的增加。同样，在厄尔尼诺事件期间口虾蛄数量减少，其对应的竞争者三疣梭子蟹数量增加。

2015 年的厄尔尼诺是 1950 年以来最强的厄尔尼诺事件之一，其他较强年份还有

1982/1983 年和 1997/1998 年。与后者相比，2015 年的厄尔尼诺在 Niño – 3.4 区域效果最强，导致赤道太平洋西部和中部海温显著高于平均水平，但对加利福尼亚海流系统（东太平洋）的影响相对较小。此外，生态系统对厄尔尼诺事件的反应也各不相同。例如，1997/1998 年厄尔尼诺事件期间，北 Humboldt current 生态系统的能量循环减弱，Independence Bay 生态系统则相反，呈现了更高的循环指数和能量效率，与海州湾生态系统中的结果一致。这种差异可能是由于生态系统能流结构导致的。北 Humboldt 生态系统的食物网的能流效率本身较高，充分利用了碎屑具有较高的循环指数，在厄尔尼诺事件期间，底栖生物的生物量减少，导致 Finn 循环指数降低。相反，在 Independence Bay 和海州湾等封闭和半封闭海湾，碎屑生物量相对较高，碎屑生态营养效率较低（$EE < 0.2$）。在厄尔尼诺事件期间，浮游植物生物量急剧减少，导致碎屑大幅下降，因而浮游植物和碎屑得到更好的利用。总之，厄尔尼诺的影响因生态系统而异，是高度多样化的，突显了对厄尔尼诺事件进行持续和广泛监测的重要性。

本研究评估了 15 个 ENA 指标对生态系统变化的敏感性、对参数误差的稳健性，以及统计效力。其中 TST、TPP、TST 和 A 可作为监测厄尔尼诺事件下生态系统变化的有效指标，而 FCI、APL、TB、DR、RU 和 AC 的表现次之。这些指标属于不同类别，在描述生态系统状态时可以互补。总体而言，路径分析指标和总体指标相对更为敏感，而网络不确定性指标更为稳健。其主要原因是，网络不确定性指标利用复杂的算法反映了系统能流，比总体指标具有更大的约束性。建议在选择合适的指标时，考虑两个属性之间的权衡，并进行显著性检验。

稳健性是 ENA 指标在实际管理应用中应考虑的重要标准，但由于数据限制和计算困难，这一点通常被忽略。评估 ENA 指标稳健性的一种方法是使用 Ecopath 中的"谱系分析（pedigree）"，为输入变量设置不确定性水平进行模拟分析。同时，不同指标的稳健性受输入参数的影响程度并不相同。路径分析指标的稳健性相对较低，特别是在 Q/B 和 DC 不确定性情景中结果较差。这类指标与生态系统的能量流有关，主要依赖于摄食矩阵，可能使其对消耗量相关的输入参数更为敏感。总体指标表现相对稳健，但与 DC 和 Q/B 不确定性情景相比，在 B 和 P/B 情景下稳健性较低。这主要是因为总体指标衡量了生态系统的整体状况，不受生态系统内部关系（如捕食和竞争）的影响。

Ecopath 模型的构建涉及大量参数，如生物量、摄食比例、生产率和消耗率等参数的不确定性具有不同的"性质"和来源，建议未来研究通过量化不同类型参数对模型不确定性的贡献，确定数据收集的优先级，在建模中降低成本、提高收益，减少模型中的不确定性。本研究表明，参数 B 和 P/B 对模型不确定性的影响最大，其次是 Q/B，而 DC 的影响最小。Essington（2007）根据模型对生物量和生态营养效率的估算，评价了 Ecopath 的不确定性，提出 B 和 P/B 是其误差的主要来源，与本文结果相符。因此在 Ecopath 模型中应着力提高对 B 和 P/B 等参数的估算精度，在相关调查和样品采集时优先考虑。此外，在未来的研究中应关注 ENA 等指标所反映的生态系统变化是否有足够的统计效力，并评估其对外在驱动因素（如海洋变暖、捕捞压力和海洋污染）的响应。除了灵敏度和稳健性之外，ENA 指标的实用标准，如可获得性和成本效益也是值得探讨的问题。

■■ 小 结

厄尔尼诺事件对全球海洋生态系统产生了巨大影响，改变了从浮游生物到渔业资源的海洋生物组成。了解生态系统对厄尔尼诺的响应是基于生态系统的渔业管理（EBFM）的关键，但目前少有研究对厄尔尼诺在海洋生态系统层次的效应进行评估。本节根据 ENSO 中性年（2013 年）和厄尔尼诺年（2015 年）海州湾的 Ecopath 模型，利用生态网络分析（ENA）指标系统评估了在厄尔尼诺背景下 ENA 对生态系统变化的敏感性以及对模型参数的稳健性。厄尔尼诺事件发生后，海州湾生态系统的物种组成和生物量发生了明显变化。系统总通量、总初级生产量、系统非循环总通流和优势度等 4 个指标能够较好地表征厄尔尼诺驱动下生态系统的变化。总体而言，厄尔尼诺事件导致了生态系统规模缩小、能流效率提高、系统结构复杂性降低。本研究结果深化了对全球气候变化下生态系统动态的理解，强调了在厄尔尼诺事件下预防性管理的必要性。

第二节 多鱼种渔业中基于 MSY 的管理策略

最大可持续产量（MSY）是在现有环境条件下可以持续获得的最大平均捕捞量或产量（Ricker 1975）。长期以来，MSY 一直是渔业管理的重要基石。这一概念可以追溯到 20 世纪 30 年代（Russell，1931），随着剩余生产模型的发展，它在 20 世纪 50 年代被广泛传播。MSY 在 1982 年"联合国海洋法公约"、欧盟第 1380/2013 号条例和 2002 年联合国可持续世界首脑会议等许多国际性机构和会议中被反复提到，也是许多国际渔业组织的主要参考目标。

然而长期以来，MSY 在渔业管理中的应用一直存在争议。一些研究指出，MSY 概念的假设过于简单，忽视了资源补充过程的不确定性，无法在多物种渔业中同时维持所有鱼种的 MSY，以 MSY 作为渔业管理目标容易导致资源过度开发。目前多数学者认为将 MSY 作为渔业管理的目标是不恰当的，但它可以作为一个阈值，应用在预防性渔业管理框架中。近来相关研究进一步探讨了 MSY 方法的不足之处，如忽视了物种相互作用、生物多样性、非目标物种、栖息地变化和长期系统功能和服务等。总体而言，单物种管理框架下 MSY 提供了"不完全的政策指导"，但在实践中这一缺点还没有受到足够的重视。

本研究强调了种间关系对 MSY 目标下渔业管理的重要影响。生态系统中的生物是普遍联系、相互影响的，对一个物种的捕捞可能造成兼捕、改变栖息环境、改变捕食关系和竞争关系等，不可避免地影响其他物种的种群动态。同时，生态系统具有不同层次和尺度，涉及生物之间、生物与非生物组分之间的相互作用，生态关系非常复杂而且具有动态变化。有研究称其为"复杂自适应系统"（complex adaptive system，CAS）（Levin，1998），其固有的复杂性使得传统的渔业管理框架面临严峻挑战。因此在基于生态系统的渔业管理中，如何评估和应用 MSY 这一概念，是值得深入探讨的问题。

本研究从生态系统的角度，评估了多物种背景下 MSY 对于渔业资源可持续性的参考意义。研究使用了质量谱模型（size spectrum model），模拟了营养相互作用、兼捕等群落生态过程，评估了 MSY 的生态系统效应。本研究旨在阐明营养交互作用和兼捕对MSY 估算的影响，并利用生态指标监测鱼类群落动态，评估不同捕捞压力下生态系统指标的变化。本研究将种群动态与群落营养动力学相结合，以期深化对渔业可持续性的理解，推动多鱼种渔业管理策略的发展。

一、材料与方法

1. 质量谱模型

本研究以多物种质量谱模型为操作模型，进行渔业生物群落的模拟分析。质量谱模型由 Andersen 等提出和完善，在 R 语言"Multi - species sIZE spectrum modelling in R (mizer)"中方便调用。该模型包含了鱼类生长、繁殖、死亡和新陈代谢等个体层面的生物学过程，模型中生物学过程的能量均来自摄食，反映了食物网中的物质循环和能量流动过程。模型假设生长和死亡等过程速率与个体质量紧密相关，即"异速尺度规律"（allometric scaling law）。

质量谱模型以质量结构方程描述种群动态，采用了 McKendrick - von Foerster 方程：

$$\frac{\partial N(w)}{\partial t} + \frac{\partial g(w)N(w)}{\partial w} = -\mu(w)N(w)$$

式中，$N(w)$ 代表鱼类的丰度（单位体重组内的个体数量），$g(w)$ 和 $\mu(w)$ 表示体重为 w 的个体生长率和死亡率。

质量谱模型利用一系列子模型分别描述了与种群动态有关的主要生物过程（表 4 - 2 - 1）：

(1) 摄食选择模型。个体的摄食偏好由捕食者和被捕食者的个体质量比决定，服从对数正态函数：

$$\varphi\left(\frac{w_p}{w}\right) = exp\left[\frac{-(\ln[w/(w_p\beta)])^2}{2\sigma^2}\right]$$

式中，w 代表捕食者体重，w_p 代表被捕食者体重，β 为偏好质量比，具有种类特异性，σ 代表质量选择函数的宽度。

(2) 食物资源模型。饵料生物来源于鱼类群落本身（包括仔稚幼鱼）以及生态系统中的浮游生物及其他小型有机体（称为"背景资源"）。模型假设背景资源的增长遵循逻辑斯蒂方程，其内秉增长率为 $r_0w^{(p-1)}$，生态系统的承载力为 $k_Rw^{-\lambda}$。

$$\frac{\partial N_R(w)}{\partial t} = r_0w^{p-1}\left[\kappa_R w^{-\lambda} - N_R(w)\right] - \mu_r(w)N_R(w)$$

式中，N_R 代表资源密度，p 和 λ 是异速尺度规律相关的尺度指数，$\mu_r(w)$ 为死亡率。捕食者与被捕食者的相遇率为 $E(w)$，是食物搜索速率 $V(w)$ 和总的食物密度的乘积，由 Andersen - Ursin 模型描述如下：

$$E(w) = V(w)\int\left[N_R(w_p) + \sum_i \theta_{ij}N_i(w_p)\right]\varphi(w_p/w)w_p dw_p$$

式中，总食物密度由饵料鱼类丰度 $\sum_i \theta_{ij}N_i(w_p)$、背景资源量 $N_R(w_p)$ 以及食物选择函数共同决定的。饵料鱼类丰度中 θ 表示由于物种偏好或分布重叠决定的种间相互作用强度。

（3）能量分配模型。 个体摄取能量的速率与摄食量和同化效率 α 有关，而摄食量为摄食水平 f 和最大消耗速率 $I_{\max}$ 的乘积。个体获取的能量在新陈代谢、生长和繁殖过程之间进行分配：能量首先用于代谢消耗，即 $k_s w^p$，其中 k_s 为代谢系数，剩余能量分配到生长和繁殖中，其分配比例与个体的性成熟度 ψ 有关，未成熟个体能量主要用于生长，成熟个体能量主要用于繁殖：

$$g(w) = \left[\alpha f(w) I_{\max} - k_s w^p\right]\left[1 - \psi(w)\right]$$
$$g_r(w) = \left[\alpha f(w) I_{\max} - k_s w^p\right]\psi(w)$$

（4）补充量模型。 分配给繁殖的能量 $g_r(w)$ 决定了个体的产卵量：

$$R_p = \frac{\in}{2\,w_0}\int N(w)\,g_r(w)\,\mathrm{d}w$$

式中，w_0 代表卵粒大小（重量为 g），$\in$ 为繁殖效率，即性腺组织中的重量转化率。模型中假定性比例为 $1:1$，因此在分母中除以 2。考虑到鱼类的补充量与产卵量呈非线性关系，模型假设为密度依赖性的补充机制，以 Beverton‐Holt 模型进行描述：

$$R = \frac{R_{\max}}{1 + R_{\max}/R_p}$$

式中，R_p 为由繁殖能量所决定的产卵量，$R_{\max}$ 为一个物种的最大潜在补充量。该参数不能直接估算，需在模型拟合过程中进行校正。

（5）死亡率模型。 个体死亡来源于 3 个方面，捕捞死亡（fishing mortality）、被捕食死亡（predation mortality）和背景性死亡（background mortality）。其中，被捕食死亡率指一定大小（w_p）的群体被所有捕食者摄食的比例，为每个捕食者 i 摄食量的总和：

$$\mu_p(w_p) = \sum_i \int_{w_0}^{W} \varphi_i\left(\frac{w_p}{w}\right)\left[1 - f_i(w)\right]V_i(w)\theta_i N_i(w)\mathrm{d}w$$

捕捞死亡来源于渔业生产，模型中捕捞死亡率由渔具选择性 $S(w)$、可捕性 q_i 以及捕捞努力量 E_t 共同决定，即

$$F_{i,t}(w) = q_i \cdot S(w) \cdot E_t$$

此外，假定背景死亡率发生在整个个体的生活史过程中，随个体增大逐渐减小：

$$\mu_0 = Z_0 W^{n-1}$$

式中，Z_0 为决定基础死亡率水平，n 为尺度系数。

质量谱模型的子模型结构见表 4‐2‐1。

表 4‐2‐1　质量谱模型的子模型结构

子模型	Sub 模型	公式
摄食选择性	Prey size selection	$\varphi\left(\dfrac{w_p}{w}\right) = \exp\left[\dfrac{-\left(\ln\left[w/(w_p\beta)\right]\right)^2}{2\,\sigma^2}\right]$
搜索速率	Volumetric search rate	$V(w) = \dfrac{f_0 h \beta^{2-\lambda}}{(1 - f_0)\sqrt{2\pi\kappa\sigma}}\,w^q$
遭遇食物	Encountered food	$E(w) = V(w)\displaystyle\sum_i \theta_i \int N_i(w)\varphi\left(\dfrac{w_p}{w}\right)w_p\,\mathrm{d}w_p$
摄食水平	Feeding level	$f(w) = \dfrac{E(w)}{E(w) + h\,w^n}$

（续）

子模型	Sub 模型	公式
成熟度	Maturation	$\psi(w) = \left[1 + \left(\dfrac{w}{w_{\text{mat}}}\right)^{-10}\right]^{-1}\left(\dfrac{w}{W}\right)^{1-n}$
生长	Somatic growth	$g(w) = \left[\alpha f(w)I_{\text{max}} - k_s w^p\right]\left[1 - \psi(w)\right]$
繁殖	Energy for reproduction	$g_r(w) = \left[\alpha f(w)I_{\text{max}} - k_s w^p\right]\psi(w)$
产卵	Egg production	$R_{ep} = \dfrac{\epsilon}{2 w_0}\displaystyle\int N(w)\, g_r(w)\,\mathrm{d}w$
补充	Recruitments	$R = R_{\text{max}}\dfrac{R_{ep}}{R_{ep} + R_{\text{max}}}$
背景死亡率	Background mortality	$\mu_0 = Z_0\, W^{n-1}$
被捕食死亡率	Predation mortality	$\mu_p(w_p) = \sum\limits_i \int \varphi_i\left(\dfrac{w_p}{w}\right)\left[1 - f_i(w)\right]V_i(w)\theta_i N_i(w)\mathrm{d}w$
背景资源量	Resource dynamics	$\dfrac{\partial N_R(w)}{\partial t} = r_0\, w^{n-1}\left[\kappa(w) - N_R(w)\right] - \mu_{p,r}(w)N_R(w)$
环境容纳量	Carrying capacity	$\kappa(w) = \kappa_r\, w^{-\lambda}$

根据海州湾海域鱼类群落对质量模型进行参数化，模型包含了 23 个最常见的物种，累计占鱼类总生物量的 90% 以上。综合利用了调查数据和 FishBase、相关文献等不同来源的数据，获取每个物种的生长、捕食、死亡和繁殖等参数。其中捕食者摄食偏好（β）通过胃含物分析获得，对于大多数物种而言摄食选择函数宽度 σ 较难准确估计，统一设为 1.3。假设种间相互作用强度 θ 由物种分布时空的重叠度决定，摄食选择不存在种间的偏好性。根据拖网调查数据计算出的重叠指数 θ，构成重叠度矩阵：

$$\theta_{ij} = 1 - \frac{1}{2}\sum_s \left| p_{i,s} - p_{j,s}\right|$$

式中，$p_{i,s}$ 为物种 i 在站位 s 的生物量占其在所有站位总生物量的比例。当两物种在各个站位分布的比例完全相同时，$\theta=1$，即完全重叠；当一个物种出现的所有站位均无另一物种时，$\theta=0$。

在捕捞死亡参数的估计中，本研究计算了渔获量统计数据与扫海面积法估算的总生物量之比，作为捕捞率死亡系数的近似值。此外，假设渔具选择性符合刀峰型曲线，每个物种具有特定的可捕体重，该数值根据调查数据估计。假设所有物种经受同一个捕捞努力量（E，即来源于同样的渔船和捕捞网具），不同物种的捕捞死亡率由渔具选择性和可捕系数界定。模型中捕捞努力量和可捕系数均是相对量，不需特定的度量指标，因此，本研究将死亡率最高的物种（小黄鱼）的可捕系数定为 1，根据其捕捞死亡率得到捕捞努力量的估计值，再按照该捕捞努力量计算其他物种的可捕系数。需要说明，模型中捕捞死亡率需要准确估算，而捕捞努力量和可捕系数可根据实际情况自行设置，因为其数值是相对的，这种设置方法并不会影响模型的效果（如 E 的数值加倍，q 的数值减半，将得到完全相同的结果）。

背景资源量（k_R）和最大补充量（R_{max}）难以进行直接观测和估计，需要根据群落结构的观测值进行校准。计算群落组成数据的预测值和观测值，对比两者在对数尺度上的差异，使用 R 语言的"optim"算法求解最优参数值（或使用"optimParallel"通过并行运算加快求解速度）。Optim 算法中使用"L－BFGS－B"方法设定估计值的上下限，将参数限制在一个合理的范围内。

2. 模拟过程

通过模拟捕捞努力量的变化，探讨不同捕捞压力下的群落结构特征，评估群落层次的最大可持续产量。研究中主要关注了海州湾的两种鱼类的相互影响，在渔业中具有重要产量的小黄鱼（*Larimichthys polyactis*）和群落主要优势种类方氏云鳚（*Pholis fangi*）。其中，小黄鱼的渐近体重为 579 g，生长系数 $K=0.50a^{-1}$。方氏云鳚的体形较小，渐近体重为 30 g，生长速度较快（$K=0.65a^{-1}$）。其他 21 种是非目标鱼种，作为兼捕被一同捕捞。为了分析渔业对目标物种和非目标物种的产量和生态效应，研究模拟了以下 3 种场景：

(1) 单鱼种渔业。该场景模拟了一种"理想"的渔具，对于目标物种的可捕性为 1，对非目标物种的可捕性为 0，即不存在兼捕。捕捞对非目标物种无直接影响，但由于捕食和竞争过程产生间接效应。其中捕捞努力量设置小黄鱼为 $0\sim0.5a^{-1}$，方氏云鳚为 $0\sim5a^{-1}$。

(2) 多鱼种选择性渔业。该场景模拟了海州湾实际渔业，根据调查数据估算捕捞努力量和每一鱼种的可捕性。捕捞努力量对所有物种均为 $1.47a^{-1}$，目标物种方氏云鳚和小黄鱼的可捕性分别为 0.15 和 1.0，其他 21 种鱼种的可捕性在 0 到 1 之间。在模拟中将捕捞努力量数值设置为 $0\sim3a^{-1}$。该场景中非目标种同时受到兼捕和营养相互作用的影响。

(3) 多鱼种无选择性渔业。该场景通过设定所有物种具有相同的可捕性（$q=0.5$），模拟了无选择性渔业的资源效应。需要说明的是，实际渔业对不同物种的可捕系数是不同的，本研究中将其做了简化，作为渔业生态系统效应的理论探讨。同样假设捕捞努力量从 $0\sim3a^{-1}$ 不等，捕捞对非目标物种的影响是兼捕和营养相互作用的共同结果。

本文假设鱼类的繁殖效率和背景资源的承载能力存在随机性波动，以模拟实际渔业种群的不确定性过程。通过 Monte Carlo 方法生成随机参数，其中繁殖效率服从均值为 0.1、标准差为 0.05 的对数正态分布，背景资源的承载力也服从对数正态分布，均值由拟合过程获得，标准偏差为 0.5。在每个模拟场景中，模型运行 150 年以达到长期恒稳状态，根据最后 30 年的鱼类群落动态来评估捕捞对目标物种和鱼类群落的影响。

3. 群落状态评估

根据模拟运行的结果，计算不同捕捞压力和渔获场景下目标物种的种群生物量和渔获产量，评估最佳捕捞努力量和对应的 F_{MSY}。利用 4 个生态指标来监测鱼类群落特征的动态变化：

群落的总生物量：$B=\sum B_i$，其中 B_i 为每个鱼种的总生物量。

香农多样性指数：$H'=-\sum p_i\ln(p_i)$，其中 p_i 代表每个鱼种在群落中生物量占比。

群落平均体重：$W=\dfrac{\sum W_i}{\sum N_i}$，群落中所有个体的平均体重，其中 W_i 和 N_i 分别表示每个鱼种的总生物量和总丰度。

群落质量谱的斜率 γ，即将群落生物量谱进行线性回归所得的斜率，$\lg(N_w) = \alpha + \gamma\lg(w)$，其中 N_w 是在同一体重组 w 中所有鱼类的总丰度。

二、结果

单鱼种渔业对非目标物种没有直接的影响，然而本研究表明通过营养相互作用，渔业对群落各个物种均产生了一定影响。方氏云鳚和小黄鱼的种群生物量随着捕捞死亡率的增加而降低，当捕捞死亡率高于 $0.3a^{-1}$ 时，小黄鱼种群数量减少，种群生物量接近于零。在年捕捞死亡率的模拟范围内（$0 \sim 5a^{-1}$），方氏云鳚产量持续增加，达到 150 t/年；而小黄鱼最大捕捞量在 3 t/年左右，对应捕捞死亡率为 $0.16a^{-1}$。达到长期 MSY 时，小黄鱼的种群大小是未捕捞时生物量的 39%，而群落总体生物量减少了 5%。小黄鱼渔业对方氏云鳚生物量和产量的影响很小，但反过来的影响较大，对方氏云鳚捕捞会显著增加小黄鱼的产量（图 4-2-1）。

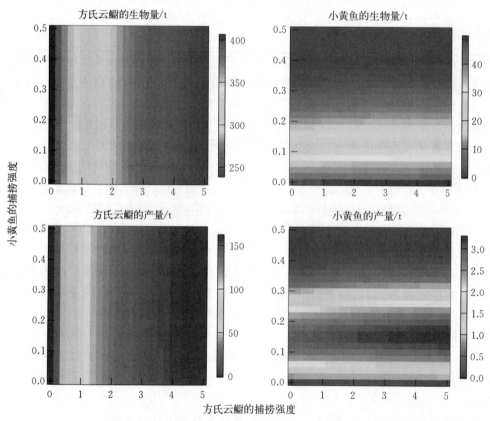

图 4-2-1　单鱼种渔业中方氏云鳚和小黄鱼的产量和生物量随捕捞努力量的变化

多鱼种选择性渔业的效果与单鱼种渔业的差别很大。随捕捞努力量从 $0 \sim 3a^{-1}$，方氏云鳚的产量增加到 150 t/a（图 4-2-2）。小黄鱼的产量随捕获努力量的变化呈现单峰状变化，最高产量（即 MSY）为 661 t/a，对应的 $F_{MSY} = 1.02a^{-1}$，MSY 下种群数量是最大种群生物量的 77%，显著高于单物种渔业的对应数值。两个物种的生物量并非随着捕捞强度增大而逐渐减小，而是分别在 $F=1.62a^{-1}$ 和 $F=0.62a^{-1}$ 处达到峰值。随着捕获压力的增大，群落总生物量逐渐下降，多样性指数 H' 随着捕捞努力量的增加而增大，最大值在 $F=2.22a^{-1}$ 处取得。群落平均体重呈折线变化，峰值为 $F=0.66a^{-1}$。群落生物量谱斜率表现出离散趋势，在 $F=0.3a^{-1}$ 和 $F=1.3a^{-1}$ 附近有急剧变化。

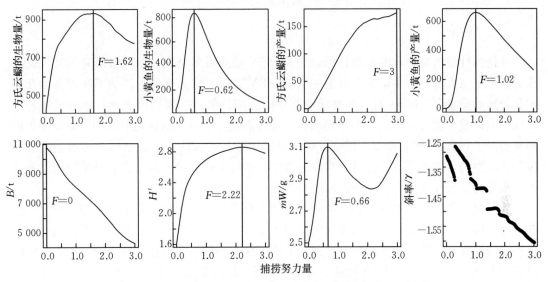

图 4-2-2　多鱼种选择渔业中生态指标随捕捞努力量的变化

多鱼种无选择渔业假设所有物种都具有相同的可捕性，反映了理论上捕捞对生态系统的影响。无选择渔业的生态效应比前一种渔业状况下的变化更为显著（图 4-2-3）。方氏云鳚的产量在 $F=0.5a^{-1}$ 时有局部最小值，其后一直增加到 800 t/a。小黄鱼在 $F=1.02a^{-1}$ 时获得最大产量（MSY＝2 007 t/a），远高于之前的情景。方氏云鳚的生物量受捕

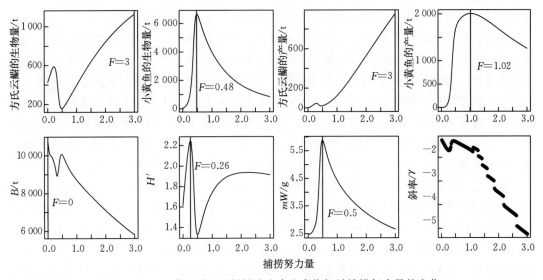

图 4-2-3　多鱼种无选择性渔业中生态指标随捕捞努力量的变化

捞死亡率的影响很大，不随捕捞强度的增加而下降，反而在 F 大于 $0.5a^{-1}$ 时迅速增加。小黄鱼的种群生物量具单峰分布，MSY 对应的生物量为该种群初始大小的 59%。4 个生态学指标均在 $F=0.5a^{-1}$ 左右出现急剧变化，其中群落的总生物量、平均体重和质量谱的斜率均达到局部最大值，而多样性指数出现最小值。生物多样性指数的最大值在 $F=0.26a^{-1}$ 取得，对应于群落总生物量和生物量谱斜率的局部最小值。

三、讨论

可持续性是渔业管理的根本目标，尽管 MSY 受到很多争议，但许多研究为其优化和改进做出了巨大努力。本研究在群落层次对 MSY 进行了深入探讨，评估了在营养相互作用和兼捕的情境下，MSY 对多鱼种渔业管理的应用价值。主要结果表明：单鱼种渔业对目标鱼类造成了较大的压力，容易导致目标种群崩溃，但对非目标鱼类影响有限；多鱼种渔业提高了目标物种的 MSY，增强了种群对捕捞压力的抗性；生态指标对捕捞强度的响应是非线性的，说明群落状态可能难以通过生态指标进行简单监测。研究结果突出了海洋生态系统的复杂性和渔业管理应面临的挑战。

营养交互作用是食物网结构的基础，在很大程度上决定了摄食竞争和密度依赖性等生态过程。质量谱模型反映了个体层次复杂的生物过程，在分析营养交互作用方面具有显著优势，同时复杂的营养交互作用也导致了本研究中一些结果与以往研究不同。很多研究都曾利用 Ecopath/Ecosim、OSMOSE、Atlantis 和多种群微分方程等生态系统模型评估渔业管理策略，其结果也存在一定差异。例如 Walters 等（2005）使用 Ecosim 模拟了多个生态系统，认为对生态系统中每个物种执行 MSY 可能会导致种群严重的枯竭，需通过保守的渔业管理策略加以避免。本研究中，单鱼种渔业在较低捕捞强度下导致了小黄鱼渔业的崩溃，而在纳入多鱼种渔业的兼捕效应后，小黄鱼渔业的抗性明显增加，且捕捞导致了目标鱼种生物量的上升，这与通常认识是相反的。也就是说，对于某些种类，"未捕捞"资源生物量并不一定高于多鱼种渔业捕捞后的资源量。该结果说明，在渔业管理政策中根据"未捕捞"资源生物量（如 $SSB0$）设定管理阈值的做法是值得商榷的。

质量谱模型通过模拟基于个体大小的摄食选择性，反映了两种重要的生物过程：①随着个体的生长，鱼类的捕食偏好发生变化，导致其营养生态位变化；②小个体鱼较大个体鱼易被捕食，导致生活史早期的死亡率较高，并伴随生长过程死亡率逐渐降低。这些过程与传统的资源评估模型显著不同，为 MSY 的理念带来了新的认识。本研究表明，在单鱼种渔业中捕捞死亡率的增加将导致目标鱼类生物量的单调下降，但存在兼捕时，目标物种的生物量可能增加，同时 MSY 的数值也有显著差异，突显了兼捕对于渔业生态系统的影响，生态系统的涌现性特征不能依赖于直觉判断。本研究认为该结果与营养交互作用有关：在多鱼种渔业中，对大个体的捕捞将导致"捕食压力释放"（predation release）效应，即通过降低捕食者数量而提高了饵料生物的生存率，从而增加了小个体鱼类的生物量。但也有研究表明，在结构复杂的食物网中，被移除的捕食者会被其他物种取代，从而抵消捕食压力释放的效应。此外，复杂食物网中营养关系是多途径的，一种捕食者可能不仅摄食特定的饵料生物，更有饵料生物的其他捕食者或竞争者，从而间接地对这种饵料生物产生积极影响，因此移除捕食者并不一定会增加被捕食者的丰度。

在单鱼种渔业的场景中，小黄鱼在捕捞死亡率为 $0.3a^{-1}$ 时种群发生崩溃，而在其他情景中对捕捞压力有更强的抗性，这应当归结于种间相互作用的结果。渔业中目标种和非目标种的相互作用是非常复杂的，如 Walters 等（2005）提出了 3 种可能的机制，包括①培育效应（cultivation effect），即成鱼通过捕食作用，抑制其他物种对其幼鱼的竞争和捕食；②竞争-捕食权衡，即在未受干扰的生态系统中，不同种类通过竞争达到平衡，而捕捞压力可能打破鱼类竞争平衡；③跨营养级捕食，即目标物种的捕食者也会捕食低营养级鱼类，移除目标物使低营养级鱼类受益于"捕食压力释放"，反而增加了高级捕食者的食物供应，从而对目标种产生更大的抑制作用。基于上述假设，捕捞可导致目标种的竞争力下降，而非目标的竞争者可能会占据其原本的生态资源。这一理论在一些生态系统中得到支持，如大西洋鳕鱼（*Gadus morhua*）在 Scotian Shelf 东部海域资源长期处于崩溃状态，可能是由于鲨鱼（*Squalidae* spp.）等捕食者占据了鳕鱼原有的生态位，造成了竞争排斥。相比之下，多鱼种渔业更倾向于平衡捕捞（balanced harvest），即按比例去除相互竞争的物种，保持了它们的相对竞争能力，从而提高了目标物种对捕捞压力的抗性。尽管平衡捕获的概念和实施还存在争议，如造成渔获物抛弃、危害濒危物种等，但也为 EBFM 提供了一个重要思路和待检验的方法。

需要注意的是，本研究结果基于大量的模型假设，其中一些设置需要注意。首先，模型中的鱼类群落包括了生物量超过 90％ 的物种，而没有包含稀有物种及少见种，未考虑由于生态系统变化其种群崩溃或资源量上升而取代原有优势种的情况。其次，本研究假设摄食选择性完全取决于个体大小之比，摄食习性的种间偏好可能导致结果显著不同。另外，海州湾不是一个封闭的生态系统，季节性洄游和复合种群可能对生态系统的动态产生较大影响，因此模拟结果仅反映了一种长期变化趋势，不能作为精确的预测。总体而言，本研究表明了营养交互作用对生态系统和渔业可持续性的重要影响，强调了综合考虑生态系统过程的必要性，以避免 MSY 实施过程中存在的风险。在未来 EBFM 的发展中，应进一步考虑种间相互作用、气候变化、栖息地保护和社会经济因素在内的生态系统结构，对产量控制规则、渔业管理目标和阈值进行综合评估，以提升管理决策的科学性。

■ 小 结

MSY 是渔业管理的重要基石，但在实际应用中经常被质疑。本节在基于生态系统的渔业管理的框架之下，评估了 MSY 在多鱼种渔业中的应用，并考虑了鱼类间营养交互作用、兼捕对鱼类群落和管理策略造成的影响。单鱼种渔业对目标鱼类造成了较大的压力，容易导致目标种群崩溃，但对非目标鱼类影响很小。多鱼种渔业提高了目标物种的 MSY，增强了对捕捞压力的抗性，并导致了种群生物量和群落结构的不规则变化。生态指标对捕捞压力的响应是非线性的，表明群落状态可能难以通过简单的指标进行监测。本研究指出了通过摄食习性变化的营养交互作用可能导致违背直觉的管理后果，突出了海洋生态系统的复杂性和渔业管理面临的挑战，对 EBFM 框架下渔业管理的策略具有重要的参考价值。

第三节 多物种 TAC 在混合渔业管理中的应用

多物种混合渔业是指由同一批渔船捕捞多个物种或种群的渔业，这种形式在全球渔业中占据很大比例。由于混合渔业中渔获量的统计数据往往是多个物种汇总在一起的，传统的资源评估和管理方法通常并不适用。此外，由于渔获物的混杂，通常混合渔业的分析成本更高，也更难监管。因此，世界上大多混合渔业都没有得到良好的评估和管理，导致了过度捕捞和其他潜在风险。许多发展中国家高度依赖混合渔业，管理上的不足可能对这些国家以及世界粮食安全和海洋生态系统造成严重威胁，因此迫切需要针对混合渔业的科学管理方法。

传统的渔业资源评估模型多关注单一种群的动态，较少考虑物种之间的相关作用，难以准确反映多物种的鱼类群落动态。要应对混合渔业的复杂性，需首先对渔业中的多物种相互作用具有深入了解。混合渔业中的种间相互作用具有两种类型，能够对鱼类群落产生直接和间接的影响。其一为技术相互作用（technical interaction），是出现兼捕和副渔获物的原因。这是渔业研究长期关注的问题，由于种群生产力和可捕性的不同，多个物种被共同捕获时技术相互作用可能导致不同管理目标的冲突。例如，在混合渔业中某个物种捕捞配额的短缺会导致其他物种渔业也无法进行，产生所谓的阻塞物种（choke species）。其二为生物相互作用（biological interaction），如捕食和竞争等，间接地影响渔业种群，在传统渔业资源评估中往往被忽视。由于食物网中的各个物种存在营养关系，捕捞可能通过营养级联效应对非目标物种造成影响。一些研究表明，多物种总的最大可持续产量（MSY）可能小于单个物种 MSY 的总和，这意味着在种间交互作用较强的情况下，多物种可持续产量往往难以实现，需在混合渔业管理中谨慎考虑。

为了协调混合渔业的配额失衡问题，许多研究基于总可捕量（TAC）框架提供了多物种的管理方法。其中一种方法是根据技术交互作用构建多物种 TAC，以解决不同种群管理目标的冲突。例如，FCube 框架明确考虑了技术交互作用（Ulrich 等，2011）应用于北海底层渔业的管理；纳什均衡博弈论也被用于解决技术交互作用问题，重新定义了多物种最大可持续产量（MS-MSY）（Norrström 等，2017）；也有研究利用生物经济模型，通过优化最大经济产量（MEY）确定种间捕捞配额。另一种方法是通过设定相对保守的目标减少不同物种渔获量的冲突，例如 PGY 概念（pretty good yield），将目标定为 MSY 的 80%～95%。这些方法虽有效地减少了过度捕捞，并在一定程度上解决了阻塞物种的问题，但在确定 TAC 时尚未考虑生物相互作用，导致评估结果存在一定的不确定性。目标物种是混合渔业和生态系统的一部分，因此渔业管理需要从生态系统的层次进行考虑，对生态系统动力学的认识不足，以及不同目标下管理建议的相互矛盾，仍然是多物种混合渔业管理中的重大挑战。

有鉴于此，本研究提出了一种多物种总可捕量（MSTAC）的评估方法，以应对混合渔业管理中普遍存在的种间关系问题。MSTAC 将多个物种作为一个管理单元，以避免混合渔业中的"配额失衡"。其中每个管理单元可以具有不同的营养级和栖息特征，MSTAC 按照各个单元的 TAC 执行总产量管控。与以往研究不同，本研究的评估方法中明确考虑了生物和技术两类相互作用，特别是同一个管理单元内资源共享和食物受限等情况，体现了种间相互作用对于多物种总可捕量的影响。

本研究中以北黄海（NYS）的混合渔业为例，模拟了多个 TAC 的管理方案，评估其对于群落结构和渔业资源的影响，检验了 MSTAC 的可行性和有效性。为了准确反映群落中的营养相互作用，本研究采用了多物种质量谱模型（size - spectrum model）模拟鱼类群落营养动力学过程，评估了目标物种的管理对其他物种和整个鱼类群落的影响程度，以及直接和间接的生态效应。本文通过对 MSTAC 方法的系统探究，旨在为混合渔业提供一个可行的管理框架，以推动基于生态系统的渔业管理的发展。

一、材料与方法

本文的研究海域为北黄海，是一个代表性的渔业资源过度开发的生态系统。几十年来该海域渔业资源承受高强度捕捞，导致了资源衰退和海洋系统退化等问题。为保护渔业资源，我国推行了多种管理措施，如伏季休渔、网目尺寸限制、渔船双控以及禁渔区等。其中，总量控制、限额捕捞的措施自 2017 年开始试点实施，于 2020 年扩大到国家层面。然而目前 TAC 的实施尚面临一系列的挑战，包括目标设计和执行能力等，阻碍了其效果的实现。

本研究基于 2016—2017 年在北黄海开展的 4 个季度调查，每个季度设置 118 个站位，获取了鱼类群落组成数据和主要物种生物学信息。调查采用底拖网进行，其网宽为 15 m，网囊网目为 20 mm，拖网速度为 3 kn，每个站位拖网 1 h。渔获物进行分类鉴定和计数称重，测量主要物种个体体长和体重，进行年龄鉴定和胃含物分析。

1. 操作模型

本研究采用了与上节相同的质量谱模型作为操作模型，模拟个体层面的能量平衡与群落层面的结构动态。模型中包含了北黄海鱼类群落中的 21 个主要物种，代表了群落总生物量的 90% 以上（表 4 - 3 - 1）。通过本研究调查数据、文献资料、统计年鉴和 FishBase 等收集数据，用于子模型中参数的估算，以反映背景资源量、摄食、生长、繁殖、死亡和能量收支等过程。模型的参数化和验证过程详见相关研究，校准后的模型能够较好地反映科学调查中的渔业生物量和群落结构（Wo et al.，2020）。

质量谱模型反映了捕捞和营养相互作用等内外驱动力对鱼类群落动态的影响，为生态系统层面的渔业管理策略评估提供了平台，适于研究多物种 TAC 管理的整体效果。在模拟过程中首先将模型运行 200 年达到稳定状态，而后根据不同管理方案分别设置捕捞压力，继续运行 80 年，以最终 20 年的模拟结果进行管理策略评估。为体现环境波动造成的不确定性，在模型的补充过程中添加了随机误差（$\sigma=0.2$）。利用 R 软件包"mizer"实现模型构建与模拟过程。

2. 目标种和非目标种

本研究以小黄鱼和白姑鱼作为 TAC 管理的目标种，二者均为石首鱼科，生物学特征相似，在西北太平洋海域有较多分布，也是黄海和东海水域的重要经济物种，支撑了中国、韩国和日本的底拖网渔业。2008—2017 年，仅山东省小黄鱼和白姑鱼的年产量分别达到 4 万～8 万 t 和 1 万～2 万 t。需说明的是，本研究中选择这两个物种评估 MSTAC 是因为它们具有相似的体型、食性和空间分布，因此在渔业中可以"充分混合"并被同一渔具所捕获，但同时 MSTAC 通常包括很多物种，其中多物种管理单元的设置是一个较复杂的问题。本文从理论研究的角度出发，选择两个物种为管理单元简化了该问题，旨在更清晰地呈现 MSTAC 对群落动态的影响。

在 21 个物种中其余 19 中均为非目标种，但受兼捕影响的程度不同。根据调查数据中兼捕物种的"重叠指数"，矛尾虾虎鱼、枪乌贼、大泷六线鱼和方氏云鳚 4 种作为非目标鱼种，与目标鱼种一起被大量捕获，作为主要副渔获物直接受到技术相互作用的影响。其余 15 个鱼种重叠度较低，较少与目标鱼种一起捕获，主要受到生物相互作用的影响。在模拟中，渔业管理直接影响目标种和主要兼捕种，对其他种无直接影响。

表 4 - 3 - 1　质量谱模型所包含的物种及其生态学特征

类群	物种	拉丁名	营养级	食性	栖息水层
目标种	小黄鱼	*Larimichthys polyactis*	3.90	鱼食性	底层
	白姑鱼	*Argyrosomus argentatus*	3.93	鱼食性	底层
兼捕种	矛尾虾虎鱼	*Chaeturichthys stigmatias*	3.68	浮游食性	中上层
	方氏云鳚	*Pholis fangi*	3.55	浮游食性	底层
	大泷六线鱼	*Hexagrammos otakii*	3.79	鱼食性	底层
	枪乌贼	*Loligo* spp.	2.62	鱼食性	底层
其他物种	长蛇鲻	*Saurida elongata*	4.37	鱼食性	底层
	小眼绿鳍鱼	*Chelidonichthys kumu*	3.68	鱼食性	底层
	星康吉鳗	*Conger myriaster*	3.98	鱼食性	底层
	细纹狮子鱼	*Liparis tanakai*	4.32	鱼食性	底层
	黄鮟鱇	*Lophius litulon*	4.41	鱼食性	底层
	高眼鲽	*Cleisthenes herzensteini*	3.89	浮游食性	底层
	绵鳚	*Zoarces* spp.	3.28	鱼食性	底层
	鳀	*Engraulis japonicus*	3.26	浮游食性	中上层
	赤鼻棱鳀	*Thryssa kammalensis*	3.08	浮游食性	中上层
	细条天竺鲷	*Apogonichthys lineatus*	3.32	浮游食性	中上层
	短蛸	*Octopus ocellatus*	2.04	浮游食性	底层
	鲐鱼	*Scomber japonicus*	3.40	浮游食性	中上层
	蓝点马鲛	*Scomberomorus niphonius*	4.80	鱼食性	中上层
	鲳鱼	*Pampus* spp.	3.21	浮游食性	中上层
	口虾蛄	*Oratosquilla oratoria*	2.98	鱼食性	底层

为模拟 TAC 的实施，以年为时间步长，在操作模型中设置了目标物种的捕捞强度，即相应的捕捞死亡率。假设每个物种具有固定的渔具选择性和可捕性，模型中通过设置共同的捕捞努力量，模拟种间的技术交互作用（具体方法见上节）。此外，为了模拟管理策略实施中的不确定性，假设捕捞努力量在给定水平上下波动，服从标准差 $\sigma = 0.05$ 的对数正态分布。

3. 管理策略

本研究考虑了 3 种管理策略，分别为单物种 TAC、多物种 TAC 和继续当前捕捞强度的场景。在模拟中，TAC 仅针对两个目标物种进行管控，非目标物种受到生物和/或技术相互作用的影响。3 种策略的具体方法如下：

（1）单物种 TAC（SSTAC）。对两个物种分别设置 TAC，当任一目标种产量达到 TAC 时，整个海域渔业作业将停止。每个物种的 TAC 应根据资源评估进行设置，但由于数据限制，采用了当前产量的 80% 作为管理目标。该目标参照了我国海洋捕捞总产量控制目标，即"到 2020 年，国内海洋捕捞总产量减少到 1 000 万 t 以内，与 2015 年相比沿海各省减幅均不得低于 23.6%"（农业部，2017）。

（2）多物种 TAC（MSTAC）。对两个物种的总渔获量设置 TAC，当总产量达到上限时停止渔业生产。与 MSTAC 方法类似，以当前小黄鱼和白姑鱼总产量的 80% 设置 MSTAC。此外，为了评估鱼类群落对 MSTAC 的敏感性，还设计了 10 个不同水平的 MSTAC，对应当前产量的 50%~100%。

（3）原有措施（BAU）。假设研究区域未来仍延续当前的捕捞强度，不按照 TAC 进行管理。由于当前许多种群均遭受到过度捕捞，该情景也代表了渔业管理不善的情况。该场景作为基线参考，与前两种方法进行了比较，显示了 TAC 的管理效果。

4. 管理效果评估

利用操作模型预测 3 种管理策略下各个物种的生物量和渔获量变动，每个模拟场景重复 1 000 次。选取了 6 个指标衡量不同管理策略对渔业生产和群落生态的影响。其中渔业生产方面包括 3 个指标，即繁殖群体生物量（SSB）、捕捞努力量（E）和渔获产量（Y）；使用 3 个生态指标表征 MSTAC 对鱼类群落整体的影响，包括群落总生物量 SSB、大型鱼类指数（LFI）和群落的平均体重（mW），其定义如上节所述。需说明的是，由于渔具选择性的影响，LFI 仅表征了群落结构的"相对变化"，其数值高低并不代表群落受扰动的状态，例如对饵料性鱼类的高强度捕捞可能提高群落 LFI 值。除计算群落整体的指标外，还分别对目标、兼捕和其他种类 3 个组进行了相同指标的计算，反映 MSTAC 对不同物种组生态影响的差异。

此外，为评估不同物种对 MSTAC 的响应，利用线性回归模型分析了各个物种在管理后相对生物量的变化（SSB/初始 SSB）与 MSTAC 水平之间的关系（50%~100%），采用回归斜率表示其响应强度。将不同物种按其栖息水层（DE 底栖、PE 中上层）、营养级、渐近体重和摄食模式（PS 鱼食性、PL 浮游食性）进行分类（表 4-3-1），分析各类生物的回归斜率，探讨不同生态特征的物种对 MSTAC 响应强度的差异。

二、结果

1. TAC 管理对目标种群的影响

根据模拟结果比较了两种 TAC 管理方法与 BAU 结果的差异。与 BAU 相比，SSTAC 和 MSTAC 实施后，捕捞努力量迅速下降，并在 10 年左右趋于稳定（图 4-3-1）。与 MSTAC 相比，SSTAC 情境下的捕捞强度（E）稍低，且总渔获产量（TY）明显偏低，同时种群生物量有更显著的恢复。在 MSTAC 情景下，小黄鱼的相对产量（Y/Y0）降至初始值的 75%，而白姑鱼相对产量增至 140%。在 SSTAC 策略下，白姑鱼作为阻塞物种，降低了总捕捞努力量和总产量，导致混合渔业中生产机会的浪费。

在 BAU 情景下，小黄鱼和白姑鱼的生物量（SSB）将分别降至初始值（SSB0）的

74％和65％，而SSTAC和MSTAC情景下均实现了生物量的明显恢复（图4-3-2）。因此，综合比较3种管理方案，MSTAC提供了较优的解决方案，在渔获量和种群生物量两个方面实现了更好权衡。

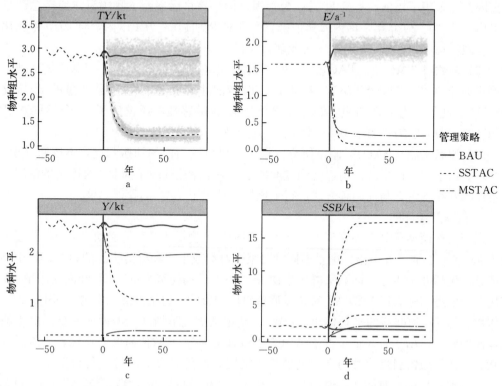

图4-3-1　三种管理策略对渔业的总渔获产量、捕捞努力量、单物种产量和繁殖群体生物量的长期影响
a. 总渔获产量（TY）　b. 捕捞努力量（E）　c. 单物种产量（Y）　d. 繁殖群体生物量（SSB）
注：c和d中的实线表示小黄鱼，虚线为白姑鱼。横坐标年份0代表TAC管理开始实施的时间。

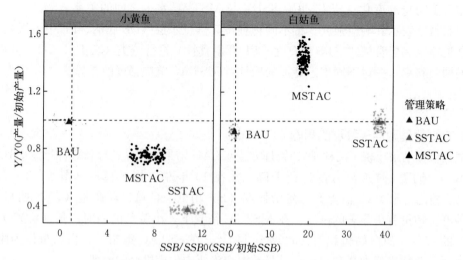

图4-3-2　三种管理策略对小黄鱼和白姑鱼渔获产量（Y）和种群生物量（SSB）的影响
注：虚线表示初始值，散点为多次模拟的结果，三角代表其均值。

2. TAC 管理对鱼类群落的影响

不同的管理策略对鱼类群落的组成和结构具有明显的影响。与 BAU 相比，两种 TAC 管理策略下群落的 SSB、mW 和 LFI 值均有上升（图 4-3-3）。目标物种 mW 和 LFI 增加最为明显，兼捕物种次之，而其他物种组的变化较小，更接近群落整体的变化幅度。mW 和 LFI 的变化方向较为一致，呈现较强的正相关。在各个物种组中，SSTAC 造成的变化幅度均大于 MSTAC。

3. MSTAC 水平的影响

随着 MSTAC 水平从 50% 提高到 100%，目标种和兼捕种的生物量均呈现下降趋势，而其他物种组的生物量有一定上升，特别

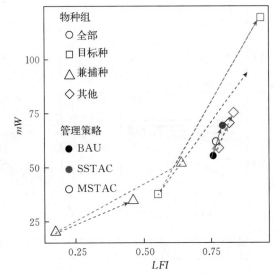

图 4-3-3　MSTAC 和 SSTAC 策略对鱼类群落结构的影响

注：群落状态由平均体重（mW）和大型个体指数（LFI）表示，分别在群落整体和 3 个物种组（目标种、兼捕种和其他）进行了计算。

是大泷六线鱼（*Hexagrammos otakii*）数量增长十分显著（图 4-3-4）。MSTAC 的提高也导致了群落营养结构的变化，表现为营养级为 3.5～4 的总生物量大幅下降，而相对较低（3.0～3.5）和较高（4.0～4.5）营养级的生物量略有增加。此外，营养级为 2.5～3.0 的生物量下降，营养级为 2.0～2.5 的生物量增加，体现了营养级联效应。

不同物种对 MSTAC 的响应强度因摄食习性和栖息地特征而异，营养级和渐近体重相近的物种响应强度近似（图 4-3-4c）。受 MSTAC 增加影响最大的是绵鳚（*Zoarces* spp.）（0.97），其次是长蛇鲻（*Saurida elongata*）（0.46），而高眼鰈（*Cleisthenes herzensteini*）受影响最小（0.02）。鱼食性（PS）、底层（DE）鱼类的响应强度大多高于 0.3，表明与目标种具有相似摄食习性和栖息地特征的物种受 MSTAC 策略的影响更强。

三、讨论

多物种相互作用产生的复杂影响是可持续渔业面临的最大挑战之一，混合渔业中渔获量统计进一步增加了资源评估和管理的难度，适合多物种的评估和管理方法是维持渔业可持续性的必要工具。本研究的 MSTAC 是解决混合渔业管理问题的重要尝试，通过与 SSTAC 和 BAU 场景的比较，揭示了 MSTAC 对鱼类群落的影响。结果表明，MSTAC 具有维持混合渔业长期产量和群落结构的潜力。MSTAC 对不同物种的影响具有明显差异，与目标物种具有相似的摄食和栖息特征的物种受到的影响更大，而 MSTAC 的增大可能导致群落营养结构的失衡，改变生态系统的功能特征。应说明的是，由于理论和实践的复杂性，本研究并不能对单物种和多物种的管理方法进行全面比较，而仅考虑在数据有限渔业中 MSTAC 的可行性，侧重于评估其生态效应。MSTAC 可能为数据匮乏情况下的

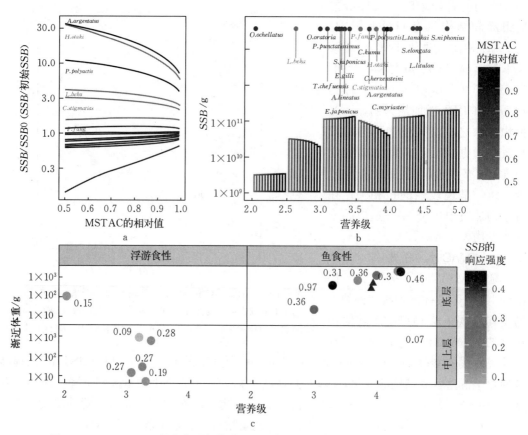

图 4-3-4 MSTAC 的变化对各物种相对生物量、各营养级生物量和各物种 SSB 对
MSTAC 的响应强度等方面的影响

a. 各物种相对生物量 b. 各营养级生物量 c. 各物种 SSB 对 MSTAC 的响应强度

注：c 图中响应强度以回归系数表示，三角形表示目标物种，圆点表示物种按照营养级、个体大小、栖息水层和摄食习性显示。

混合渔业管理提供一种可行的方法，但在设定管理目标时还应注意种间关联和可能的生态影响。

渔业可对整个食物网产生直接和间接影响，降低捕捞强度能够促进目标物种资源恢复，但其间接效应可能较为复杂，取决于鱼类群落的营养相互作用，并且与直接效应相互干扰。例如，随着 TAC 策略的实施，小黄鱼资源得到一定恢复，但由于竞争和捕食作用，其生物量的增加可能造成其他物种的生物量减少。在本研究中，目标物种产量减少 20% 可能会导致其他物种的生物量平均下降 17%，体现了种间食物和栖息地的竞争效应。本文指出，在一定条件下渔业资源的恢复可能与鱼类群落中一些物种的保护存在冲突，造成管理决策的两难困境，解决这一问题有赖于对生态系统动力学的深入认识。

此外应注意到，作为一个对比场景，BAU 在高捕捞压力下保持了较高的渔获产量，但该结果应谨慎对待。由于研究区域长期以来受到过度捕捞的影响，渔业活动极大地改变了群落的营养结构，群落主要以小型、低营养级物种为主，高营养级鱼类数量较少。由于高营养级物种的移除，低营养级生物所受捕食压力变小，种群维持了较高的生产力，从而构成了混合渔业的主要产量。这一假设在相关文献中得到支持。许多研究分别从理论和实践上证明，缩短食物链可以增加整个生态系统的生产力，如 Szuwalski 等（2017）在东海的一项研究，利用了质量谱模型证明在缺乏管理的情况下，移除大型鱼类导致次级消费减少及小型鱼类生产力的提高，这是东海渔业维持长期高产量的关键原因。

本研究基于数值模拟分析，一些结论还待进一步验证。需要指出的是，即使在数据相对丰富的渔业中，当前研究对多物种的相互作用也知之甚少，对数据有限的渔业更是如此。由于缺乏科学研究和调查监测，许多重要海域中可用数据有限，导致了在模型构建、参数化、校准和验证中的不确定性。因此大多数生态模型更适合长期的趋势性分析，而不能用于准确预测。以本研究为例，模型将鱼类群落简化为 21 个主要物种而忽略了其他物种。在气候变化或捕捞策略改变时，生态系统的组成结构将发生显著变化，导致模型预测的严重偏差。其次，模拟中假设渔具的选择性不变，而在 TAC 管理措施下渔民的捕捞偏好可能发生改变，如针对性地捕捞高价值鱼类，导致对特定物种严重的捕捞压力及种群崩溃。因此在未来研究中应更全面地探讨群落结构和渔民行为的变化，深入探讨适合于多物种混合渔业的管理策略。

总之，尽管 MSTAC 方法尚有许多不足之处，但它为数据贫乏的渔业提供了一套可行的管理方案。本研究强调了 MSTAC 的灵活性和可行性，在缺乏可靠资源评估的情况下为渔业管理提供了一条重要思路。同时，MSTAC 也不能完全取代现有的单物种评估方法，而是作为渔业开发的一个安全范围，保证资源的可持续利用。针对数据可用性、渔业制度和管理机构的具体情况，多物种和单物种方法可相互结合、相互补充，这也是实现生态系统水平的混合渔业管理的必要途径。

■■ 小 结

混合渔业中种间的相互作用与兼捕对于科学的管理造成了重要挑战。本节利用数值模拟方法解析了鱼类群落内的相互作用和动态变化，评估了多物种 TAC 在混合渔业管理中的应用。研究基于多物种质量谱模型模拟调查海域鱼类群落的动态，评估了维持原有捕捞水平（BAU）、单物种 TAC（SSTAC）和多物种 TAC（MSTAC）3 种管理策略的效果。BAU 导致目标种的生物量降低到相当低的水平，SSTAC 能够较好地保护目标种，但由于过多的兼捕可能导致捕捞机会的丧失，降低总渔获量，而 MSTAC 能够保持长期产量和群落结构，在资源保护和开发方面有较好的平衡。MSTAC 对目标种和非目标种的生态影响不同，与目标种有相似摄食和栖息特征的物种对于 MSTAC 有更强的响应。本研究指出，MSTAC 是在数据有限渔业中实现长期可持续性的一种可行方法。

第四节　海洋保护区选划布局的研究进展

海洋保护区是海洋生态系统和生物资源保护的重要措施，在我国海洋保护体系中发挥重要作用。截至 2018 年年底，我国已建成海洋保护地 271 处，主要包括海洋自然保护区和海洋特别保护区（包括海洋公园）2 个类型以及国家级和地方级 2 个级别，总面积达12.5 万 km²，形成了以海洋生物多样性保护为主要目标、以海洋自然保护区和海洋特别保护区为主要手段的海洋保护体系，在维系海洋生态系统和保护生物多样性等方面发挥不可替代的作用。近年来，党中央高度重视生态文明建设，积极深化我国海洋保护体系的改革和完善。2019 年 6 月，中共中央办公厅、国务院办公厅印发《关于建立以国家公园为主体的自然保护地体系的指导意见》（以下简称《指导意见》），将海洋保护地纳入宏观的国家自然保护地体系，并强调"建立分类科学、布局合理、保护有力、管理有效的以国家公园为主体的自然保护地体系"。我国海洋保护工作已进入全面深化改革的新阶段，为我国海洋保护体系的发展创造新的机遇。

与此同时，新时代我国海洋保护地建设仍面临诸多挑战，特别是在实现"分类科学、布局合理"的过程中，缺少具有普适性、可操作性以及系统的选划标准和流程。海洋保护目标的实现必须建立在科学系统的海洋保护地选划方法上。因此，整合优化海洋保护地和构建海洋保护地选划布局体系，是我国进一步发展海洋保护事业的必经之路。

一、我国海洋保护区选划布局的现状和挑战

我国首个海洋保护区（大连蛇岛自然保护区）始建于 1963 年，在《中华人民共和国海洋环境保护法》颁布并实施后，我国海洋保护区建设进入快速增长期，但主要采取"抢救式保护"原则，即抢救性地保护珍稀濒危的海洋生物和重要的海洋生态系统。2015 年后，我国海洋保护区的增长开始减速。目前我国海洋保护区建设已取得明显成效，相关管理体制和法律法规也逐步完善。与此同时，我国海洋保护区在空间布局和选划体系方面仍面临诸多挑战，体现在国家、地方和区域等不同层面，严重制约海洋保护成效的进一步提升。

1. 国家层面

长期以来，我国海洋保护区的规划主要采用自下而上的模式，缺乏清晰明确的顶层设计和系统规划以及用于选划的量化指标。以国家级海洋自然保护区为例，通常各省（自治区、直辖市）的海洋管理部门负责本行政区域毗邻海域海洋保护区的选划和建设，经国家海洋行政主管部门评审后，最后由国务院审批。与此相对的、自上而下的海洋保护区顶层设计较少，仅涉及海洋保护区的定性申报条件以及相关法律法规和选划论证技术导则，并未对海洋保护区的空间布局和整体目标做出科学、具体和可定量评估的规划方案。海洋自然保护区的申报条件主要包括典型的自然地理区域，珍稀濒危野生动植物物种的天然集中分布区域，具有特殊保护价值的海域、海岸和岛屿，具有重大科学文化价值的自然遗迹，以及需特殊保护的其他自然区域，在执行层面选划标准存在定义不清晰和保护目标不明确的问题。例如，我国典型的自然地理区域和珍稀濒危物种是否有明确名录作为参考？保护

对象是否有优先顺序或相对重要性？海洋保护区对不同自然地理区域和物种分布是否有覆盖率指标？这些问题严重妨碍了规划方案的定量评估。

由于缺乏清晰、明确和定量评估的顶层设计，自下而上的海洋保护区建设易造成机会性规划，即主要在发展和管理阻碍较小的区域建设海洋保护区，而不是从保护需求的角度系统地开展选划。目前我国海洋保护区分布不均衡、保护对象较单一，也从侧面反映了这一问题：在我国沿海地区中，山东省的国家级海洋保护区数量最多（32 个），而生物多样性相对更丰富的海南和广西，海洋保护区的数量却不足 10 个。此外，海洋保护区的保护对象以滨海湿地、河口和红树林等近岸生态系统和生物资源为主，而超过 12 n mile 管辖海域的生态系统或珍稀濒危物种分布区域较少被划入海洋保护区范围。

2. 区域层面

在我国自然保护区体系中，保护区的规划主要由地方部门承担，因此易受行政区划的限制，往往形成小型化、斑块化和孤立化的分布格局，缺乏对海洋生态系统连通性的考虑。实际上，与陆地生态系统相比，海洋生态系统具有更高的动态性和连通性，许多海洋生物在个体发育的过程中会主动或被动地在不同栖息生境之间迁移。因此，以行政区划作为海洋保护区选划区域的模式极易忽视海洋生态系统的连通性，严重削弱海洋保护区的保育效果。

3. 地方层面

我国海洋保护区的选划规划主要依据《中华人民共和国自然保护区条例》《海洋自然保护区管理办法》《国家级海洋保护区规范化建设与管理指南》《海洋特别保护区选划论证技术导则》和《海洋特别保护区功能分区和总体规划编制技术导则》等，大多数条例和管理办法起草至今已有 10 余年，滞后于海洋保护理论的发展，导致地方层面海洋保护区的选划缺乏科学系统的支撑。现有的保护区选划论证主要停留在对调查资料的整理和定性分析，如选划区域的自然环境状况和物种种类组成，而缺乏进一步的科学研究，如对自然环境条件和物种分布的定量分析，对生态系统各组分交互关系的解析，以及对海洋保护区未来保护效果的预测，这些研究工作需要长期调查数据的积累以及科学家的深度参与。与美国、澳大利亚等发达国家相比，我国海洋保护区选划过程中科学调查数据的应用不足，未能作为关键量化指标为决策提供支持。

此外，海洋生态保护和海洋开发利用之间的平衡关系是我国海洋保护区选划和建设过程中的重要问题。目前我国主要采取功能分区的方式，统筹海域使用的空间布局，协调不同用海方式之间的关系。《海洋特别保护区功能分区和总体规划编制技术导则》强调海洋保护区应"根据海域自然环境和社会经济发展现状进行功能分区，逐步形成人口、经济、资源环境相协调的空间开发格局"，然而在实际规划的过程中，海洋保护区的功能分区主要以人为定性进行划分，主观性较大，缺乏可靠的技术手段来权衡海域使用的矛盾，也缺乏明确的量化指标来评估功能分区的合理性。

二、系统保护规划方法

21 世纪初，随着全球重要海洋保护区的建设和重新规划，海洋保护区选划的理论方法逐渐兴起，其中系统保护规划方法是对全球海洋保护区选划影响最为深远的方法。不同于基于专家决策和人为定性的传统选划方法，系统保护规划通过量化保护目标和保护成本，综合考虑生态保护与开发利用之间的权衡关系以及生态系统连通性，利用计算机模拟辅助决策，实现保护区的科学系统选划。系统保护规划通过数学算法进行定量分析，避免了人为主观因素的干扰，实现对选划策略的评估和优化。目前该方法已成为国际海洋保护区选划规划的主流方法，在美国、澳大利亚和欧洲等海洋保护区建设中得到广泛应用，有效支持了加州海洋保护区网络、大堡礁国家海洋公园和英吉利海峡保护区等的系统选划。

系统保护规划主要包含 6 个步骤，其具体流程如图 4-4-1 所示，以下对其进行简要介绍。

1. 收集和整合数据

系统保护规划的核心是对保护目标和保护成本进行量化分析，以目标物种分布数据和保护成本数据作为系统保护规划的基础。其中，物种分布数据的类型取决于海洋保护区的具体目标，目前常用的数据包括保护对象的分布范围、重要生境和出现概率等，可从实地调查中获取或通过物种分布模型进行预测。在数据有限的情况下，专家意见和传统认识也常作为选划的重要依据。由于海洋生物调查数据获取的难度较大，也有研究以替代数据用于海洋保护区的选划。以保护海洋生物多样性目标为例，生物多样性的替代数据可包括 1 种或多种区域代表性物种的分布和底质类型的空间分布等。

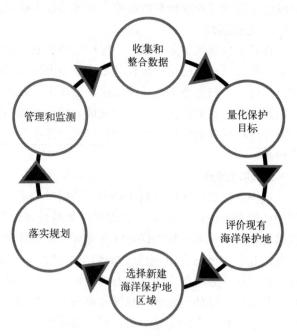

图 4-4-1 系统保护规划流程

系统保护规划充分考虑了保护区选划中的社会经济因素，旨在使保护成本最小化，以解决海洋保护和其他海域使用项目的矛盾，因此海洋保护区的管理成本和机会成本等数据是保护区选划的重要依据。与物种分布数据类似，保护成本数据的选择应基于海洋保护区的社会经济目标，如减少海洋保护区的管理成本，降低海洋保护区对其他海域开发利用项目的影响等。为确保物种分布数据和保护成本数据在计算机模拟过程中可进行空间综合分析，保护成本须以空间数据的形式进行收集和整合，并保证一定的精度。

2. 量化保护目标

保护目标的量化为选划模型提供了优化目标和限制条件。在现有的海洋保护区规划案例中，保护对象的空间覆盖率常作为量化指标，如海洋保护区对各类栖息地、生物分布区和脆弱生态系统的覆盖率。需要注意的是，保护目标的设定并非一成不变，规划者应根据保护对象的动态变化及时调整方案，以确保其合理性。此外，海洋保护区的初期筛选中应考虑保护目标的不同等级，以评估多重目标下的保护效果。

3. 评价现有海洋保护地

在确定保护目标的基础上，可以对现有保护体系的目标完成情况进行评价，以指导后续选划工作。该环节中最为常用的评价方法是空缺分析（gap analysis），旨在识别现有保护区的管理效果与管理目标间的差距。空缺分析的主要思路是将物种分布数据和现有保护区进行叠加分析，在保护区系统内物种未出现的分布区即为保护空缺区域。随着计算机技术的发展，将物种分布模型、栖息地适宜性模型等计算机模型与地理信息系统相结合，对海洋生态系统进行空缺分析，逐渐成为海洋保护研究的热点。

4. 选择新建海洋保护地区域

在掌握现有海洋保护体系效果的前提下，该环节旨在解决新保护区选址的问题，以促进保护目标的实现。保护区选址优化模型是当前主流的保护区决策支持工具，为保护区的科学选划提供技术支撑，其中 MARXAN 和 ZONATION 是应用最为广泛的模型软件。二者使用模拟算法，通过保护成本最小化或保护目标最大化，实现海洋保护区的选址优化，目前已应用于我国部分海域海洋保护区的理论研究。

5. 落实规划

在多数情况下，模型软件得出的海洋保护区选划方案并非最终方案。规划的落实还需经过政府部门、规划机构、社区居民和利益相关者等多方参与讨论。这一环节需厘清海洋保护区建设的优先区域，充分讨论选址方案的合理性，并起草具体实施方案。

6. 管理和监测

海洋保护区的建设需经过长期的过程，在保护体系建成后，海洋保护区仍需进行管理、监测和评估，掌握保护对象的动态变化，确保能达到长期保护效果。随着数据的更新以及生态环境和社会经济条件的变化，及时调整海洋保护区选划方案，以适应新的保护需求。

三、系统规划方法对我国海洋保护区建设的启示

系统保护规划的实质是通过构建逻辑框架，将保护区选划流程系统化，以推动保护区的顶层设计和科学选划，推动保护区的适应性管理。目前该方法在我国保护区的实际应用主要局限于陆地，在海洋保护方面存在许多空白。鉴于海洋生态系统的特殊性以及海洋保护区选划体系的重要性和紧迫性，本研究从 6 个方面阐述了系统保护规划方法对我国海洋保护区选划布局体系的启示。

1. 明确保护目标和保护对象

保护目标代表海洋保护区建设的预期效果，是衡量海洋保护区进展的标准。任何保护措施均须面向清晰的保护目标，而规划、监测和评估活动都应以该保护目标为中心。系统保护规划尤其强调保护量化目标的重要性，以确保海洋保护区进展是可衡量的。此外，保护目标还须适应于各类对象，如生态系统（如红树林生态系统、珊瑚生态系统和河口生态系统）、生态群落（如潮间带群落）和物种（如珍稀濒危物种和重要保护物种生境），通过关键生态属性和指标，评估各类保护对象的现状、具体目标和保护预期效果，对其保护重要性进行评级，明确重点保护对象。

目前我国对自然保护区体系的构建提出 3 个阶段性目标，即到 2020 年构建统一的自

然保护区分类分级管理体制；到 2025 年初步建成以国家公园为主体的自然保护区体系；到 2035 年自然保护区的规模和管理达到世界水平，全面建成中国特色自然保护区体系。这些目标侧重于管理体制，未对保护区的规模和保护目标做出具体的描述。2012 年《全国海洋功能区划（2011—2020 年）》提出"到 2020 年，我国海洋保护区总面积将达到我国管辖海域总面积的 5％"，可作为海洋保护区顶层设计的保护目标之一，该目标还应细化到各生态区域或更小尺度。

2. 筛选优先保护区域

充分利用空缺分析、选址优化模型等技术方法，可以识别保护热点，为优先保护区域的选择提供依据。例如，运用物种分布模型识别海洋生物多样性、重要保护物种和经济鱼类产卵场的保护空缺区域，结合地理信息技术绘制优先保护区域图。系统保护规划方法系统地分析了优先保护地区，提出保护区和生物廊道的综合规划，有助于实现《指导意见》"自然保护区整合优化"的目标。

3. 平衡保护与开发的关系

与传统规划方法相比，系统保护规划的特点在于同时考虑自然资源要素和保护成本，强调海洋保护区选划时不仅应考虑自然属性和生物学特征，也需考虑其社会成本和经济成本，如欧美地区系统保护规划主要集中于减少海洋保护区建设对当地社区、渔民群体和其他海域使用者的社会影响和经济影响。鉴于我国海洋保护与开发利用矛盾突出的现状，系统保护规划具有非常重要的应用价值，可协调生态保护与资源利用之间的关系，促进海洋生物资源的可持续利用。此外，从数据整合的角度来看，系统保护规划要求对数据进行规范化管理，有助于提高我国海洋保护区本底资料的整合水平，完善海洋保护区系统选划的数据基础。

4. 加强海洋保护区的完整性和连通性

《指导意见》提出整合优化现有自然保护区、归并相邻保护区以及保持生态系统完整性和连通性的要求。随着系统保护规划理论的发展，一些选划模型专门用于加强保护区完整性和连通性，可用于评估现存海洋保护区规划的合理性，探究海洋保护区整合和归并的统筹方案，进而推进海洋保护区的科学选划。

5. 加强海洋保护区选划的多方参与和论证

流程的透明化是系统保护规划在国际海洋保护中获得广泛应用的重要原因之一，即鼓励多方参与保护区选划过程，尤其是在落实规划的环节，政府部门、研究机构、规划方、投资方、当地社区和利益相关者都可对不同选划方案进行积极讨论和适当调整。这也是实现我国海洋保护区社区共管和引进社会公益资金的重要途径。

6. 开展适应性管理

系统保护规划的优点之一是将保护区的选划、实施和成效评估有效结合。良好的监测方案和可靠的评价指标可帮助管理者了解保护目标是否得以实现，以及保护区的实施方案是否有效，进而帮助其调整保护方案，实现最佳保护成效。因此，对我国自然保护区体系的构建来说，顶层设计不仅应考虑海洋保护区的选划布局，而且应充分考虑从选划到落实、评估、反馈再到选划的一整套管理机制。

四、结语

随着社会的发展，我国海洋保护区的数量和面积迅速增长，管理水平逐步提升，但保护成效与世界先进水平仍存在一定差距。我国正处于建设以国家公园为主体的自然保护区体系的关键时期，面临海洋保护区改革的一系列挑战，其中最为严峻的挑战是缺乏海洋保护区的顶层设计以及广泛性和可操作性的科学选划方法，以支撑保护区的合理布局和长期效果。作为海洋保护区建设的基石，选划方法在很大程度上决定海洋保护区的有效性，在海洋保护区发展的新阶段具有至关重要的意义。近 20 年来，系统保护规划方法在全球海洋保护区建设中得以广泛应用，并取得显著效果，其成功经验对我国海洋保护区选划决策和标准化选划流程具有一定的借鉴意义。本文建议在构建海洋保护区顶层设计的过程中纳入系统保护规划的理论方法，形成海洋保护区选划的国家标准，以实现我国海洋保护区的系统规划和合理布局。

■ 小　结

海洋保护区是保护海洋生态系统和生物资源保护的重要措施，在我国海洋保护体系中占有重要地位。近年来，我国积极深化海洋保护体系的改革和完善，海洋保护工作进入全面深化改革的新阶段，对我国海洋保护区的科学选划和合理布局提出迫切需求。本节系统分析了当前我国海洋保护区在选划布局过程中面临的一系列挑战，包括缺乏顶层设计和系统规划、对海洋生态系统连通性考虑不足、选划依据滞后于海洋保护理论发展，以及缺乏可靠的技术手段和明确的量化指标等。本研究介绍了国际海洋保护区选划布局、系统保护规划的主流方法及流程，并提出了促进我国海洋保护区科学选划与管理的 6 项建议，包括明确保护目标与保护对象、筛选优先保护区域、平衡保护与开发的关系、加强海洋保护区的完整性和连通性、加强海洋保护区选划的多方参与和论证，以及开展适应性管理，旨在促进建立分类科学、布局合理、保护有力和管理有效的以国家公园为主体的自然保护地体系。

第五节　多重保护目标的海洋保护区网络规划

当前城市化和沿海经济的发展对海洋生态系统造成了严重威胁，导致资源过度开发和栖息地退化等问题。海洋保护区（MPA）作为海洋保护的重要区域，它能够有效降低人类活动对生态敏感、功能特殊的相关海域的影响，也作为空间管理策略成为降低渔业风险的预防性方法，受到了越来越多的关注。近年来，管理上的需求推动了海洋保护区的相关研究，导致海洋保护的目标也发生了重大变化，从单一物种保护发展到基于生态系统的保护，并更多地考虑了社会经济因素。这在一定程度上反映了基于生态系统的管理理念，21世纪的海洋保护区科学更关注了维持海洋生态系统的健康和生态系统服务。此外，通过将生态系统和人类维度纳入设计，MPA 的内涵也得到了拓宽和深化。在 MPA 中整合生态和社会经济目标，需要在其设计、规划和实施中进行调整和完善，这对 MPA 理论和应用的发展提出了明确要求。

在海洋保护区的设计中，有效地识别、评估及平衡保护和开发等不同目标的优先级至关重要。相关研究中，系统保护规划（systematic conservation planning，SCP）是确定保护目标优先级的主要方法，通过综合考虑生态、社会和经济等各方面目标，加强了保护方案的可行性，通过在决策过程中复杂的权衡分析，减少对当地渔业社区的社会经济影响，以及支持社会经济发展。系统保护规划需要明确可量化的目标、清晰可行的备选方案、利益相关者的有效参与，以及透明性、适应性的规划过程。然而，由于保护目标和考虑因素的不同，系统保护规划中的优先级的界定可能存在争议，需要根据生态系统的特征来调整和改进既定方案。随着 marxan 和 zonation 等决策支持工具的发展，系统保护规划为海洋保护区建设提供了一个切实可行的框架，在实现既定的保护目标的同时最大限度地降低经济成本。

我国在海洋保护方面拥有丰富经验，在海洋保护区建设和管理上做出了长期努力。在"海洋生态文明建设"的总体规划下，我国开展了一系列生态改革，将海洋资源管理导向了可持续的道路。生态文明建设要求扩展海洋保护体系，实现经济发展和保护之间的平衡，然而尽管有生态改革带来的有利条件，海洋保护区建设仍面临诸多挑战。例如，我国海洋保护区主要旨在保护单一物种，而不是面向生态系统，这种模式受到了数据稀缺和行政边界的限制，导致许多海洋保护区局限于小规模、低影响措施，仅关注定居性物种或局部区域，而重要栖息地和非定居性物种未受到有效保护。总体而言我国海洋保护区的管理价值尚未完全体现，鱼类种群崩溃、生物多样性丧失和其他环境问题仍较为严峻。

执行能力的有限性是 MPA 规划和实施的一大障碍。在管理效率低下、资金有限的情况下，海洋保护区的管理经常陷入争议。此外，在海洋保护区设计中，渔业、水产养殖和其他海洋利用相关的社会经济成本很少得以体现。水产养殖等产业在许多国家和地区的食品供应以及经济发展中发挥了重要作用，并且若管理得当，海藻和贝类养殖可以改善近海生态系统功能，实现固碳、缓解富营养化和恢复生物多样性等作用，用海的冲突是一些海域中海洋保护区建设受阻的主要原因。因此，在特定海洋保护区内允许水产养殖等作业可能有助于海洋保护区的建设与管理，同时减少社会经济成本、增加行业财政支持。

在未来海洋保护区网络的发展过程中应综合考虑上述问题，制定更全面的保护与管理目标。本研究以海州湾海域为例，研究了海洋保护区的选划方法，考虑了 4 种不同目标，包括保护生物多样性、保护重要物种、降低经济成本和降低执法成本，并分析了水产养殖对海洋保护区选划的影响。本研究首次将系统选划方法应用于我国近海海域，旨在阐明多重目标下 MPA 网络的建设流程，以及现有海洋保护区和应予保护热点之间的差距，研究有助于指导我国和其他国家 MPA 网络的进一步发展。

一、材料与方法

本研究区域为海州湾，是《生物多样性公约》（2011）国家战略和行动计划中生物多样性保护的优先领域之一。近年来海州湾海域的水产养殖、海洋渔业等人类活动频繁。为了应对过度捕捞和栖息地丧失导致的种群衰退和生态威胁，当地政府在该地区设置了 6 个海洋保护区（图 4 - 5 - 1）。本研究将该区域划分为 1 777 个规划单元（PUs），每个单元为 25 km²，用于保护区的成本与收益分析。

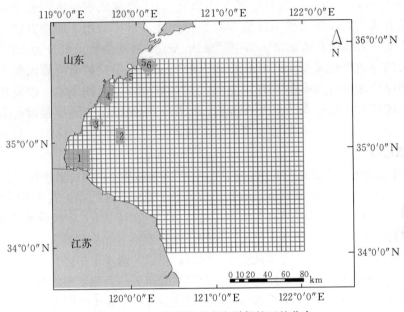

图 4 - 5 - 1　海州湾现有海洋保护区的分布

1. MPA 目标

根据国家和地方对海洋保护的需求，本研究在 MPA 网络规划中设置了 4 个目标。其中前两个目标为保护代表性栖息地和保护经济、生态上重要的物种。海州湾是许多鱼类的重要产卵场，因此产卵场作为重要栖息地被列为一个关键的保护特征。根据相关研究，将 20% 的保护比例作为栖息地和重要物种的保护基线，将 40% 的保护比例作为其保护目标。第三个目标为社会经济目标，旨在减少对当前海洋利用的影响，其中考虑了 3 项重要人类活动，商业捕捞、海水养殖和人工鱼礁建设。人类活动在 MPA 中有积极和消极两方面的作用，其消极作用即 MPA 目标与商业捕捞和水产养殖等社会经济活动的冲突；其积极方面是 MPA 目标与水产养殖和人工鱼礁有一定的兼容性。第四个目标为执行目标，在建设海洋保护区的同时降低执行和管理成本。

按照以上目标，保护区选划中需要收集生物多样性、生态和经济重要物种分布、关键经济物种的产卵场以及保护成本等数据。由于缺乏生物多样性的详细数据，根据相关研究，使用了底质类型作为替代数据（丰富的底质类型对应较高的多样性水平）。为掌握重要物种和产卵场的分布，分别在 2015 年 5 月和 10 月进行了渔业资源底拖网调查，在 2015 年 2 月和 5 月进行了鱼卵仔鱼调查，结合 FVCOM 和广义加性模型（GAM）模拟每个物种的空间分布。使用 ArcGIS 软件中的反距离加权（IDW）对生物量进行插值。

海洋保护区的实施成本包括渔民、水产养殖和人工鱼礁等不同海洋利用方式的机会成本，以及与管理和执行产生的成本。本研究中海水养殖和人工鱼礁成本数据来自省统计年鉴和地方政府文件（江苏省统计局和山东省统计局）。根据休渔期后的渔船数量计算捕捞渔业成本，渔船的空间位置数据由当地渔业管理机构提供，来自北斗（COMPASS）卫星导航系统的船只监测系统（VMS）。由于渔业成本与水产养殖和人工鱼礁成本的计量方式不同，为了使不同成本具有可比性，研究采用了间接方法计算渔业收入。假设渔业收入与船只数量呈正相关，采用 Arcgis 将渔船数量划分为 10 个等级，根据两个省份的渔业总收入与水产养殖总收入的比率，按船只数量换算出每个等级渔业收入。海洋保护区执行成本的计算主要考虑到交通成本、管理成本，以及相邻海洋保护区共同监控所节省的成本，假设执行成本取决于新保护区与海岸及现有海洋保护区的距离。

2. 规划方案

本研究中设计了 4 种情景，分别代表了当前 MPA 实践中不同目标的组合（表 4-5-1）。其中情景Ⅰ中仅考虑了保护性目标，等同于假设各个规划单元的保护成本相同。情景Ⅱ中除了保护性目标外还考虑了经济社会成本，具体而言，在情景Ⅱa 假设水产养殖对海洋环境造成威胁，不允许进入海洋保护区，反映了水产养殖与保护的冲突。情景Ⅱb 中考虑了海藻和贝类的养殖的正面生态和社会经济效益，可以与海洋保护区共存，反映了水产养殖与海洋保护区目标的兼容性。此外，人工鱼礁也是重要的资源增殖的方式，许多研究表明人工鱼礁改善了生物多样性和群落结构，因此情景Ⅱb 中将其也作为负成本。情景Ⅲ中考虑了保护性目标和执行成本。

表 4-5-1　海洋保护区选划场景设计

场景	成本类型	捕捞渔业	水产养殖	人工鱼礁	执行
Ⅰ	无	N	N	N	N
Ⅱa	经济社会成本（冲突）	—	—	—	N
Ⅱb	经济社会成本（兼容）	—	+	+	N
Ⅲ	执行成本	N	N	N	—

使用决策支持工具 MARXAN 2.0 进行保护区选划，该方法利用模拟退火算法使目标函数最小化。在海洋保护区选划中，MARXAN 评估一系列备选方案，搜索满足管理目标且成本最小化的选项。对物种惩罚因子（SPF）和边界长度修正因子（BLM）进行调整，确保解决方案能够实现保护目标。

由于模拟退火算法的特点，MARXAN 的"最优方案"不总是稳定的，因此在每个场景中重复运行 100 次程序。将 100 次方案中每个规划单元被选择的次数（选择频率）作为该 PU 重要性的衡量标准，用以确定保护优先级。此外，为评价当前保护区设计的合理性，通过差距分析（gap analysis）将现有海洋保护区与 MARXAN 规划的海洋保护区网络进行了比较。此外，通过比较包含与不包含现有 MPA 的选划方案，反映现有 MPA 对未来保护区网络建设的影响，以指导新海洋保护区的选划。

二、结果

1. 保护目标对 MPA 网络选划的影响

不同目标场景下的 MPA 网络的最佳选划方案具有显著差异（图 4-5-2）。场景 Ⅰ 中仅考虑了保护目标，最优 MPA 覆盖了海州湾中部以及沿海的零星区域。场景 Ⅱa 中水产养殖为正成本，海洋保护区分散分布于海州湾东南部。场景 Ⅱb 中水产养殖为负成本，MPA 选择了海州湾东部和西北沿海。场景 Ⅲ 中考虑了执法成本，MPA 网络包含两个区域，分别位于海州湾西北沿岸和东南部。

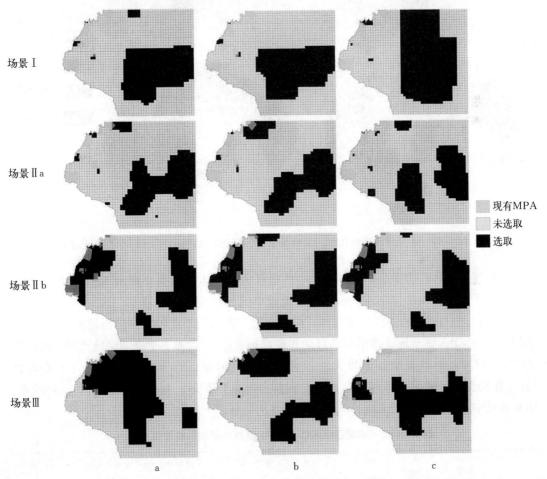

图 4-5-2 不考虑现有海洋保护区（MPA）情况下 MARXAN 的最优选划方案

根据各规划单元（*PU*）的选择频率，评估了不同目标场景下的保护优先级（图 4-5-3）。场景 Ⅰ 中海州湾中部被选为优先保护区域，优先级最高的区域位于海州湾中心偏南。场景 Ⅱa 中东南部的两个区域和北部沿海的部分区域选为优先区。场景 Ⅱb 中东南部也选为优先区，而西部沿海地区优先级也较高。场景 Ⅲ 中 5 个斑块选为优先区，形成了从沿岸到近海的保护网络。

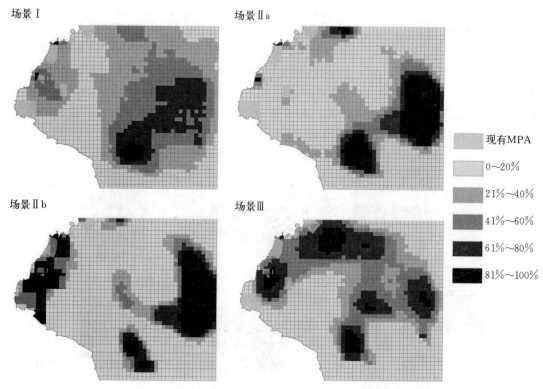

图 4-5-3　不考虑现有海洋保护区情况下各个规划单元的选择频率（保护优先级）

不同场景的最佳方案表明，场景Ⅰ中的最佳方案产生了最大规模的 MPA，为产卵场提供了最大范围的保护（46.93%），各个管理单元的优先级相对平均（表 4-5-2）。情景Ⅱa 和Ⅱb 中 MPA 的整体分布相似，但由于水产养殖和人工鱼礁在沿海地区更为集中，场景Ⅱb 中 MPA 更多地选择沿岸，且面积超过场景Ⅱa，覆盖了生态和经济重要物种生物量的 40.23%，是所有情景中最大的。情景Ⅲ中沿海地区选择优先级更高，沿海地区 MPA 比例更大，同时在海州湾东南部也有部分海洋保护区，尽管其执法成本相对较高。所有场景中海湾东南部产卵场都被选为优先保护区域。

表 4-5-2　不同目标场景下 MPA 网络中覆盖区域和保护比例

场景		MPA 面积/km²	与当前 MPA 重叠 区域/km²	重叠 比例/%	保护栖息地 比例/%	保护生物量 比例/%	保护产卵场 比例/%
当前 MPA		1 357	—	—	9.28	3.30	0.87
不考虑当前 MPA	Ⅰ	14 933	43	3.17	33.25	34.49	46.93
	Ⅱa	11 642	100	7.39	31.22	33.26	40.84
	Ⅱb	13 325	1 051	77.43	38.20	35.24	40.80
	Ⅲ	14 008	368	27.09	43.03	35.94	40.01

（续）

场景		MPA 面积/km²	与当前 MPA 重叠 区域/km²	重叠 比例/%	保护栖息地 比例/%	保护生物量 比例/%	保护产卵场 比例/%
考虑当前 MPA	Ⅰ	15 425	—	—	50.31	39.94	40.05
	Ⅱa	12 117	—	—	40.71	34.61	40.95
	Ⅱb	13 808	—	—	51.60	40.23	40.25
	Ⅲ	18 025	—	—	49.34	39.84	40.03

差距分析表明，当前海洋保护区覆盖了 9.28% 的栖息地、3.30% 的物种生物量和 0.87% 的产卵场，距离 20% 的目标有较大差距（表 4-5-2）。场景 Ⅰ 与当前海洋保护区的重叠面积最小（3.17%），而场景 Ⅱb 的重叠面积最大，达到现有海洋保护区总面积的 77.43%。未来海洋保护区建设重点应在海州湾东南海域。

2. 考虑当前 MPA 的海洋保护区规划

当考虑现有的海洋保护区的分布时，MARXAN 选择的海洋保护区主要集中在现有海洋保护区周围以降低管理成本，尤其是在场景 Ⅰ 和场景 Ⅲ 中保护优先级较高的区域聚集在现有海洋保护区周围（图 4-5-4）。此外，该情境下 MPA 网络的规模均有所增加，保护比例发生了较大变化（表 4-5-2）。例如场景 Ⅰ 中，未考虑现有海洋保护区时最优方案

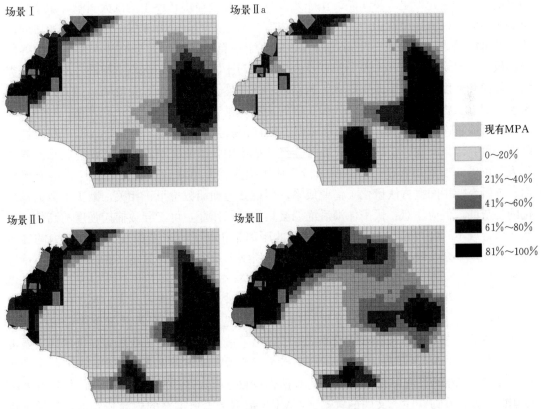

图 4-5-4 考虑现有海洋保护区情境下各个规划单元的选择频率（保护优先级）

主要覆盖了产卵场，而考虑现有海洋保护区后，最优方案增加了对栖息地和物种生物量的覆盖比例，而减少了产卵场的保护比例。

三、讨论

为应对 MPA 网络建设过程中面临的挑战，本研究针对海洋保护区网络的不同目标，提供了一系列备选的 MPA 设计方案，阐明了 MPA 网络规划在多个目标之间的权衡。本研究指出，为了最大限度地降低保护区建设的社会经济成本，保护价值较低的海域在选划过程中往往被给予了相对较高的权重；当水产养殖和人工鱼礁能够发挥正面效应时，保护区对现有海域利用的影响将显著降低。研究结果强调了在 MPA 网络规划中充分考虑社会经济成本的重要性。此外，当前海州湾 MPA 的差距分析结果表明，现有保护区尚未满足生物保护、社会经济和保护执行几个方面的目标。其中一个重要的原因是当前海洋保护区按照省市边界选划，未充分考虑生物多样性、物种栖息分布和其他生态因素。此外，MPA 的决策机制缺少利益相关者的充分参与，无法实现不同海域使用方式的权衡。因此，MPA 的建设中往往出现机会主义、前后不协调等情况，不能覆盖保护热点。在这一背景下，系统选划方法的实施是我国海洋保护区网络规划的关键一步。

以往海洋保护区选划研究中社会经济成本主要关注了捕捞渔业，本研究将水产养殖和人工鱼礁等多个产业纳入了成本考虑，结果表明在海洋保护区内允许养殖和人工鱼礁等活动可能使保护区建设更容易实施。由于水产养殖对我国经济和民生的巨大贡献，水产养殖应是未来海洋保护区建设中应重点考虑的内容。需注意的是，海洋保护和水产养殖之间的兼容性可能较为复杂，因实际情况而异，取决于栖息地类型、目标物种和水动力学等因素。虽然一般认为贝类和海藻养殖以及人工鱼礁对于海洋生态系统是有益的，但在不同类型、规模和密度下其影响差别很大，若管理不当仍然会损害生态系统健康。因此，在应用系统规划方法将人类活动纳入海洋保护区时，必须基于生态系统进行全面评估。

本研究首次在我国 MPA 选划中考虑了生态和社会经济数据，受限于数据可获得性等因素，研究结果存在一定局限性。在社会经济成本中，本研究聚焦于捕捞渔业、水产养殖和人工鱼礁 3 项重要人类活动，但未包含休闲渔业、围填海和旅游业等多样化的海域用途。本研究使用间接方法量化了渔业成本，假设其与渔船数量呈正相关，减少了数据标准化的复杂性，但应注意，伏季休渔后渔船会集中进行作业，可能导致捕捞强度的高估；在量化执行成本时假设其与海洋保护区之间的距离呈正相关，未考虑现有执行能力的异质性。此外，未来系统保护规划中还应将生态补偿纳入成本计算，其定义和测量方法还待进一步探讨。

在未来海洋保护区网络的建设中应构建完善的监测和评估体系，充分利用生物物理和社会经济信息。特别是由于气候变化对海洋环境的显著影响，MPA 规划中应考虑生物栖息地分布的动态变化，对适应性的评估方法提出了重大要求。当前我国海洋保护区主要集中在沿海，而为完善我国的海洋保护区网络全面覆盖，未来需克服外海、远海海洋保护区设计和实施的挑战。这需要相关物种的数据收集和分析，并针对洄游性物种的保护开展深度国际合作。在海洋生态文明的背景下，MPA 被赋予了更丰富的内涵和要求，包括重建枯竭的资源种群、增强群落和生态系统恢复力、协调社会和经济因素、增强利益相关者参与度等，这需要合理应用规划工具和数学模型，在多个目标之间进行科学权衡，以提高 MPA 的可行性和保护效果。

■ 小　结

　　系统保护规划是海洋保护区网络设计的有效工具。尽管中国在海洋保护区建设方面有几十年的经验，但目前的海洋保护区选划的空间尺度较为局限，规划方法缺少系统性考虑。本节以海州湾为例，将生物和社会经济信息纳入海洋保护优先级的考量中，评估了 4 种不同保护目标的场景，为海洋保护区网络的规划提供了一系列备选方案。这些目标对应了海洋保护区面临的主要需求：保护生物多样性、保护生态和经济重要物种、减少社会经济成本和降低执行成本。此外，本研究考虑了 MPA 设计和实施中与沿海地区水产养殖业的相容性。现有的 MPA 设计不能满足多重的保护目标，对目标物种的覆盖范围低于 10%，近海保护存在着较大的缺口。本研究强调了保护目标的权衡以及系统保护规划方法在保护区网络设计中的作用，研究方法适用于多重目标下海洋保护优先级的评定与保护方案优化。

第六节　基于种群动态的海洋保护区选划

　　当前已有多种决策支持工具用于指导海洋保护和渔业的空间管理，如 Marxan 和 Zonation 等。这些决策工具采用基于网格的方法，将规划区域划分为一定大小的规划单元（PU），根据规划单元的生态属性、人类活动和社会经济等状况，确定重点保护区域，以最小的社会经济成本实现保护目标。由于优化方法简单，数据需求少，在过去十年中这些空间保护选划工具受到了越来越多的关注。许多应用案例表明，空间保护选划工具可以有效地优化 MPA 设计，平衡渔业管理的生态和经济目标。然而大多数此类方法均基于静态模型算法，不能反映种群动态变化，造成了不能忽视的不确定性和机会成本。因此有必要开发一种动态评估方法，以更好地体现空间管理方案的潜在社会生态风险，支持渔业管理和保护政策的筛选、评估和决策。

　　在相关研究中，空间管理的评估涉及不同的复杂度和分辨率。在分辨率最低时，研究区域仅分为渔场和保护区两个斑块，研究不同海洋保护区大小对渔业的影响，但不能反映种群的空间动态和多区域海洋保护区的效应。近年来学者们开发了分辨率更高的空间模型，如 White 等（2010）构建了一维空间显式模型模拟加利福尼亚沿岸鱼类种群动态，Rassweiler 等（2012）开发了一个更复杂的空间显式模型，研究了渔业管理方案的空间优化。尽管这些模型在研究物种时空动态方面具有优势，但其分辨率受到栖息地斑块大小的限制，在评估基于空间网格的规划方案时缺乏灵活性。相比之下，基于网格或不规则多边形的生态模型，如 Ecospace、OSMOSE 和 Atlantis 提供了更为灵活的方法，可以分析海洋保护区对渔民社区、生态系统和社会经济的影响，但这些模型对数据和计算能力都有很高的要求。此外，这些生态系统模型不确定性的来源和形式也更为复杂，无法反映种群在特定时间或空间的详细动态，因此难以用于应用性的渔业管理。因此，为了实现渔业空间管理和保护方案的结构化评估，亟须开发一个数据需求较少、基于网格的空间显式动态模型。

基于以上思路，本研究开发了一个综合社会-生态信息的空间保护方案评估框架，其中通过构建基于网格的动态模型（grid-DM）模拟目标渔业在现有渔业保护措施下的时空动态，将空间保护选划工具与物种层面的渔业管理策略联系起来。本研究以海州湾小黄鱼（*Larimichthys polyactis*）作为研究案例，展示了该框架的应用。评估框架将保护规划和渔业管理相联系，系统地反映空间管理措施的社会生态影响，通过保护优先级评估为渔业空间管理政策的优化提供支持。

一、材料与方法

1. 空间保护方案的评估框架

本评估框架将空间保护选划工具与渔业动态相联系，支持系统性和适应性的保护区规划与决策。该框架主要由 3 个部分组成：①基于空间保护选划工具的规划组分；②基于二维空间显式动力学模型的预测组分；③基于保护性能指标的评估组分。这些组分通过多个数据层相互连接，构成了一个适应性保护决策闭环。框架中的关键数据包括物种分布和栖息地质量，与其他社会经济信息一起作为 Marxan 的输入信息。其中栖息地质量是决定鱼类移动和分布的重要因素，用于鱼类种群动态空间模型的参数化，校准相邻斑块之间的移动速率。渔业动态模型可用于评估现有 MPA 网络的保护效果，其预测的物种分布可用于进一步的保护规划，为适应性规划提供建议。在模拟过程中，物种的空间分布取决于空间管理措施、渔业捕捞作业，以及与栖息地质量相关的鱼类运动模式。空间分布的动态反过来可以向规划工具提供反馈，以支持自适应的规划和管理，构成保护策略评估闭环（图 4-6-1）。

保护规划过程依赖于 3 种关键输入数据，即空间网格（*PU*）、物种空间分布和空间成本。*PU* 由 ArcGIS 扩展插件 ET Geowizards 创建，该网格数据包括 *PU* 标识号和位置信息。物种空间分布数据由物种分布模型（SDM）产生，SDM 反映了物种的地理分布和环境因素特征之间的关系，根据环境变量预测物种的栖息地适宜性和出现概率。在物种分布数据缺乏和调查经费受限的情况下，SDM 提供了一种折中的估算方法，越来越多地被用在保护规划中物种分布的近似估算。空间成本即每个 *PU* 的成本值，成本的衡量方式通常取决于海洋保护区的社会经济目标，可以简单地以海洋保护区的面积表示，也可以根据由保护造成的渔业产量潜在损失进行估算，二者分别对应了海洋保护区面积最优化和收获损失最小化的目标。

基于以上输入数据，空间保护选划工具 Marxan 通过成本-收益权衡选取海洋保护区的最优方案。在本研究的框架中，物种分布、空间成本和网格 *PU* 等输入数据和 Marxan 的输出数据均可以直接联系到 Grid-DM 模型。Grid-DM 读取区域网格设置和保护区规划信息，在二维空间网格的基础上模拟种群空间动态，并以物种空间分布数据作为模拟的初始分布。应说明的是，本研究聚焦单个物种的管理措施，因此可以在 Grid-DM 中使用单个物种分布数据，同时该框架可以包含多个输入层以实现多物种或生物多样性的保护规划。

为评估渔业保护方案的效果，框架中选择了一套评估指标，反映 MPA 在生物和社会经济方面的影响。其中生物指标反映了不同管理措施下种群的生物状态，包括生物量、丰

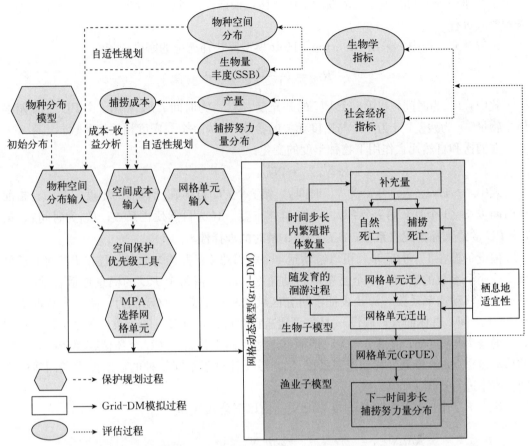

图 4 - 6 - 1 基于网格动态模型（grid - DM）的保护区规划评估框架

注：六边形和虚线表示保护规划过程，矩形和实线表示 Grid - DM 模拟过程，椭圆和虚线表示评估过程。

度和繁殖群体生物量（SSB）。社会经济指标反映了海洋保护区对渔业社会经济的影响，需要说明的是，以往的评估中主要关注短期社会经济成本，隐含地假设 MPA 实施后捕捞努力量无重新分配，因此社会经济成本是固定的。本研究中通过 Marxan 与 Grid - DM 的结合，实现社会经济成本的动态化，反映了保护规划方案的长期社会经济影响。社会经济指标通过两种方式与选划工具相联系：其一，利用模型估算潜在渔业收入，反映了由于保护而造成的渔业损失，作为保护方案的成本组分。其二，利用模型预测了渔业动态，反映未来捕捞努力量的空间分布，作为种群动态的驱动因素。

2. 基于网格的动态模型

本研究评估框架的核心是 Grid - DM 模型，该模型包括两个组分：生物子模型和渔业子模型。模型中鱼类种群和捕捞作业的空间动态在空间网格上表示，考虑到种群动态（如洄游）和管理策略（如休渔）的季节性，模型以月为时间步长。

（1）生物子模型。生物子模型使用具有空间属性的年龄结构模拟鱼类种群的时空动态。在每个时间步长和 PU 内，模拟了以下生物过程：①产卵季节的种群补充；②自然死亡和捕捞死亡导致的种群数量下降；③相邻 PU 间个体的迁入与迁出。此外，生物子模型考虑了产卵和越冬洄游等更大范围的个体迁移，根据目标种群的行为特征，以季节性通量表示洄游过程。

种群补充过程中，采用 Beverton–Holt 模型反映补充量的密度依赖性：

$$R_{i,t} = \left(\frac{\alpha S_{i,t-1}}{1+\beta S_{i,t-1}}\right) e^{\varepsilon}$$

式中，$R_{i,t}$ 为时间 t 和第 i 个 PU 的补充量，$S_{i,t-1}$ 为时间 $t-1$ 和第 i 个 PU 的繁殖群体生物量。ε 为残差，α 为一个与密度无关的参数，β 为一个与密度相关的参数。

在捕捞和自然死亡作用下物种丰度的变化：

$$preN_{a,i,t} = N_{a,i,t-1}\, e^{-(F_{i,t}Sel_a+M)}$$

式中，$preN_{a,i,t}$ 表示年龄为 a、时间 t、第 i 个 PU 群体在迁移前的丰度；$N_{a,i,t-1}$ 指前一时间步长（1 个月）第 i 个 PU 中 a 龄群体丰度；M 为自然死亡系数；$F_{i,t}$ 为时间 t、第 i 个 PU 的最大捕捞死亡系数；Sel_a 为在 a 龄时的选择性。

假设鱼类在 1 个时间步长可以游动到 4 个相邻的 PU 并均匀分布，且在 PU 间的迁移概率受两个参数的影响：一个是基本移动速率（m），由每个 PU 的栖息地适宜性决定；另一个是移动速率系数（ω），表征了研究区域内种群的总体移动能力，两个参数取值均在 0～1 之间。具体而言，假设 m 是栖息地适宜性指数（HSI）的函数，每个 PU 中鱼类移动的概率与其 HSI 值呈负相关，即栖息地适宜性指数高的 PU 个体留存率较高，对应的移动速率（m）较低。移动速率系数（ω）需要针对于不同物种的运动能力和网格的空间分辨率进行设置。

每个 PU 中迁移后的群体丰度 $postN_{a,i,t}$ 由以下公式计算：

$$postN_{a,i,t} = preN_{a,i,t} - \omega\, m_i N_{a,i,t-1} + \sum_{j}^{n} \omega\, m_j N_{a,j,t-1}$$

式中，m_i 和 m_j 分别表示第 i 个 PU 和相邻第 j 个 PU 的基本运动速率，依赖于各 PU 的 HSI，n 表示第 i 个 PU 的相邻 PU 的总数。

（2）渔业子模型。 渔业子模型模拟了捕捞动态以及捕捞努力量的空间分布，控制生物子模型中每个 PU 的捕捞死亡率。通过渔业子模型可以将不同的网具类型作为不同的渔业分别进行模拟，可应用于多区域、不同网具情景的 MPA 研究。

渔业子模型是在 Rassweiler 等（2012）和 Brown 等（2015）研究的基础上构建的，将单位努力捕获量（CPUE）作为捕捞活动聚集的驱动因素。该模型假设在总捕捞量固定的情况下，渔民趋向于聚集在高 CPUE 区域进行作业，由此根据 CPUE 可估计捕捞努力量在 PU 之间的分布。由于渔民并不能完全掌握 CPUE 信息，该模型也考虑了由于渔民对 CPUE 认知程度的差异导致捕捞作业不同的聚集度（v），v 的数值越大代表渔民对 CPUE 有更好的认知，在高 CPUE 区域进行更集中的捕捞。使用 Rassweiler 和 Brown 的修正公式计算第 i 个 PU 中时间 t 和 $t+1$ 的渔获量、CPUE 和捕捞死亡率：

$$C_{i,t} = \sum_{a=1}^{A} \frac{F_{i,t}\,Sel_a}{F_{i,t}\,Sel_a+M}\left[1-e^{-(F_{i,t}Sel_a+M)}\right]N_{a,i,t}\,W_a$$

$$CPUE_{i,t} = \frac{C_{i,t}}{F_{i,t}}$$

$$F_{i,t} = F_T \frac{(CPUE_{i,t} \cdot x_{i,t})^v}{\sum_{i=1}^{nPU} (CPUE_{i,t} \cdot x_{i,t})^v}$$

式中，$C_{i,t}$ 为时间 t 第 i 个 PU 的渔获量，$F_{i,t}$ 为捕捞死亡系数。W_a 为 a 龄个体的平均体重，A 为最大年龄组。F_T 为总捕捞强度，$x_{i,t}$ 为逻辑变量，表示第 i 个 PU 是否可以进行捕捞。v 为捕捞聚集系数，nPU 是 PU 的总数。假设在不同的管理措施下总捕捞努力量保持不变，因此当季节性或空间休渔时非休渔期捕捞强度将相对增大，即产生努力量补偿：

$$F_T = F_{Base}(1 + \frac{N_c}{N_o})(1 + \frac{nPU_c}{nPU_o})$$

式中，F_{Base} 表示实施管理前的总捕捞强度，N_c 和 N_o 分别表示一年中休渔月数和开放月数。nPU_c 和 nPU_o 分别表示禁止捕捞和开放的 PU 数量。

3. 研究案例

本研究将以上评估框架应用于海州湾小黄鱼管理与保护。海州湾是小黄鱼的重要栖息地，自 20 世纪 70 年代以来种群资源被大量开发，处于过度捕捞状态。海州湾小黄鱼一年经历两次主要的洄游过程：一次是在 5 月产卵季节之前到海州湾的产卵洄游，另一次是 11 月离岸的越冬洄游。研究采用了分层随机采样设计，在 2011 年和 2013—2017 年 9 月进行了底拖网渔业生物调查，其中 2011 年共设置 24 个站位，其余年份设置 18 个站位。底拖网的拖网速度为 2～3 kn，每个站位拖曳约 1 h。在每个调查站位，使用 CTD（XR-420）测量水深、底温和底盐等环境数据。

根据研究区域的大小、现有海洋保护区和目标种活动范围，将研究区域划分为 4 815 个规划单元，每个单元面积为 9 km²（图 4-6-2）。使用广义加性模型（GAM）和 FVCOM 模型估算了该海域小黄鱼分布，使用 ArcGIS 10.2 中的逆距离加权（IDW）工具进行插值，以支持 MPA 模拟和优化。

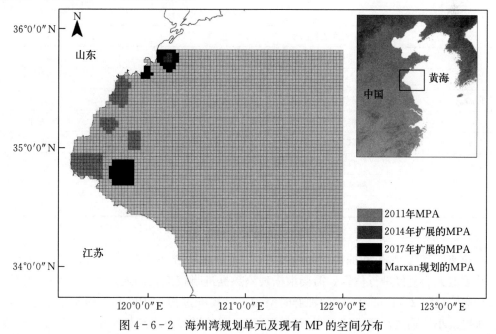

图 4-6-2　海州湾规划单元及现有 MP 的空间分布

为反映小黄鱼洄游特征，生物子模型中包括了 5 月产卵群体的季节性迁入（产卵洄游）和 11 月所有年龄组的迁出（越冬洄游），根据相关研究估算其迁移率（表 4-6-1）。描述种群的补充时，将绝对 SSB 和补充量除以区域面积转换为密度值，以 SSB 和补充量密度作为变量，亲体补充量关系（SRR）的密度依赖性修正。基于 2011 年和 2013—2017 年的调查数据，利用体长频率方法估算了自然死亡率和捕捞死亡率。以 HSI 表示生物的栖息地偏好，估算每个 PU 的基本移动速率。

表 4-6-1 Grid-DM 模型中主要参数总结

参数	意义	数值	评估时间/依据
		0.52	2011 年
		0.49	2012 年
		0.45	2013 年
M	自然死亡系数/a^{-1}	0.52	2014 年
		0.37	2015 年
		0.48	2016 年
		0.48	2017 年
		0.72	2011 年
		0.89	2012 年
		1.06	2013 年
F	捕捞死亡系数/a^{-1}	0.65	2014 年
		0.41	2015 年
		0.52	2016 年
		0.74	2017 年
α	SRR 非密度依赖因子	0.14	文献
β	SRR 密度依赖因子	6.674×10^{-5}	文献
$Flux_{in}$	季节性迁入/%	61.33	文献
$Flux_{out}$	季节性迁出/%	53.51	文献
μ	价格/(元/kg)	2.85	调查数据
r	贴现率/a^{-1}	0.10	假设
ε_r	种群补充误差	LN (0, 0.2)	假设
ε_m	种群移动误差	LN (0, 0.2)	假设
ε_F	捕捞聚集误差	LN (0, 0.2)	假设

注：LN (0, 0.2) 表示误差的对数正态分布，平均值为 0，标准偏差为 0.2。

移动速率系数（ω）和捕捞聚集系数（v）是量化种群和渔业空间动态的两个重要参数，其数值无法直接进行估算，需要根据观测数据进行校准，即通过优化 ω 和 v 的数值，使模型准确反映 2011—2017 年的种群时空动态。校准过程在 PU 和年份水平上进行，采用了迭代最小二乘法，通过使观测值和模拟值之间的平方差之和最小化，经反复迭代逼近

最优参数值。以 2011 年的物种分布数据被用作初始状态和模拟基线，其他历史年份
（2013—2017）的观察数据用作校准。

4. 保护方案评估

使用空间保护优化工具 Marxan 进行 MPA 的选划，测试 Marxan 筛选的 MPA 在生物
和社会经济效果方面是否优于现有 MPA。Marxan 根据保护目标和最小化保护成本筛选
方案，本研究以目标种群的覆盖度作为保护区设计的参考指标，以 2011 年现有海洋保护
区内小黄鱼生物量占总生物量的百分比作为保护目标（3.65%），以 PU 总面积作为 MPA
的成本指标，即面积越大保护成本越大。Marxan 运行 100 次，其中的最优输出结果作为
备选 MPA，利用 Grid - DM 进一步评估其动态效果。

本研究考虑了现有渔业管理措施对保护区效果的影响，包括季节性和区域性休渔。季
节性休渔（伏季休渔）是我国一项重要渔业管理措施，极大限制了夏季捕捞强度。此外，海
州湾还存在多种禁渔期，以限制海洋资源的过度开发。本研究模拟了 2011—2017 年渔业管
理和保护政策的时间和空间变化（表 4 - 6 - 2）。特别的，2017 年伏季休渔政策从 3 个月（6
月 1 日至 8 月 31 日）延至 4 个月（5 月 1 日至 8 月 31 日）；2014 年和 2017 年，海州湾海洋
保护区范围进行了扩展。

表 4 - 6 - 2　2011—2017 年海州湾渔业管理措施的变化

单位：个

年份	伏季休渔时间	MPA 面积（PU 数量）
2011	6—8 月	158
2012	6—8 月	158
2013	6—8 月	158
2014	6—8 月	167
2015	6—8 月	167
2016	6—8 月	167
2017	5—8 月	209
Marxan 筛选	5—8 月	60

Grid - DM 模型在基准状态后运行 7 年，模拟目标渔业的时间和空间动态（2011—
2017）。此外，模拟中加入了随机误差，以反映种群动态和渔业的多种不确定性，包括补
充量的波动（ε_r）、种群的随机移动（ε_m），以及渔民对最佳渔场位置的认知偏差（ε_F），这
些误差项分别添加到生物子模型和渔业子模型中。为评价 Grid - DM 模型的稳健性和准确
性，使用时间和空间指标对管理措施的模拟结果进行了验证，分别比较了研究区域模拟生
物量与观测生物量的时间变化，以及模拟生物量与各个 PU 观测生物量的空间分布。每个
PU 中的模拟生物量和观察生物量都进行了标准化：

$$标准化生物量 = \frac{\ln(biomass) - \overline{\ln(biomass)}}{sd[\ln(biomass)]}$$

本研究还评估了在考虑种群动态后 Marxan 筛选的 MPA 的效果，参数和随机性的设
置与前述模拟相同。此外对 MPA 方案进行了初步的成本效益分析，将捕捞收入作为收

益，将建设和维护费用作为成本，收益和成本均转化为贴现值进行分析。目前的渔业收入
（R）为：

$$R = \sum_{t=1}^{T} \frac{\mu C_t}{(1+\frac{r}{12})^t}$$

式中，C_t 为时间 t 的总渔获量，μ 为小黄鱼的价格，r 为贴现率。

目前的建设成本（EC）和维护成本（MC）分别根据 McCrea - Strub 等（2011）的方法计算：

$$EC = 10^{4.66} a^{0.52}; \quad MC = 10^{5.23} a^{0.21} y$$

式中，a 为 MPA 的面积，y 为 MPA 的实施年份。

本研究使用 R 语言进行编程，通过 R 软件包"ggplot2"和 ArcGIS 10.2 展示模拟结果。

二、结果

根据模型校准结果，得到移动速率系数（ω）的值为 0.24，捕捞聚集系数（v）的值为 1.13。根据 9 月的模拟和观测数据，分析了模型的时间和空间预测性能。在时间变化方面，模拟生物量与观测生物量的变化趋势相似，在 2014 年之前均呈下降趋势，之后逐渐上升（图 4-6-3）。在最初几年，模拟结果的下降速度较慢，2016 年和 2017 年的增长率在所有年份中最高。受种群补充和捕捞动态的影响，模型预测的生物量存在波动，2016年和 2017 年期间观测生物量在模拟的 95% 置信区间之内。在空间分布方面，根据 2017年观测和模拟的物种空间分布评估了模型的空间预测性能（图 4-6-3）。在大多数区域，模拟的生物量分布与观测结果一致，但在一些海洋保护区内的生物量被高估。总的来说，模拟值和观察值具有较好的相关性（$r^2 = 0.43$）。

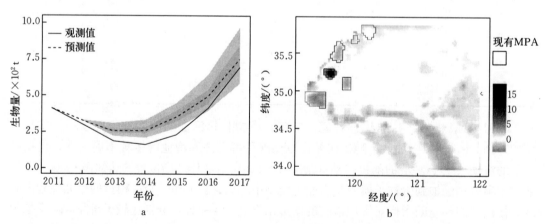

图 4-6-3　Grid - DM 模型预测性能分析

a. 2011—2017 年生物量的时间变化　b. 2017 年标准化生物量的空间分布

在考虑海洋保护区面积以及管理成本、社会经济目标的情景下，Marxan 筛选出了海洋保护区的最优方案如图 4-6-2 所示。新选的 MPA 位于沿岸地区，与现有 MPA 相邻，MPA 面积将大幅缩减至现有 MPA 的 40% 左右（表 4-6-3）。与现有 MPA 相比，2011

年 Marxan 筛选的 MPA 中小黄鱼的总生物量仅降低了 4%，总渔获量增加了 2%，实现了与当前相似的保护效果（图 4-6-4）。在 2017 年模拟结束时，新 MPA 内的生物量显著增加，比现有 MPA 拥有更高的资源密度（图 4-6-4）。

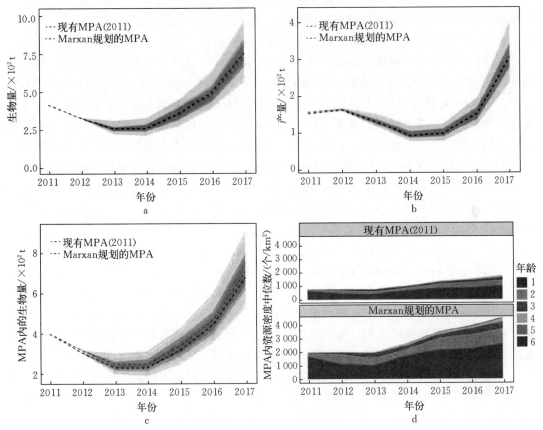

图 4-6-4　现有 MPA 和 Marxan 规划的 MPA 的效果比较

a. 总生物量　b. 总渔获量　c. MPA 内的生物量　d. 按年龄分的资源密度

　　MPA 的初步成本效益分析表明（表 4-6-3），由于现有 MPA 面积更大，比 Marxan 规划的需要更多的成本（179 万美元）来构建和维护，但并没有带来更高的回报。相反，Marxan 规划的 MPA 可以产生更高渔获收益（39 万美元）。在净现值方面，现有 MPA 为 1 330 万美元，而 Marxan 规划的 MPA 为 1 548 万美元。

表 4-6-3　MPA 的初步成本效益分析

单位：$\times 10^2$ 万美元

MPA 场景	构建成本	维护成本	渔获收益	净现值
当前 MPA	1.99	5.46	20.75（17.62，25.08）	13.30（10.17，17.63）
Marxan 规划的 MPA	1.20	4.46	21.14（17.49，25.57）	15.48（11.83，19.91）
差值	+0.79	+1.00	-0.39（-0.32，-0.49）	-2.18（-1.66，-2.28）

三、讨论

本研究通过将保护规划工具与 Grid‑DM 相结合，把生物与社会经济等因素联系起来，构建了一个评估空间保护方案的综合框架。该框架支持全面和结构化的决策过程，包括初始保护规划、管理策略评估和管理措施的适应性调整。在海州湾的应用表明，Grid‑DM 能够有效预测目标渔业的时空动态以及渔业保护措施的影响。该模型反映了随着海洋保护区的扩大和季节性休渔的延长，种群生物量随时间变化的总体趋势，预测的生物量分布与观测结果具有较好的一致性。不同 MPA 方案的评估分析表明，与海州湾现有 MPA 相比，Maxan 优化的 MPA 方案在不影响生物和经济效益的情况下降低了管理成本，为渔业管理和保护提供高效方法。本研究的评估框架基于量化指标实现不同空间管理策略的权衡，推动了利益相关者参与整个决策过程，为最优渔业管理方案的选择提供了科学指导。

海洋的管理与保护通常面对高昂的机会成本，而资金支持一直是全球保护实践的关键挑战，为了实现收益成本比最大化，必须对保护方案预先进行综合评估。Grid‑DM 模型可预测种群的时间和空间动态，反映管理策略的社会生态效果，为保护策略的评估提供了有力工具。与传统的平衡态模型相比，该模型提供了不同时空尺度的生物和社会经济信息，并纳入多种形式的不确定性（如 SRR、鱼类运动和渔业动态的不确定性），更好地体现了实际渔业的特点，为预防性管理策略提供重要信息。基于 Grid‑DM 模型可以灵活地模拟不同性质的渔业、不同生活史的鱼种和评估不同类型的海洋保护区，这对保护规划的广泛应用至关重要，也为生物多样性的保护提供了重要方法。总的来说，Grid‑DM 模型通过在现有种群模型基础上的一系列改进，在保护规划和渔业管理之间构建了桥梁，实现保护规划方案效果的动态评估，对保护规划评估的模型方法做出了重大改进。

同时 Grid‑DM 模型也有一些局限需要注意。该模型目前不能处理多物种动态，在基于生态系统的渔业管理方面存在限制。同时 Grid‑DM 模型可以和 Ecospace 等基于网格的生态系统模型互为补充，如在利用生态系统模型模拟鱼类群落结构的同时，同步运行 Grid‑DM 模型，可分析单物种的渔业动态如何影响其他生态系统组分，或者根据生态相互作用对 Grid‑DM 模型中的关键参数进行调节。另外，该模型目前不能模拟早期鱼类生活史（补充前）的种群动态，未考虑个体发育中运动能力和自然死亡率随着年龄和体型的变化，这在模型的应用中应加以注意。随着相关数据的丰富，未来研究可以结合生物物理模型和个体发育过程等信息，进一步完善模型。

本研究提出的评估框架和 Grid‑DM 模型为保护规划和渔业管理相关问题提供了重要平台。未来的研究和实践中，该框架可用于比较不同算法或空间选划方法在种群保护方面的效率，权衡不同目标下的空间管理和传统渔业管理方法，以及评估气候变化背景下空间管理策略的有效性。本研究建议在未来研究中进行更全面的敏感性分析，解析补充、自然和捕捞死亡率、栖息地变化和渔民行为等不确定性对保护规划方案效果的影响。此外，执行能力和渔民的违规行为可能严重减弱海洋保护区的效应，应在风险分析中重点考虑。最后，本研究的评估框架可以扩展为管理策略评估（MSE），综合各种形式的不确定性，加入利益相关者的参与，通过反馈信息为决策者提供参考，提高管理过程的透明度和实施过程的接受度。

▓ 小　结

　　海洋保护区的规划需要在生物保护和资源开发之间进行权衡。保护区的空间规划模型大多基于静态算法，未能反映实际种群的动态过程，造成了保护策略在实施中的不确定性。本节将空间保护优先工具和基于网格的种群动态空间显式模型（grid-DM）相结合，开发了一个保护区规划的评估框架，以支持海洋保护区生态和经济目标的权衡。本文以海州湾小黄鱼为例，通过与历史观测数据的对比检验 Grid-DM 模型时空预测的表现，并结合空间保护优化工具 Marxan 进行海洋保护策略的评估。研究表明该模型能够较好地反映目标渔业的时空动态以及保护措施的社会生态效应，能够处理多种形式的不确定性，模拟目标渔业动态以及评估管理计划的生物和社会经济影响。本研究的评估框架为科学家和决策者提供了海洋保护区规划的重要工具，为适应性保护规划提供了科学支撑。

第七节　基于社会经济动态的海洋保护策略

　　MPA 通过保护目标物种的关键栖息地或生活史阶段，增加保护区内鱼类的数量和个体大小，并产生溢出效应（spill-over）对保护区之外产生积极影响。为了最大限度地发挥保护效益，许多研究从生态学的角度探索了海洋保护区的规划方法，但海洋保护区建设的经验教训表明，相比于生态效应，社区接受度和经济可行性等社会经济效应对海洋保护区的成功更具决定性影响。因此，近来的海洋保护区规划越来越多地考虑社会经济目标和准则，在实现保护目标的同时，最大限度地减少保护区给当地渔业社区带来的社会经济成本。

　　伴随着保护理念的转变，在过去 20 年中学者们提出了一套新的理论和策略。其中最广泛传播的是由 Margules 和 Pressey（2000）提出的系统保护规划（SCP），旨在根据保护的优先级进行科学选划。此外，许多空间保护选划工具也被用于 SCP 方法的实践。空间选划工具通过将生物物理数据与社会经济数据在空间上相叠加，可以有效地筛选满足保护目标并且经济成本较低的海洋保护区。空间保护选划工具对数据量的要求不高，可以快速给出保护设计方案，并通过估算空间休渔等的潜在社会经济成本，减少海洋保护区对商业渔业的影响，是解决海洋保护中社会经济问题的有力工具。

　　《生物多样性公约》"爱知目标"（*Convention on Biological Diversity* Aichi Target）要求各成员方在 2020 年之前基于区域性策略保护全球 10% 的海洋。为实现预定目标，许多地区逐步扩张了海洋保护范围，如逐步增加海洋保护区的关闭月份、逐步扩大海洋保护区的覆盖范围等，这种渐进方法（incremental approach）在海洋保护区实践中普遍采用，以降低渔民的社会经济负担和管理预算。许多研究表明，对渔民来说保护区的季节性休渔比全年休渔更容易接受，基于渔民社区的周期性禁渔（PHC）也成为了一种主要的渔业保护策略。

尽管人们更多地考虑了保护策略的成本问题，但有一个重要方面仍未得到关注，即社会经济成本的动态特征。需要说明的是，许多现有的保护选划工具倾向于利用静态模型或算法评估保护区建设的成本。这些方法使用某一个时间点的渔获量或收入数据作为保护区规划的参考，隐含地假设了保护区实施期间渔业时空分布不会发生变化。然而，渔业是有复杂动态的，渔民会对保护措施做出适应性响应，以获得更多利润，因此社会经济成本也是动态的。例如由于保护区的溢出效应，渔民可能会重新聚集在海洋保护区附近进行重点捕捞，因此静态保护选划工具估算的社会经济成本具有潜在的误导性，可能为海洋保护提供错误信息，加剧现有的社会经济问题，导致保护失败。因此，亟须开发一种动态方法重新评估 MPA 的社会经济成本，确保选划工具的合理性，实现保护策略中长期成本收益的最优化。

为探究海洋保护区的社会经济成本，本研究以海州湾小黄鱼（*Larimichthys polyactis*）为例，探讨了 3 个常用的保护方案：①永久性海洋保护区；②季节性休渔期的逐渐延长；③禁渔范围的逐渐扩展，通过模拟 20 年规划期内鱼类种群和渔民行为的动态，评估保护策略的生态和社会经济影响。本研究有助于进一步了解海洋保护策略的潜力与局限性，从社会经济动态的角度为最优保护策略的选择提供科学参考。

一、材料与方法

本研究聚焦海州湾小黄鱼产卵场的保护，选定产卵场覆盖率为 10%～40% 作为不同水平的保护目标，使用 2017 年的渔船空间分布数据作为机会成本的指标（为海洋保护区而放弃的收入，详见前节）。通过 Marxan 将生物和经济数据相结合，进行海洋保护区的选划，在满足保护目标的同时降低对小黄鱼渔业的影响。在 Marxan 中将研究区域划分为 4 815 个 9 km² 的网格规划单元（*PU*），Marxan 运行 1 000 次，其中成本最低的结果用于海洋保护区的进一步分析。

1. 模拟场景

使用上节基于网格的动态模型（grid - DM）对小黄鱼的种群动态以及其渔业的捕捞动态进行建模。该模型包含动态的生物子模型和渔业子模型，可以对 Marxan 的保护策略进行全面评估。模型运行 20 年，模拟了不同场景下的成本最小化保护策略。考虑到渔民对保护策略的响应，设计了两种渔业动态的情景：其一假设渔民倾向于聚集在 *CPUE* 较高的区域进行作业（情景 1 和情景 3），其二假设当禁渔区重新开放时，渔民倾向于聚集在保护区内进行作业（场景 2）。在模型中添加了多种不确定性因素，包括种群补充的波动性、种群运动的变异性和渔民获取信息的不完备性，以及保护区重新开放时捕捞生产的集中程度，每个场景进行 100 次重复。

研究模拟了 3 种海洋保护区策略，均基于国际保护实践中提出或采用的海洋保护区计划，此外设计了一种未实施保护的场景作为基准对照，共 4 种策略：

（1）基准场景。 未实施海洋保护，无保护区。

（2）永久性保护区。 全年禁止捕捞，海洋保护区的目标是对小黄鱼产卵场覆盖率达到 40%。

（3）休渔期延长。 逐渐增加海洋保护区禁渔的时间，初始禁渔时间为 5 月到 8 月，每

5 年延长 3 个月，到第 16 年达到全年禁渔，保护目标与方案（2）相同。

（4）休渔区扩展。 逐渐扩大海洋保护区的覆盖范围，初始产卵场覆盖率为 10%，每 5 年增加 10，到第 16 年达到 40% 的覆盖率。

所有场景均在两个捕捞努力量水平下进行模拟，即基本努力量水平（基于调查数据设置，见前文）和高捕捞努力量水平（比基本努力量高 50%）。

2. **评估指标**

本研究使用了生态和社会经济等多个指标评估保护区的建设效果。其中生态指标包括总生物量和产卵群体生物量（SSB），社会经济指标包括年总渔获量以及渔民的机会成本（即海洋保护区带来的收入损失）。比较了静态机会成本和 Grid-DM 模型所估算动态成本的货币价值，静态机会成本的计算基于被禁止捕捞的船只数量、每艘船小黄鱼的平均年产量、小黄鱼的平均价格和禁渔时间：

$$SOC_y = \frac{p \times n_{ves} \times C \times t_c}{(1+r)^y}$$

式中，SOC_y 为 y 年静态机会成本的现值，p 为小黄鱼的平均价格，n_{ves} 为原本在海洋保护区作业的船只数量，C 为每艘船的平均年产量，t_c 为渔场关闭的持续时间，r 为贴现率。

在静态假设中，渔民不会更换作业区域，因此静态机会成本可认为是历史状态的延伸。

在动态模型中，渔民可以根据渔场动态调整捕捞作业地点。根据动态模型计算海洋保护区的收入损失值：

$$DOC_y = \frac{p(C_y - Cb_y)}{(1+r)^y}$$

式中，DOC_y 是年动态机会成本的现值，C_y 是 y 年的总渔获量，Cb_y 为基准场景海洋保护区的总渔获量。

使用 20 年规划期内的现值比较静态和动态方法，其中贴现率设为从 1% 到 50% 不等，反映了对当前和未来收益之间的不同权重。

二、结果

随着保护产卵场覆盖率从 10% 增加到 40%，海洋保护区需逐渐扩展，保护区内包含规划单元从 48 个增加到 233 个（图 4-7-1），区域内作业渔船从 4 艘增加到 30 艘。

与基准场景相比，3 种海洋保护区场景均有效地增加了总生物量和 SSB（图 4-7-2）。在整个模拟时期内，永久性海洋保护区（场景 1）中生物量和 SSB 最高，而休渔期延长（场景 2）对应的增量最小，主要的改善发生在模拟的最后阶段（16～20 年），即保护区全年关闭后。在模拟初期（1～10 年），永久保护区将生物量和 SSB 维持在相对较高的水平，而休渔期延长的效果有限。在高捕捞努力量下，3 种场景保护效果的相对优劣保持一致，但其结果的差异增大。

在社会经济影响方面，基础捕捞努力量下永久性海洋保护区的渔获量大幅减少，而其他两种保护场景的渔获量损失相对较小（图 4-7-2），特别是休渔期延长场景在前中期（1～15 年）的渔获量仅略有减少。在较高捕捞努力量下，3 种场景下的渔获量都呈现出显著的下降。

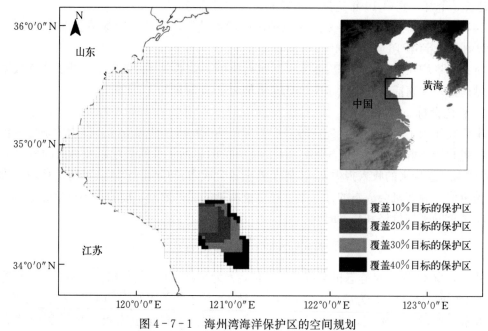

图 4 - 7 - 1　海州湾海洋保护区的空间规划

注：颜色代表产卵场覆盖率（10%～40%）的不同保护目标。

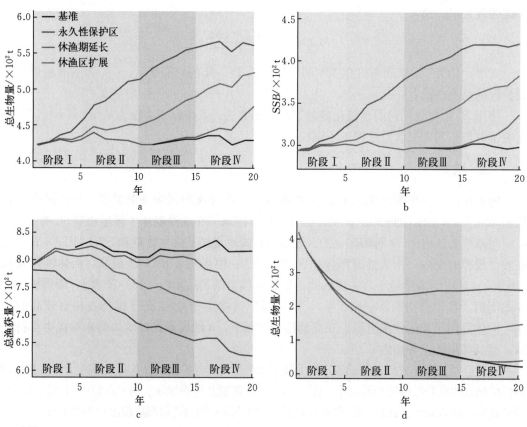

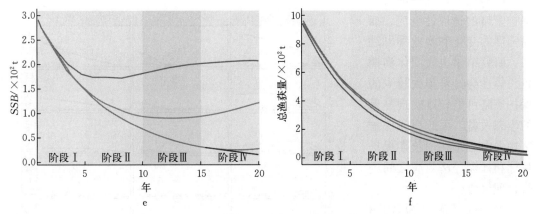

图 4-7-2　四个海洋保护区建设场景的生态与经济效果

注：a~c. 为基础捕捞努力量场景，d~f. 为较高的捕捞努力量场景。

在保护机会成本方面，静态和动态方法所估算 3 种保护场景成本相对高低一致，即永久性海洋保护区成本最高，休渔区扩展次之，而休渔期延长的成本最低（图 4-7-3）。此外，在基准捕捞努力量水平上，静态方法比动态方法估计的机会成本低得多。与永久性保护区相比，其他两种场景下静态和动态方法计算的累计成本差异相对较小。

进一步分析了机会成本现值的逐年变化，其结果与总累计成本基本一致，即永久性海洋保护区成本最高，休渔区扩展次之，而休渔期延长的成本最低（图 4-7-4）。但随着时间的推移，静态和动态方法之间的差异因保护策略、捕捞强度和贴现率值逐渐发生变化。

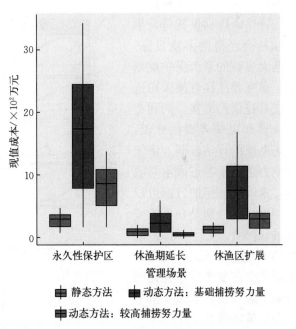

图 4-7-3　三种海洋保护区场景的经济成本比较

注：分别以静态和动态方法计算 20 年贴现的总累计成本。

三、讨论

本研究基于渔业社会经济的动态变化，评估了 20 年规划期内 3 种保护方案的生态和社会经济影响。本研究对以往静态成本估算方法进行了重要扩展，通过计算动态成本优化了海洋保护区的选划方法。研究结果表明静态和动态方法所估计的机会成本存在显著差异，传统静态方法可识别成本较高的保护场景，但不能反映种群和渔业的变动及其不确定性，且倾向于低估机会成本，可能加剧保护策略实施中的社会经济冲突。相比之下，动态方法能够更好地反映渔民对保护策略的适应性响应、捕捞强度的变化和渔业种群动态。研究结果也表明休渔期延长等社会经济损失较少的保护策略可能较难实现显著的生态效益，因此海洋保护区规划中必须在中长期保护目标和社会经济效应之间进行合理权衡。

本研究结果可为 MPA 的决策者和实践者提供重要参考。第一，保护区选划需根据社会、生态等多种指标进行评估，以确保其符合生态和社会经济的多重目标。目前大多数的系统保护规划中，研究者往往直接采用选划工具提供的方案，向利益相关者和决策者提供建议，缺乏系统的评估步骤。由于选划方法基于静态成本与收益，难以保证保护目标可以长期维持，特别是在不断变化的气候背景之下，保护效果的不确定性较大。因此未来研究中需要考虑结构化的社会生态评估，全面了解不同保护策略的潜在后果。

第二，本研究结果表明静态方法对机会成本的量化

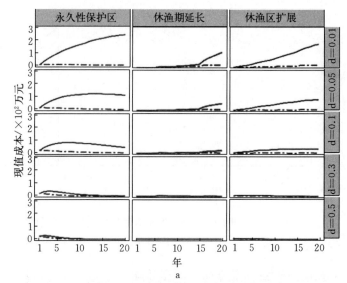

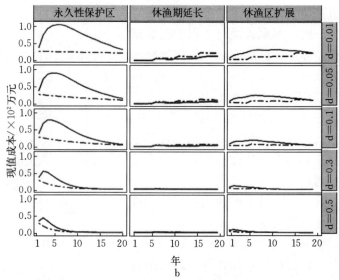

图 4-7-4　三种规划场景下保护区现值机会成本的逐年变化
a. 基本捕捞努力量　b. 较高的捕捞努力量
注：实线为动态方法，虚线为静态方法，d 为贴现率。

存在一定问题，未能考虑鱼类种群和渔业的动态，可能造成成本的误估，并影响保护方案的可靠性。因此，本研究推荐使用动态模型方法，重新评估由选划工具提供的保护方案，为利益相关者提供参考。近年来也有几种动态选划工具被开发出来，反映了保护特征的动态分布（Runge et al.，2016）。未来的模型开发中，物种分布和渔船分布的时间变动等社会经济的动态也应作为重要组分，作为评估社会经济成本的关键因素。

第三，大多数保护区选划中将机会成本作为关键指标，通过机会成本的最小化提高渔民对保护区的接受度和服从度，从而实现有效的保护实践。然而本研究表明，在高捕捞努

力强度下，初始机会成本可以忽略不计，而整体社会经济影响却非常显著。因此，保护区社会经济影响的评估应因情况而异，机会成本，特别是静态机会成本只能代表其中一个方面。在未来的保护策略研究中，需要更多考虑具体的社会经济指标，如捕捞、养殖等不同生产部门的成本。此外，保护决策不应限于物质和工具性成本，还应考虑生态系统服务的其他方面，这需要一种更系统、更动态的方法来评估保护的成本和效益。

总而言之，本研究深入探讨了 MPA 策略下的社会经济动态，阐明了系统选划方法在海洋保护中的潜力和局限性。本研究推荐使用动态模型方法系统评估保护策略的社会生态效应，为传统的静态方法提供了重要补充。此外，考虑到不同物种的生活史特征、渔业动态和气候变化等因素，未来研究还待进一步开展，以探索海洋保护策略在不同生态和社会环境下的效果。

■ 小　结

如何最大限度地降低海洋保护区给当地渔业社区带来的社会经济影响，是全球保护规划实践中普遍关注的问题。当前的评估方法普遍使用静态空间选划工具，而社会-生态动态的影响往往被忽略。本节应用了基于网格的动态模型，研究了 3 种保护策略在20 年规划期内的社会生态效应，并考虑了鱼类种群和渔民行为动态。本研究显示了不同保护策略在保护目标和社会经济效益之间的权衡。静态方法和动态方法估计的机会成本不同，可能造成保护规划和保护效果的巨大差异，突出了将动态成本纳入决策的必要性。研究强调仅以机会成本作为保护实践的指导标准可能会产生误导，无法反映总体社会生态目标。本研究阐明了 MPA 策略的潜力和局限性，为管理者提供了动态视角，为海洋保护策略的评估与筛选提供了科学依据。

21世纪以来，受过度捕捞、气候变化、环境污染和生境破坏等因素的影响，世界海洋渔业资源呈现明显衰退趋势。伴随着全球气候的显著变化，海水升温、溶氧降低、海洋酸化、冰川融化及海平面上升等，已成为当前公认的全球性问题之一。对于渔业生态系统而言，气候驱动的温盐等的变化影响了渔业生物的代谢过程，造成了渔业生物生长、发育、繁殖、死亡等生命过程的改变，引发了渔业生物栖息环境和饵料基础的转换，导致了渔业生物多样性演替、生物量分布迁移，以及海洋生态系统的巨大变化。渔业生物被动或主动的适应改变着生态系统的结构和功能，进而影响渔业资源动态和生态系统的食物产出功能。

虽然世界各国积极开展了海洋生物资源的管理与养护工作，但由于缺乏长期的海洋生态监测与研究，人类对海洋生态系统结构与功能的认识还有待深化，对全球变化背景下渔业资源动态和种群的适应性变化缺乏深入了解，渔业资源的评估与管理研究亟待加强。同时，基于生态系统的渔业管理（EBFM）的理念已获得了国际广泛认同，但在实践中仍面临诸多挑战。EBFM的措施与技术较为复杂，实施成本较高；其理论与方法尚不完善，特别是渔业的生态过程与作用机制等许多问题尚待深入探究。在这一背景下，开展渔业资源研究，解析资源种群动态与生态系统的变动规律，探究基于生态系统的渔业管理与保护策略，对于科学应对气候与环境变化具有重要意义。

相较于海洋生态系统的复杂性，以往渔业资源评估研究关注了单一物种，未能充分反映相关生态过程与物种交互作用，忽视了渔业的长期生态影响。许多学者指出，未来的研究应更为关注生态系统水平的评估与管理。因此评估模型应进一步拓展，以反映环境变化下的关键生物和生态学过程，特别是种群补充动态、密度调节机制和营养动力学过程。这不仅需要模型参数的优化，更需要模型结构的完善，以准确反映种群生物学过程及其变动规律，特别是生长、死亡和繁殖补充等对种群密度和个体大小的依赖性，及其在环境条件影响下的时空变化特征等。

随着计算机技术的发展，近十几年来渔业领域中的数学模型在得到了迅速发展，出现了如SS3、GADGET、InVitro、Ecopath、BOATs、OSMOSE和ATLANTIS等许多综合性种群和生态系统模型，其中如Ecopath模型为解析海洋生态系统中的上行控制、下行控制、营养级联等交互作用提供了重要工具。数学模型为微观过程与宏观现象之间构建了桥梁，在EBFM中有着广泛的应用前景。另外，要充分反映相关生物因素与生态过程，意味着模型需包含更多的变量、响应函数和模块结构。随着模型复杂度的增加，其参数估算和模型稳健度必将受到影响，导致模型存在更多的不确定性，这可能成为制约模型在渔业研究中应用的主要障碍。在本书的最后，鉴于对评估模型的不同需求，这里从3个方面探讨了模型未来可能的发展方向。

1. 基于生理生态学原理

渔业资源评估中涉及许多生活史参数，其中有些是难以估算的，如典型的亲体-补充量关系，以及死亡率随个体大小的变化等。在综合的生态系统模型中，难以估算的生活史参数会更多。相关研究指出，在数据有限条件下可以根据不同生物学参数之间的相关性，通过 meta-analysis 进行参数估算。该方法的理论基础为"生活史不变量"（life-history invariants），即某些生活史参数之间的比值（如 M/k）保持相对恒定。有研究利用多元统计模型分析了全球 32 000 种鱼类的自然死亡率、生长和性成熟等 7 种生活史参数之间及其与温度的关系，阐述了参数间相关性及其在不同分类阶元上的差异。需要注意，该方法估算的是生物学参数的"期望值"，即反映了整体变化趋势，但难以估算在特定区域或环境条件下生物学参数的异质性。

有研究提出生物学参数估计有另一种可能途径，即根据生理-生态学基本原理，通过构建基于生理过程的模型，从机制上阐明生物学特征的变化规律，从而预测生物学参数随环境条件的变化。也就是说，生长、死亡等生活史参数由基本原理（first principles）推导而出，不依赖种群统计方法（demographic approach）。这里基本原理是指生理学以及进化等理论，如能量收支理论（energy budget theory）、代谢生态理论（metabolic theory of ecology）、最优摄食理论（optimal foraging theory）等。一般采用基于个体的模型（individual-based model，IBM）或基于主体的模型（agent-based model）方法，根据个体的行为特征及其相互作用，将不同时空尺度和组织层次的生态过程联系起来。这一研究方法的优势是能够更好地反映环境变化与生物过程之间的相互影响，因此适用的范围更广；相对的，传统种群统计模型一般仅适用于建模所在的生态环境，若栖息地环境发生显著改变，生物学参数需要重新校正。例如物种分布模型，大多隐含地假设生物分布或数量与环境因子间存在稳定的关系（即平衡态）；又如剩余产量模型，通常假设种群具有固定的内禀增长率和环境容纳量。在气候驱动、生态系统结构和功能发生变化的情况下，这些假设是难以保证的。

目前基于基本原理的模型研究相对较少，方法尚未成熟。仅举几例，如 Ayllón 等（2016）基于生物能量学、栖息地选择和遗传性状的适应性等，构建了一个生态-遗传学 IBM 模型（InSTREAM-Gen），预测了鳟鱼（*Salmo trutta*）在人为导致环境变化下的生态与进化过程。该模型模拟了鳟鱼个体通过栖息地的选择，权衡生长速度和死亡风险，以增大自身繁殖潜力的过程。Watson 等（2020）基于能量收支原理模拟了人为扰动对于鱼类生态-生物过程的影响，评估了游钓渔业中捕获与释放对个体的非致死性效应。显然，这些模型也包含复杂结构和大量参数，但模型涉及的生理学过程更容易通过小规模实验进行量化，并且如能量收支和新陈代谢等许多关键过程，可以利用已有的标准化模型进行描述。因此，综合生理生态过程的 IBM 模型可能是未来生态模型发展的重要方向之一。

2. 反映渔业长期生态效应

渔业长期生态效应的系统评估要求模型能够模拟生态系统的组成与动态变化，反映生态系统的结构与功能，如环境或生态容量、营养级联效应、系统反馈效应、食物网结构动态，以及生产力与能流效率等特征。这类模型称为生态系统模型，一般包含了从初级生产者到顶级捕食者的各个营养级，有些模型还能够反映生物营养化学元素循环动态，甚至包含了气候变化和人类活动等组分，也有研究称之为 End to End 模型。

Ecopath 模型是 End to End 模型的代表，以系统内物质平衡为条件，描述了生态系统的营养结构和能量流动过程。作为一种泛用性的模拟工具，Ecopath 模型可以在时间和空间结构上进行扩展，体现资源的开发与管理对于生态系统的影响。前者即为 Ecosim，模型中加入了捕食者和被捕食者的种群动态，生长率、死亡率和迁移等过程，以及栖息环境庇护机制，能够模拟生态系统的动态变化；后者为 Ecospace 模型，模型中加入了生物分布的空间结构，可以模拟栖息地适宜度、摄食效率和捕捞努力量等空间异质性。目前两类模型在渔业管理、保护区规划和生态系统评估中起着重要应用。除 Ecopath 外，其他一些生态系统模型在 EBFM 中也有广泛应用。如 ATLANTIS 模型，基于生物地球化学循环过程，描述了生物的生产、消耗、捕食、补充、洄游、栖息环境选择以及自然和捕捞死亡等特征，反映了氮磷硅等生源要素自初级生产者到高级捕食者的流动过程。并且 ATLANTIS 模型解析了生物的空间分布特征，可以模拟海域的三维空间结构。又如 OSMOSE 模型，是一个多物种 IBM 模型，解析了个体层次的生长、死亡、摄食和移动等生物学过程，以个体体长比以及空间分布模拟种间捕食关系，并根据摄食条件估算幼鱼的死亡率、补充量和生长速度等，用于渔业管理策略评估。

一些生态模型在结构上做了简化，未反映生态系统的完整结构，但对于渔业资源和生态系统管理也具有重要参考价值。如 GADGET 模型是一个多物种空间结构模型，能够描述种群的体长和年龄组成，反映生长、繁殖和捕食关系等；质量谱模型以生物个体大小和能量收支过程为基础，根据"异速尺度规律"描述了新陈代谢、竞争、捕食和生长、繁殖、死亡等过程，能够反映生物随发育过程生态位的变化，对于解析种群密度制约机制具有重要价值。需要注意的是，许多生态系统模型旨在反映大尺度的生态系统特征，未必能准确预测中小尺度人类活动的生态效应与动态特征。生态系统模型还待发展，更好地体现区域环境特征、群落结构季节变化和生物的洄游习性等渔业资源研究所关注的问题。

3. 融入种群的空间结构

渔业种群的栖息环境呈现一定的空间结构，表现出种群迁移、幼体散布、源/汇动态和复合种群连通等时空动态特征。许多物种在生活史的不同阶段占据不同的栖息环境，随着个体的生长发育发生短距离或长距离洄游。种群的空间结构决定了捕捞模式和渔业管理方式，并在一定程度上影响了种群生物学特征，而且空间分布本身与密度制约等现象紧密相关。因此空间结构也应是资源评估中应考虑的重要因素，利用空间显式模型（spatially explicit model）反映种群空间结构与生境适宜性，应作为评估模型的重要发展方向。

目前，栖息地适宜性在资源评估模型中少有体现，Goethel 等（2011）综述了具空间结构的渔业资源评估模型的发展历史，总结了几种主要的模型类型，包括自由扩散模型（dispersion model）、定向迁移模型（box - transfer model）、平流-扩散-反作用模型（advection - diffusion - reaction model）以及莱斯利矩阵模型（leslie matrix age - structured model）等。近年来一些主流的资源评估模型，如 MULTIFAN - CL、CASAL 和 Stock Synthesis 已加入了种群空间结构模块。由于目标物种、栖息生境的不同，模型在结构上也有明显差别，一些研究分析了幼体扩散和生境斑块化特征，构建空间结构模型研究复合种群结构，模拟不同生境斑块中生物的入侵、繁殖力、定植成功率和捕捞压力等。D'Andrea等（2020）开发了一个空间-生物-经济评估模型（smartR），用于底拖网渔业评估、数据库整合与维护、渔业管理策略与渔业经济效益预测等，为渔业空间管理提供了有力工具。空间结构模型的优势在于能够反映不同空间尺度上种群结构特征及其与环境因子的关系，对于区域性的种群管理具有较好的参考价值。

　　纵观全球渔业的发展历程，我们应当认识到，当前的研究对渔业的生态效应关注不足，对渔业资源的监测与评估缺乏必要的系统性。渔业生态系统具有复杂的结构与功能，相应的渔业资源评估与管理应基于对系统的全面了解，通过构建有针对性的评估模型，预测管理策略的生物生态、经济社会效应与风险，结合管理措施的可行性和可控性，以前瞻性研究支持资源利用规划和合理避险。特别是在当前全球变暖、厄尔尼诺等全球气候变化的背景下，海洋生态系统的结构与功能可能发生稳态剧变，这使得渔业资源研究面临重大挑战。未来研究有赖于海洋学、生物学、生态学、资源学和管理学等多学科共同努力，在生态系统的视角下，协调捕捞业、养殖业和增殖业等产业发展，综合渔业管理、栖息地保护、增殖放流、海洋牧场等措施，权衡生态、资源、经济和社会等多重目标，实现基于生态系统的渔业管理。随着对海洋生态认识的不断深入，逐渐完善渔业资源评估方法与渔业生态系统模型，将是未来渔业资源研究中的重要课题。

参考文献

陈宁，徐宾铎，薛莹，等，2013. 捕捞数据不确定下蓝点马鲛渔业管理策略评估［J］. 水产学报，42（7）：1154 - 1167.

都煜，徐宾铎，薛莹，等，2017. 海州湾及邻近海域日本枪乌贼时空分布的异质性［J］. 中国水产科学，24（3）：558 - 565.

李敏，李增光，徐宾铎，等，2015. 时空和环境因子对海州湾方氏云鳚资源丰度分布的影响［J］. 中国水产科学，22（4）：812 - 819.

李韵洲，孙铭，任一平，等，2020. 系统保护规划方法对我国构建海洋保护地选划布局体系的启示［J］. 海洋开发与管理，37（2）：41 - 47.

刘逸文，张崇良，刘淑德，等，2020. 山东近海口虾蛄单位补充量渔获量评估［J］. 水产学报，44（2）：213 - 221.

栾静，徐宾铎，薛莹，等，2017. 海州湾方氏云鳚体长与体重分布特征及其关系［J］. 中国水产科学，24（6）：1323 - 1331.

孙铭，张崇良，李韵洲，等，2018. 海州湾渔业管理策略评估：基于有限数据评估方法［J］. 水产学报，42（10）：1661 - 1669.

王琨，张崇良，陈宁，等，2019. 基于 Bootstrap 的 ELEFAN 方法在评估方氏云鳚群体生长参数中的应用［J］. 中国水产科学，26（3）：512 - 521.

张云雷，徐宾铎，张崇良，等，2019. 基于 Tweedie - GAM 模型研究海州湾小黄鱼资源丰度与栖息环境的关系［J］. 海洋学报，41（12）：78 - 89.

Andersen K H，Brander K，Ravn - jonsen L，2015. Trade - offs between objectives for ecosystem management of fisheries ［J］. Ecological Applications，25（5）：1390 - 1396.

Andersen K H，Jacobsen N S，Farnsworth K D，et al.，2016. The theoretical foundations for size spectrum models of fish communities ［J］. Canadian Journal of Fisheries and Aquatic Sciences，73（4）：575 - 588.

Bahn V，Mcgill B J，2013. Testing the predictive performance of distribution models ［J］. Oikos，122（3）：321 - 331.

Ban N C，Gurney G G，Marshall N A，et al.，2019. Well - being outcomes of marine protected areas ［J］. Nature Sustainability，2（6）：524 - 532.

Bell D M，Schlaepfer D R，2016. On the dangers of model complexity without ecological justification in species distribution modeling ［J］. Ecological Modelling，330：50 - 59.

Berkes F，2012. Implementing ecosystem - based management：Evolution or revolution? ［J］. Fish and Fisheries（13）：465 - 476.

Blanchard J L，Andersen K H，Scott F，et al.，2014. Evaluating targets and trade - offs among fisheries and conservation objectives using a multispecies size spectrum model ［J］. Journal of Applied Ecology，51（3）：612 - 622.

Blanchard J L, Heneghan R F, Everett J D, et al., 2017. From Bacteria to Whales: Using Functional Size Spectra to Model Marine Ecosystems [J]. Trends in Ecology & Evolution, 32 (3): 174 - 186.

Burgess M G, Giacomini H C, Szuwalski C S, et al., 2017. Describing ecosystem contexts with single - species models: a theoretical synthesis for fisheries [J]. Fish and Fisheries, 18 (2): 264 - 284.

Cao L, Chen Y, Dong S, et al., 2017. Opportunity for marine fisheries reform in China [J]. Proceedings of the National Academy of Sciences, 114 (3): 435 - 442.

Cochrane K L, 2021. Reconciling sustainability, economic efficiency and equity in marine fisheries: Has there been progress in the last 20 years? [J]. Fish and Fisheries, 22 (2): 298 - 323.

Collie J S, Botsford L W, Hastings A, et al., 2016. Ecosystem models for fisheries management: finding the sweet spot [J]. Fish and Fisheries, 17 (1): 101 - 125.

Costello C, Ovando D, Clavelle T, et al., 2016. Global fishery prospects under contrasting management regimes [J]. Proceedings of the National Academy of Sciences, 113 (18): 5125 - 5129.

Costello C, Ovando D, Hilborn R, et al., 2012. Status and solutions for the world's unassessed fisheries [J]. Science, 338 (6106): 517 - 520.

Defries R, Nagendra H, 2017. Ecosystem management as a wicked problem [J]. Science, 356 (6335): 265 - 270.

Dichmont C M, Ellis N, Bustamante R H, et al., 2013. Evaluating marine spatial closures with conflicting fisheries and conservation objectives [J]. Journal of Applied Ecology, 50 (4): 1060 - 1070.

Duarte C M, Agusti S, Barbier E, et al., 2020. Rebuilding marine life [J]. Nature, 580 (7801): 39 - 51.

Elith J, Leathwick J R, 2009. Species Distribution Models: Ecological Explanation and Prediction Across Space and Time [J]. Annual Review of Ecology, Evolution, and Systematics, 40 (1): 677 - 697.

Fogarty M J, 2014. The art of ecosystem - based fishery management [J]. Canadian Journal of Fisheries and Aquatic Sciences, 71 (3): 479 - 490.

Glaser S M, Fogarty M J, Liu H, et al., 2014. Complex dynamics may limit prediction in marine fisheries [J]. Fish and Fisheries, 15 (4): 616 - 633.

Guisan A, Thuiller W, 2005. Predicting species distribution: Offering more than simple habitat models [J]. Ecology Letters, 8 (9): 993 - 1009.

Guisan A, Tingley R, Baumgartner J B, et al., 2013. Predicting species distributions for conservation decisions [J]. Ecology Letters, 16 (12): 1424 - 1435.

Hall S J, Mainprize B, 2004. Towards ecosystem - based fisheries management [J]. Fish and Fisheries, 5 (1): 1 - 20.

Helmstetter N A, Conway C J, Stevens B S, et al., 2020. Balancing transferability and complexity of species distribution models for rare species conservation [J]. Diversity and Distributions (6): 1 - 14.

Hilborn R, Ovando D, 2014. Reflections on the success of traditional fisheries management [J]. ICES Journal of Marine Science, 71 (5): 1040 - 1046.

Holsman K K, Haynie A C, Hollowed A B, et al., 2020. Ecosystem - based fisheries management forestalls climate - driven collapse [J]. Nature Communications, 11 (1): 4579.

Jacobsen N S, Burgess M G, Andersen K H, 2016. Efficiency of fisheries is increasing at the ecosystem level [J]. Fish and Fisheries, 18 (2): 199 - 211.

Link J S, Browman H I, 2017. Operationalizing and implementing ecosystem - based management [J]. ICES Journal of Marine Science, 74 (1): 379 - 381.

Li Y, Ren Y, Chen Y, 2019. China fortifies marine protection areas against climate change [J]. Nature,

573 （7774）：346 - 346.

Li Y，Sun M，Evans K S，et al.，2020. Rethinking marine conservation strategies to minimize socio - economic costs in a dynamic perspective [J]. Biological Conservation，244：108512.

Li Y，Zhang C，Xue Y，et al.，2019. Developing a marine protected area network with multiple objectives in China [J]. Aquatic Conservation：Marine and Freshwater Ecosystems，29 （6）：952 - 963.

Lorenzen K，2014. Understanding and managing enhancements：Why fisheries scientists should care [J]. Journal of Fish Biology，85 （6）：1807 - 1829.

Mace P M，2001. A new role for MSY in single - species and ecosystem approaches to fisheries stock assessment and management [J]. Fish and Fisheries，2 （1）：2 - 32.

Memarzadeh M，Britten G L，Worm B，et al.，2019. Rebuilding global fisheries under uncertainty [J]. Proceedings of the National Academy of Sciences，116 （32）：15985 - 15990.

Mu X，Zhang C，Xu B，et al.，2021. Accounting for the fish condition in assessing the reproductivity of a marine eel to achieve fishery sustainability [J]. Ecological Indicators，130：108116.

Mu X，Zhang C，Zhang C，et al.，2021. Age - structured otolith chemistry profiles revealing the migration of Conger myriaster in China Seas [J]. Fisheries Research，239：105938.

Neubauer P，Jensen O P，Hutchings J A，et al.，2013. Resilience and recovery of overexploited marine populations [J]. Science，340 （6130）：347 - 349.

Nieto - lugilde D，Maguire K C，Blois J L，et al.，2018. Multiresponse algorithms for community - level modelling：Review of theory，applications，and comparison to species distribution models [J]. Methods in Ecology and Evolution，9 （4）：834 - 848.

Pikitch E K，Santora C，Babcock E A，et al.，2004. Ecosystem - based fishery management [J]. Science，305 （5682）：346 - 347.

Prince J，Hordyk A，2018. What to do when you have almost nothing：A simple quantitative prescription for managing extremely data - poor fisheries [J]. Fish and Fisheries，20 （2）：224 - 238.

Punt A E，A'mar T，Bond N A，et al.，2014. Fisheries management under climate and environmental uncertainty：control rules and performance simulation [J]. ICES Journal of Marine Science，71 （8）：2208 - 2220.

Purves D，2013. Time to model all life on Earth [J]. Nature，493：295 - 297.

Sala E，Mayorga J，Bradley D，et al.，2021. Protecting the global ocean for biodiversity，food and climate [J]. Nature，592：397 - 402.

Smith A D M，Fulton E J，Hobday A J，et al.，2007. Scientific tools to support the practical implementation of ecosystem - based fisheries management [J]. ICES Journal of Marine Science，64 （4）：633 - 639.

Sun M，Li Y，Ren Y，et al.，2021. Rebuilding depleted fisheries towards BMSY under uncertainty：harvest control rules outperform combined management measures [J]. ICES Journal of Marine Science，78 （6）：2218 - 2232.

Sun M，Zhang C，Chen Y，et al.，2018. Assessing the sensitivity of data - limited methods （DLMs） to the estimation of life - history parameters from length - frequency data [J]. Canadian Journal of Fisheries and Aquatic Sciences，75 （10）：1563 - 1572.

Thorson J T，Minto C，2015. Mixed effects：a unifying framework for statistical modelling in fisheries biology [J]. ICES Journal of Marine Science，72 （5）：1245 - 1256.

Thuiller W，Guéguen M，Renaud J，et al.，2019. Uncertainty in ensembles of global biodiversity scenarios [J]. Nature Communications，10 （1）：1446.

Trenkel V M, 2018. How to provide scientific advice for ecosystem - based management now [J]. Fish and Fisheries, 19 (2): 390 - 398.

Van Gemert R, Andersen K H, 2018. Challenges to fisheries advice and management due to stock recovery [J]. ICES Journal of Marine Science, 75 (6): 1864 - 1870.

Van Poorten B, Korman J, Walters C, 2018. Revisiting Beverton - Holt recruitment in the presence of variation in food availability [J]. Reviews in Fish Biology and Fisheries, 28 (3): 607 - 624.

Walsh J C, Minto C, Jardim E, et al., 2018. Trade - offs for data - limited fisheries when using harvest strategies based on catch - only models [J]. Fish and Fisheries, 19 (6): 1130 - 1146.

Wang K, Zhang C, Xu B, et al., 2020. Selecting optimal bin size to account for growth variability in Electronic LEngth Frequency ANalysis (ELEFAN) [J]. Fisheries Research, 225: 105474.

Wo J, Zhang C, Ji Y, et al., 2022. A multispecies TAC approach to achieving long - term sustainability in multispecies mixed fisheries [J]. ICES Journal of Marine Science, 79 (1): 218 - 229.

Yates K L, Bouchet P J, Caley M J, et al., 2018. Outstanding challenges in the transferability of ecological models [J]. Trends in Ecology & Evolution, 33 (10): 790 - 802.

Yin J, Xu J, Xue Y, et al., 2021. Evaluating the impacts of El Niño events on a marine bay ecosystem based on selected ecological network indicators [J]. Science of The Total Environment, 763: 144205.

Zhang C, Chen Y, Ren Y, 2015. Assessing uncertainty of a multispecies size - spectrum model resulting from process and observation errors [J]. ICES Journal of Marine Science, 72 (8): 2223 - 2233.

Zhang C, Chen Y, Ren Y, 2016. An evaluation of implementing long - term MSY in ecosystem - based fisheries management: Incorporating trophic interaction, bycatch and uncertainty [J]. Fisheries Research, 174: 179 - 189.

Zhang C, Chen Y, Xu B, et al., 2020. Temporal transferability of marine distribution models in a multi-species context [J]. Ecological Indicators, 117: 106649.

Zhang Y, Xu B, Ji Y, et al., 2021. Comparison of habitat models in quantifying the spatio - temporal distribution of small yellow croaker (*Larimichthys polyactis*) in Haizhou Bay, China [J]. Estuarine, Coastal and Shelf Science, 261: 107512.

图书在版编目（CIP）数据

海州湾渔业资源评估与管理 / 张崇良主编 . —北京：
中国农业出版社，2024.3
ISBN 978 - 7 - 109 - 31875 - 5

Ⅰ.①海…　Ⅱ.①张…　Ⅲ.①海洋渔业—水产资源—
渔业管理—连云港　Ⅳ.①S931

中国国家版本馆 CIP 数据核字（2024）第 071769 号

海州湾渔业资源评估与管理
HAIZHOUWAN YUYE ZIYUAN PINGGU YU GUANLI

中国农业出版社出版
地址：北京市朝阳区麦子店街 18 号楼
邮编：100125
责任编辑：杨晓改　文字编辑：刘金华
版式设计：王　晨　责任校对：张雯婷
印刷：中农印务有限公司
版次：2024 年 3 月第 1 版
印次：2024 年 3 月北京第 1 次印刷
发行：新华书店北京发行所
开本：787mm×1092mm　1/16
印张：13.75　插页：2
字数：329 千字
定价：158.00 元

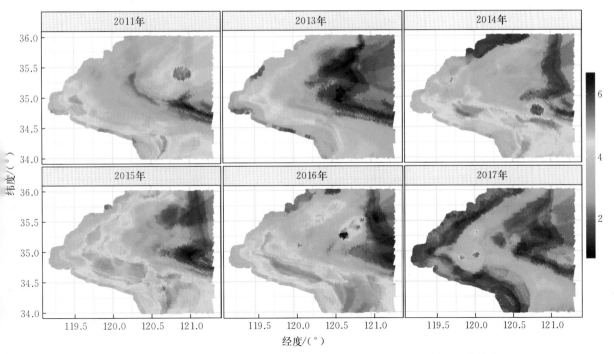

彩图 1　随机森林模型预测海州湾春季小黄鱼的丰度分布（预测值经对数转化）

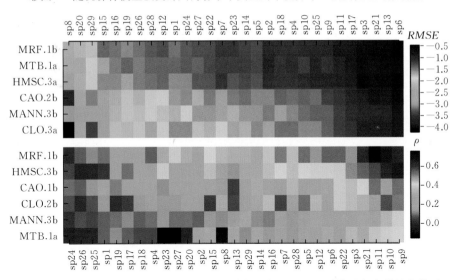

彩图 2　不同物种间模型预测性能的一致性分析（仅显示了 6 种算法各自的最优模型）

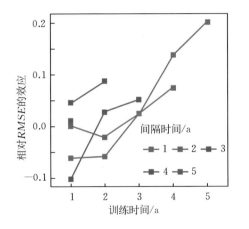
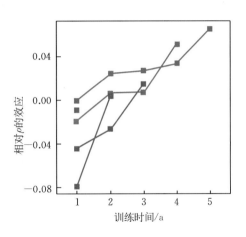

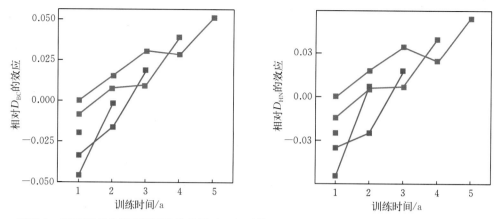

彩图 3　时间跨度对模型预测性能的影响（相对值的基准为训练时间 1 年和间距 1 年的场景）

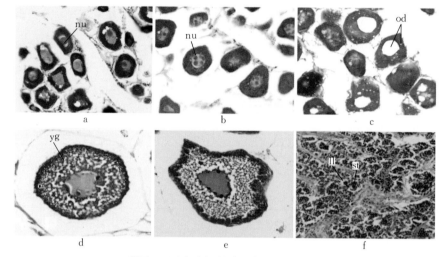

彩图 4　星康吉鳗性腺发育的不同阶段

a. 核仁早期（159 mm AL）　b. 核仁晚期（169 mm AL）　c. 脂滴期（178 mm AL）

d. 卵黄发生初期（216 mm AL）　e. 卵黄发生二期（268 mm AL）　f. 减数分裂中期（151 mm AL）

注：图 a 和图 b 中的 nu 表示细胞核，c 中的 od 表示油滴，d 中的 yg 表示卵黄，f 中的 ll 表示小叶腔，st 表示精子细胞，标尺为 50 μm。

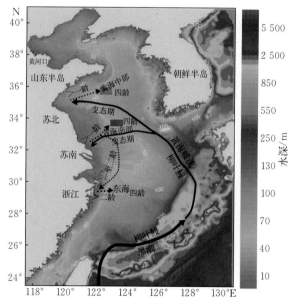

彩图 5　星康吉鳗在黄海和东海幼体输运路线示意

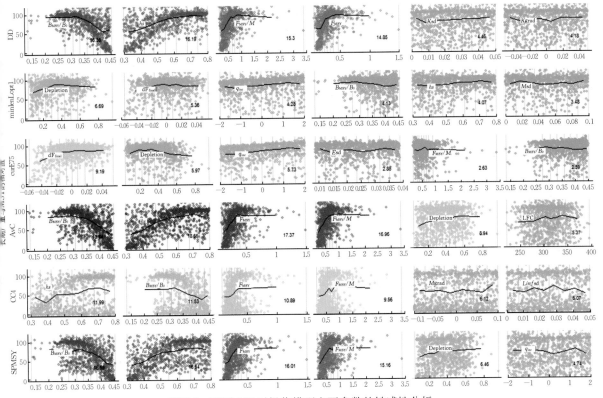

彩图 6　不同 MP 对操作模型主要参数的敏感性分析

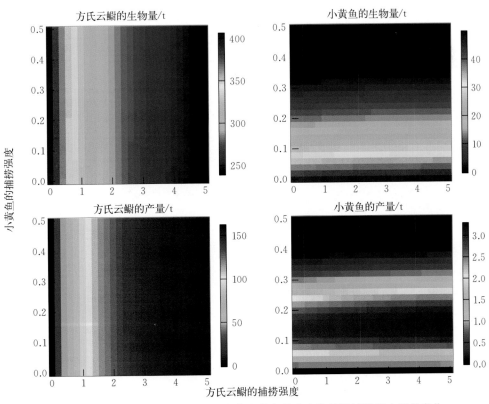

彩图 7　单鱼种渔业中方氏云鳚和小黄鱼的产量和生物量随捕捞努力量的变化

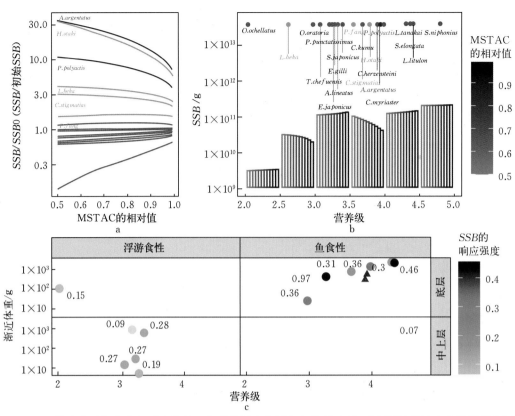

彩图8 MSTAC的变化对各物种相对生物量、各营养级生物量和各物种SSB对MSTAC的响应强度等方面的影响

a. 各物种相对生物量 b. 各营养级生物量 c. 各物种SSB对MSTAC的响应强度

注：c图中响应强度以回归系数表示，三角形表示目标物种，圆点表示物种，按照营养级、个体大小、栖息水层和摄食习性显示。

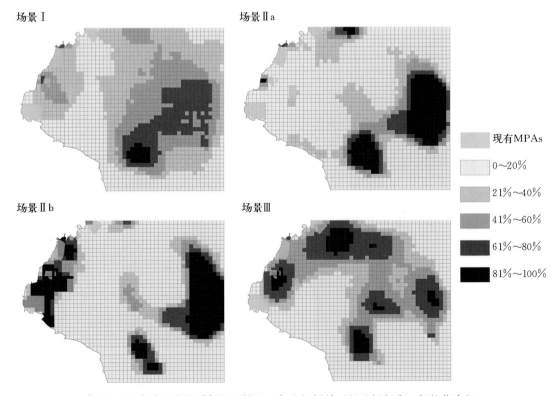

彩图9 不考虑现有海洋保护区情况下各个规划单元的选择频率（保护优先级）